全国中等医药卫生职业教育"十二五"规划教材

无机化学基础

（供药剂及相关专业用）

主　编　林　珍（山西药科职业学院）
副主编　马纪伟（南阳医学高等专科学校）
　　　　　曲丽雯（山东省青岛卫生学校）
　　　　　程桂丽（牡丹江市卫生学校）
编　委　（以姓氏笔画为序）
　　　　　何文泽（北京市实验职业学校）
　　　　　沈　源（甘肃省中医学校）
　　　　　郝晶晶（山西药科职业学院）
　　　　　贾　超（大同市卫生学校）
　　　　　端木晶（哈尔滨市卫生学校）

中国中医药出版社
·北京·

图书在版编目(CIP)数据

无机化学基础／林珍主编．—北京：中国中医药出版社，2013.8(2021.8 重印)
全国中等医药卫生职业教育"十二五"规划教材
ISBN 978 - 7 - 5132 - 1495 - 7

Ⅰ．①无…　Ⅱ．①林…　Ⅲ．①无机化学 - 中等专业学校 -
教材　Ⅳ．①O61

中国版本图书馆 CIP 数据核字(2013)第 129408 号

中 国 中 医 药 出 版 社 出 版
北京经济技术开发区科创十三街31号院二区8号楼
邮政编码　100176
传真　010 64405721
三河市同力彩印有限公司印刷
各地新华书店经销

*

开本 787×1092　1/16　印张 15　字数 332 千字
2013 年 8 月第 1 版　2021 年 8 月第 4 次印刷
书　号　ISBN 978 - 7 - 5132 - 1495 - 7

*

定价　45.00 元
网址　www.cptcm.com

如有印装质量问题请与本社出版部调换　(010 64405510)
版权专有　侵权必究
社长热线　010 64405720
购书热线　010 64065415　010 64065413
书店网址　csln.net/qksd/
官方微博　http://e.weibo.com/cptcm

前　言

"全国中等医药卫生职业教育'十二五'规划教材"由中国职业技术教育学会教材工作委员会中等医药卫生职业教育教材建设研究会组织，全国120余所高等和中等医药卫生院校及相关医院、医药企业联合编写，中国中医药出版社出版。主要供全国中等医药卫生职业学校护理、助产、药剂、医学检验技术、口腔修复工艺专业使用。

《国家中长期教育改革和发展规划纲要（2010－2020年）》中明确提出，要大力发展职业教育，并将职业教育纳入经济社会发展和产业发展规划，使之成为推动经济发展、促进就业、改善民生、解决"三农"问题的重要途径。中等职业教育旨在满足社会对高素质劳动者和技能型人才的需求，其教材是教学的依据，在人才培养上具有举足轻重的作用。为了更好地适应我国医药卫生体制改革，适应中等医药卫生职业教育的教学发展和需求，体现国家对中等职业教育的最新教学要求，突出中等医药卫生职业教育的特色，中国职业技术教育学会教材工作委员会中等医药卫生职业教育教材建设研究会精心组织并完成了系列教材的建设工作。

本系列教材采用了"政府指导、学会主办、院校联办、出版社协办"的建设机制。2011年，在教育部宏观指导下，成立了中国职业技术教育学会教材工作委员会中等医药卫生职业教育教材建设研究会，将办公室设在中国中医药出版社，于同年即开展了系列规划教材的规划、组织工作。通过广泛调研、全国范围内主编选选，历时近2年的时间，经过主编会议、全体编委会议、定稿会议，在700多位编者的共同努力下，完成了5个专业61本规划教材的编写工作。

本系列教材具有以下特点：

1. 以学生为中心，强调以就业为导向、以能力为本位、以岗位需求为标准的原则，按照技能型、服务型高素质劳动者的培养目标进行编写，体现"工学结合"的人才培养模式。

2. 教材内容充分体现中等医药卫生职业教育的特色，以教育部新的教学指导意见为纲领，注重针对性、适用性以及实用性，贴近学生、贴近岗位、贴近社会，符合中职教学实际。

3. 强化质量意识、精品意识，从教材内容结构、知识点、规范化、标准化、编写技巧、语言文字等方面加以改革，具备"精品教材"特质。

4. 教材内容与教学大纲一致，教材内容涵盖资格考试全部内容及所有考试要求的知识点，注重满足学生获得"双证书"及相关工作岗位需求，以利于学生就业，突出中等医药卫生职业教育的要求。

5. 创新教材呈现形式，图文并茂，版式设计新颖、活泼，符合中职学生认知规律及特点，以利于增强学习兴趣。

6. 配有相应的教学大纲，指导教与学，相关内容可在中国中医药出版社网站

（www. cptcm. com ）上进行下载。本系列教材在编写过程中得到了教育部、中国职业技术教育学会教材工作委员会有关领导以及各院校的大力支持和高度关注，我们衷心希望本系列规划教材能在相关课程的教学中发挥积极的作用，通过教学实践的检验不断改进和完善。敬请各教学单位、教学人员以及广大学生多提宝贵意见，以便再版时予以修正，使教材质量不断提升。

中等医药卫生职业教育教材建设研究会

中国中医药出版社

2013 年 7 月

编写说明

　　《无机化学基础》是由中国职业技术教育学会教材工作委员会中等医药卫生职业教育教材建设研究会组织编写的"全国中等医药卫生职业教育'十二五'规划教材"之一，供中等医药卫生职业院校药剂及相关专业使用。本教材根据《国家中长期教育改革和发展规划纲要（2010~2020)》精神编写，编写过程中始终贯彻"以服务为宗旨，以岗位需求为导向"的培养目标，着力体现中等职业教育的特色，突出实用性和实践性，重点提高学生的综合素质，培养学生科学思维方式和创新能力。本着"必需、够用"的原则，以理解概念、强化应用为教学重点，为学生后续课程的学习打下良好的基础。

　　教材的编写以市场需求和岗位特点设置教学内容，以学生特点和课程结构设计课程体系。本教材的主要特点是：

　　1. 知识体系模块化。以认知规律为主线，将理论知识进行整合。全书分为五大模块：基本知识（物质的量、溶液）、结构理论（原子结构、分子结构）、化学反应平衡理论（化学反应速率和化学平衡、电解质溶液、氧化还原反应、配位化合物）、元素及其化合物（元素及其重要的化合物）、化学实验技能。

　　2. 内容突出职业性。充分考虑中等职业教育的特点，内容的选取以"需用为准、够用为度、实用为先"的原则，降解难度，力求理论知识和实训操作与职业岗位、生产实践、社会需求相接轨。

　　3. 注重知识应用性。各章节的内容表述，力求达到通俗易懂，联系实际，尽量贴近生活、接近职业。教材中设计了"知识要点"、"课堂互动"、"知识链接"、"本章小结"、"同步训练"等栏目，以提高学习者的学习兴趣，加强知识的理解与应用。

　　4. 实验操作目标化。实训项目的编写以就业为导向，注重基本操作、基本技能的训练，与后续课程、工作岗位及职业资格证书考核相衔接。

　　本书由林珍担任主编并统稿。参加编写的有（按章节顺序排列）：林珍（绪论、第三章）、马纪伟（第一章、第四章、第五章）、沈源（第二章）、曲丽雯（第六章）、程桂丽（第七章、第八章）、贾超（第九章、第十章）、端木晶（第十一章、第十二章）、郝晶晶（第十三章）、何文泽（第十四章）。

　　本教材由于编者水平有限，加上时间仓促，教材中难免有不足之处，敬请使用本教材的同行和读者提出宝贵意见，以便再版时修订提高。

《无机化学基础》编委会

2013 年 7 月

目 录

模块二　结构理论

模块三 化学反应平衡理论

绪　　论

一、化学研究的对象

人类生活在多姿多彩的物质世界中。化学是一门自然科学，它是以人类周围的物质为研究对象，在原子、分子或离子层次上，探讨物质的组成、结构、性质、应用及其变化规律的基础学科，也是药学类及相关专业不可缺少的知识。

二、化学与社会

古老的制陶、金属的冶炼、造纸的发明、火药的使用都离不开化学，化学在推动人类文明进程中起到了不可估量的作用。在人类社会生活的各个方面，从衣食住行到高科技太空探险，从纸笔墨砚到迅猛发展的计算机等，都与化学有着密切的关系。色泽鲜艳的衣料需要经过化学处理和印染，丰富多彩的合成纤维是化学的一大贡献。粮袋子、菜篮子的充实，关键之一是化肥和农药的发展与生产。色味俱佳的食品，离不开各种食品添加剂（如甜味剂、防腐剂、香料、调味剂和色素等等），它们大多是用化学合成方法制得或用化学分离方法，从天然植物中提取得来。建筑材料中的水泥、石灰、油漆、玻璃等都是化工产品；作为动力设备的汽油、柴油及其添加剂等是石油化工产品。此外，日常生活必备的药品、洗涤剂、美容化妆品也都是化学制剂。因此，能源、环境、材料、食品、药品等社会各界普遍关注的热点问题，其产生、发展乃至最终解决，都离不开化学，可以说我们生活在化学的世界里。

三、化学与医药学的关系

化学的研究范围十分广泛，根据研究的对象和研究的目的不同，一般将化学分为无机化学、有机化学、分析化学、物理化学和高分子化学等不同的分支学科。无机化学是化学中的基础学科。

无机化学是研究元素、单质和无机化合物的来源、制备、结构、性质、变化和应用的一门化学分支，对于矿物资源的综合利用，近代技术中无机原材料及功能材料的生产和研究等都具有重大的意义。无机化学正处在蓬勃发展的新时期，研究范围不断扩大，与其他学科相互渗透，衍生了新的边缘学科，如无机合成、有机金属化学、生物无机化学、金属配位化学、元素化学和同位素化学等。

无机化学与医学密切相关。人体本身就是一座巨大的化学工厂，体内的一切生理现象和病理现象与各种代谢紧密联系。人体各种组织都是由蛋白质、糖类、脂肪、无机盐和水组成。众所周知，天、地、生物都是由元素构成，宇宙变化制造化学元素，而生物体内不能制造元素，生物元素完全靠外界摄入。生物元素在生物体内维持生物的正常生命，是生物体内必不可缺少的化学元素。

无机元素及其化合物在临床治疗中的作用逐渐被人们认识和认可。微量元素 Mn、Fe、Zn、Cu、F、I 等预防和治疗疾病取得了显著的成效。"钡餐"物质硫酸钡作为胃肠透视的内服剂，用于检查诊断疾病；氢氧化铝、碳酸氢钠的弱碱性，用于治疗胃酸过多；氯化钾可以治疗低血钾症；"PP 粉"（即高锰酸钾）是腔道或皮肤炎症的冲洗液……所以，无机化学与医药密不可分，化学是医学发展的利器。

四、学习本课程的方法

无机化学基础是药学专业的一门重要的基础课。它是在初中化学的基础上，进一步学习无机化学的基本理论和基本知识，掌握化学实验的基本技能，树立辩证唯物主义的观点，培养实事求是的科学态度和分析问题、解决问题的能力的课程。为后续课程的学习和将来的工作打下良好的基础。

学习无机化学课程时，要改进学习方法，适应新的学习环境，变被动学习为主动学习。要紧密联系社会、生活和生产，细心观察，在理解的基础上加强记忆。认真做好实验，仔细观察现象，如实记录实验数据和现象。利用网络、杂志和课外书籍，拓宽知识面，提高学习兴趣。

模块一　基本知识

　　溶液存在于自然界，人类的发展离不开溶液。人体内许多生化现象、药物的生产和提取等都与溶液及胶体的性质有关。微观世界的微粒数与宏观物质的质量如何转换、溶液提供的微粒有多少、溶液进入人体有无"量"的要求，带着这些问题，我们学习有关溶液浓度的相关知识。

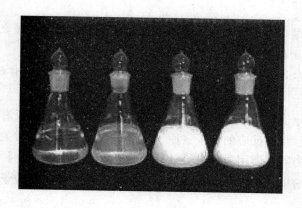

第一章 物质的量及气体摩尔体积

 知识要点

1. 摩尔、摩尔质量的概念；摩尔、摩尔质量和物质的质量之间的关系。
2. 物质的量与微观粒子数之间的关系。
3. 气体摩尔体积的概念；物质的量、气体摩尔体积和气体体积之间的关系。

化学反应是在分子、原子或离子间发生的，这些微观粒子肉眼看不见，并且难以称量。在化学反应中，参加反应的分子、原子或离子按照一定的数目关系进行，但实际生产中，参加反应的物质习惯用质量进行计算。为了计算上的方便，科学上引入了一个新的物理量——物质的量，把参加反应的分子、原子或离子等微观粒子的数目，与宏观的物质联系在一起。

第一节 物 质 的 量

一、摩尔

"物质的量"是国际单位制（SI）的 7 个基本物理量之一。物质的量是表示物质所含微粒数目的多少，用符号 n 表示。"微粒"是指分子、原子、离子、质子、电子、中子及它们的特定组合 $\left(如 \frac{1}{2}H_2SO_4 等\right)$。书写物质的量 n 时，在其右下角或用括号的形式标明微粒的种类。例如：

氢原子的物质的量：n_H 或 $n(H)$

氧分子的物质的量：n_{O_2} 或 $n(O_2)$

氯化钠的物质的量：n_{NaCl} 或 $n(NaCl)$

钙离子的物质的量：$n_{Ca^{2+}}$ 或 $n(Ca^{2+})$

物质的量的基本单位是摩尔，用符号"mol"或"摩尔"表示。国际上规定，1mol 任何物质所含的微粒数目都与 $0.012kg$ ^{12}C 中所含的碳原子数目相等。

实验测定，$0.012kg$ ^{12}C 所含的碳原子数目为 6.02×10^{23} 个。此数值最初由意大利科学家阿伏伽德罗提出，所以称为阿伏伽德罗常数，用符号 N_A 表示。1mol 任何物质都含

有 6.02×10^{23} 个微粒。例如：

　　1mol C 含有 6.02×10^{23} 个碳原子

　　1mol O_2 含有 6.02×10^{23} 个氧分子

　　1mol H_2O 含有 6.02×10^{23} 个水分子

　　1mol Na^+ 含有 6.02×10^{23} 个钠离子

知识链接

国际单位制的基本物理量

　　1971 年，第 14 届国际计量大会通过决议，决定采用长度、质量、时间、电流、热力学温度、物质的量和发光强度这 7 个物理量作为基本物理量。其他物理量则按照其定义由基本物理量导出。这 7 个基本物理量的单位分别为米（m）、千克（kg）、秒（s）、安培（A）、开尔文（K）、摩尔（mol）和坎德拉（cad），同时，它们又被定为国际单位制（简称 SI 制）的基本单位。

　　物质的量相同的任何物质，它们所包含的微粒数一定相同。例如 0.5mol 的氧分子和 0.5mol 的碳原子都含有 $0.5 \times 6.02 \times 10^{23}$ 个微粒，只是微粒的种类不同。因此，要比较几种物质中所包含的微粒数目，只需要比较它们的物质的量即可。物质的量（n）、微粒总数（N）、阿伏加德罗常数（N_A）三者的关系如下：

$$n = \frac{N}{N_A} \qquad\qquad (1-1)$$

　　根据此公式，可以得出：3.01×10^{23} 个水分子的物质的量为 0.5mol，9.03×10^{23} 个氢氧根离子的物质的量是 1.5mol。

　　在实际应用中，物质的量的单位根据实际情况，可以用摩尔（mol），也可以用毫摩尔（mmol）、微摩尔（μmol）或纳摩尔（nmol）等单位。

课堂互动

　　判断下列说法的正误，并解释原因。

　　1. 物质的量就是物质的数量。

　　2. 1mol 苹果是 6.02×10^{23} 个。

　　3. 1 摩尔氢原子和 1 摩尔氧原子所含的微粒数相等。

　　4. 阿伏伽德罗常数是 6.02×10^{23}。

二、摩尔质量

　　1mol 物质所具有的质量称为摩尔质量，用符号 M 表示。物质的量（n）、物质的质量（m）和摩尔质量（M）三者关系为：

$$M = \frac{m}{n} \tag{1-2}$$

摩尔质量的 SI 单位是 kg/mol，化学上常用 g/mol 表示。如果以 g/mol 为单位，任何原子、分子或离子的摩尔质量，在数值上等于该物质的化学式量。例如：

1mol O 的质量为 16g，则 $M(O) = 16g/mol$

1mol H_2 的质量为 2g，则 $M(H_2) = 2g/mol$

1mol H_2O 的质量为 18g，则 $M(H_2O) = 18g/mol$

1mol Na^+ 的质量为 23g，则 $M(Na^+) = 23g/mol$

由公式(1-2)可知：$n = \frac{m}{M}$ 或 $m = n \cdot M$

因此，物质的量、质量和摩尔质量三者之间，知道其中任意两个，既可求出第三个量。

将 $n = \frac{m}{M}$ 带入 $N = nN_A$ 中，可得：

$$N = \frac{m}{M} \cdot N_A \tag{1-3}$$

此式表明，已知物质的质量 m，即可求出物质的微粒数 N。所以，通过物质的量(摩尔)可以把微观粒子数与宏观上可以称量的物质的质量联系起来。物质的量为化学研究带来了极大的方便。化学方程式中，反应物和生成物分子式前的系数比，即等于它们的物质的量之比。例如：

$$Mg + 2HCl = MgCl_2 + H_2$$

1mol　2mol　1mol　　1mol

■ 课堂互动

下列关于摩尔质量的说法，正确的是：

1. 水的摩尔质量是 18g。

2. 18g 水的物质的量是 1mol。

3. 2mol 水的摩尔质量是 1mol 水的摩尔质量的 2 倍。

4. 物质的摩尔质量就是它的化学式量。

三、有关物质的量的计算

(一)已知物质的量 n，求物质的质量 m

【例 1-1】 0.2mol Na^+ 的质量是多少克？

解：$M(Na^+) = 23g/mol$　　　$n(Na^+) = 0.2mol$

所以：$m = n \cdot M = 23g/mol \times 0.2mol = 4.6g$

答：0.2mol Na^+ 的质量是 4.6g。

(二)已知物质的质量 m，求物质的量 n

【例1-2】 20g 氢氧化钠的物质的量是多少摩尔？

解：$M(\text{NaOH}) = 40\text{g/mol}$ $m(\text{NaOH}) = 20\text{g}$

所以：$n = \dfrac{m}{M} = \dfrac{20\text{g}}{40\text{g/mol}} = 0.5\text{mol}$

答：20g 氢氧化钠的物质的量是 0.5mol。

(三)已知物质的质量 m，求微粒数 N

【例1-3】 求 9g 水的物质的量、含有的水分子数、氢原子和氧原子的个数。

解：$M(\text{H}_2\text{O}) = 18\text{g/mol}$ $m(\text{H}_2\text{O}) = 9\text{g}$

所以：$n(\text{H}_2\text{O}) = \dfrac{m}{M} = \dfrac{9\text{g}}{18\text{g/mol}} = 0.5\text{mol}$

$N(\text{H}_2\text{O}) = 0.5\text{mol} \times 6.02 \times 10^{23} \text{个/mol} = 3.01 \times 10^{23} \text{个}$

$N(\text{H}) = 2 \times 0.5\text{mol} \times 6.02 \times 10^{23} \text{个/mol} = 6.02 \times 10^{23} \text{个}$

$N(\text{O}) = 0.5\text{mol} \times 6.02 \times 10^{23} \text{个/mol} = 3.01 \times 10^{23} \text{个}$

答：9g 水的物质的量是 0.5mol，含有 3.01×10^{23} 个水分子、6.02×10^{23} 个氢原子和 3.01×10^{23} 个氧原子。

(四)根据化学反应方程式，求反应物或生成物的物质的量

【例1-4】 60g 氢氧化钠与足量硫酸进行反应，生成多少摩尔的硫酸钠？

解：设生成硫酸钠的物质的量为 $x\text{mol}$

$M(\text{NaOH}) = 40\text{g/mol}$ $m(\text{NaOH}) = 60\text{g}$

$n(\text{NaOH}) = \dfrac{m}{M} = \dfrac{60\text{g}}{40\text{g/mol}} = 1.5\text{mol}$

$$2\text{NaOH} + \text{H}_2\text{SO}_4 = \text{Na}_2\text{SO}_4 + 2\text{H}_2\text{O}$$
$$2 \qquad\qquad\qquad 1$$
$$1.5\text{mol} \qquad\qquad x\text{mol}$$

即：$2:1 = 1.5\text{mol}:x\text{mol}$ 所以：$x = 0.75\text{mol}$

答：生成 0.75mol 硫酸钠。

第二节 气体摩尔体积及有关计算

一、摩尔体积

1mol 物质所占有的体积称为摩尔体积，用符号 V_m 表示。摩尔体积、体积、物质的量三者的关系如下：

$$V_m = \frac{V}{n} \tag{1-4}$$

摩尔体积的 SI 单位是 m^3/mol，化学上常用 cm^3/mol 表示固态或液态物质的摩尔体积，用 L/mol 表示气态物质的摩尔体积。

摩尔体积的大小取决于三个方面：第一，构成物质微粒本身的大小；第二，微粒之间的平均距离；第三，温度和压强。对于固态或液态物质，微粒之间的距离非常小，它们的摩尔体积主要由微粒本身的大小决定。由于这些微粒的大小各不相同，因此固态或液态物质之间的体积有较大的差异。常温下，几种常见固态或液态物质的摩尔体积见表 1-1。

表 1-1 常温下几种常见固态或液态物质的体积

物质	摩尔质量 $M(g/mol)$	密度 $\rho(g/cm^3)$	摩尔体积 $V_m(cm^3/mol)$
Al	26.98	2.70	9.99
Pb	207.2	11.35	18.26
NaCl	58.44	2.16	26.99
浓 H_2SO_4	98	1.84	54.1
H_2O(液)	18.02	0.9994	18.03

二、气体摩尔体积

气态物质的体积大小与固态或液态物质的体积不同。气态分子间的距离较大，所以体积的大小主要决定于分子间的平均距离。气体分子间的距离大小与温度和压强有关。对于一定量的气体，温度升高，分子间的距离增大，体积也随之增大；压强增大，分子间的距离减小，其体积也随之减小。所以，在相同的温度和压强下，不同气体的分子间平均距离几乎是相同的。因此，当气体的物质的量相同时，在相同的温度和压强下，它们的体积几乎完全相同。标准状况下（温度为 0℃，压强为 101.325kPa），几种气态物质的摩尔体积见表 1-2。

表 1-2 标准状况下几种气态物质的摩尔体积

物质	摩尔质量 $M(g/mol)$	密度 $\rho(g/cm^3)$	摩尔体积 $V_m(cm^3/mol)$
H_2	2.016	0.08987	22.42
N_2	28.02	1.251	22.41
O_2	32.00	1.429	22.39
CO_2	44.01	1.977	22.36

从表 1-2 可以看出，在标准状况下，1mol 任何气体所占的体积都约等于 22.4L，这个体积称为气体摩尔体积，记为 $V_{m,0}$。在标准状态下，气体的体积 V、物质的量 n 与气体摩尔体积 $V_{m,0}$ 之间的关系表示为：

$$n = \frac{V}{V_{m,0}} \tag{1-5}$$

因此，在相同的温度和压强下，相同体积的任何气体都具有相同的物质的量。由于 1mol 任何物质都含有 6.02×10^{23} 个微粒，所以，在相同的温度和压强下，相同体积的任何气体都含有相同数目的分子，这就是阿伏伽德罗定律。

 课堂互动

下列叙述正确的是：

A. 在标准状况下，N_2 的摩尔体积是 22.4L

B. 在标准状况下，H_2O 的摩尔体积等于 22.4L/mol

C. 25℃，101.325kPa 下，1mol N_2 的体积为 22.4L

D. 标准状况下，6.02×10^{23} 个 H_2 所占的体积是 22.4L

三、有关计算

（一）已知标准状况下的气体体积，求气体的质量

【例 1-5】 在标准状况下，5.6L CO_2 气体的质量是多少克？

解：$M(CO_2) = 44\text{g/mol}$ 　　　$V(CO_2) = 5.6\text{L}$ 　　　$V_{m,0} = 22.4\text{L/mol}$

$$n(CO_2) = \frac{V}{V_{m,0}} = \frac{5.6\text{L}}{22.4\text{L/mol}} = 0.25\text{mol}$$

$$m(CO_2) = n(CO_2) \cdot M(CO_2) = 0.25\text{mol} \times 44\text{g/mol} = 11\text{g}$$

答：5.6L CO_2 气体的质量为 11g。

（二）已知标准状况下气体的质量，求气体的体积

【例 1-6】 在标准状况下，16g O_2 的体积是多少升？

解：$M(O_2) = 32\text{g/mol}$ 　　　$m(O_2) = 16\text{g}$ 　　　$V_{m,0} = 22.4\text{L/mol}$

$$n(O_2) = \frac{m}{M} = \frac{16\text{g}}{32\text{g/mol}} = 0.5\text{mol}$$

$$V = n \cdot V_{m,0} = 0.5\text{mol} \times 22.4\text{L/mol} = 11.2\text{L}$$

答：16g O_2 的体积是 11.2L。

（三）计算化学反应中反应物或生成物的量

【例 1-7】 实验室用稀盐酸和锌反应制备氢气，计算标准状况下制取 5.6L 氢气，需要锌和稀盐酸各多少克？

解：设需要锌的物质的量为 x mol，盐酸的物质的量为 y mol

$M(Zn) = 65.4\text{g/mol}$ 　　　$M(HCl) = 36.5\text{g/mol}$

$V(H_2) = 5.6\text{L}$ 　　　$V_{m,0} = 22.4\text{L/mol}$

$$n(H_2) = \frac{V(H_2)}{V_{m,0}} = \frac{5.6L}{22.4L/mol} = 0.25mol$$

$$Zn + 2HCl = ZnCl_2 + H_2\uparrow$$

$$\begin{array}{cccc} 1 & 2 & & 1 \\ x & y & & 0.25 \end{array}$$

所以：$1:1 = x:0.25 \qquad x = 0.25mol$

$\qquad\quad 2:1 = y:0.25 \qquad y = 0.5mol$

$m(Zn) = n(Zn) \cdot M(Zn) = 65.4g/mol \times 0.25mol = 16.35g$

$m(HCl) = n(HCl) \cdot M(HCl) = 36.5g/mol \times 0.5mol = 18.25g$

答：需要锌和氯化氢的质量分别为 16.35g 和 18.25g。

本 章 小 结

物质的量

1. "物质的量"是一个物理量，表示物质所含微粒数目的多少，用符号 n 表示。

2. 物质的量的单位是摩尔，符号为 mol。

3. 阿伏伽德罗常数 $N_A = 6.02 \times 10^{23}$个/mol

摩尔质量

1. 1mol 物质所具有的质量称作摩尔质量，用符号 M 表示。

2. 摩尔质量的 SI 单位是 kg/mol，化学上常用 g/mol 表示。在数值上等于该物质的相对化学式量。

摩尔体积

1. 1mol 物质所占有的体积叫做摩尔体积，用 V_m 表示。单位 L/mol 或 m³/mol。

2. 在标准状况下，1mol 任何气体所占的体积，都约等于 22.4L，记为 $V_{m,0}$。

3. 阿伏伽德罗定律：在相同的温度和压强下，相同体积的任何气体都含有相同数目的分子。

同 步 训 练

一、选择题

1. 8g 氧气的物质的量是（　　　）

　　A. 0.5mol　　　　　B. 1mol　　　　　C. 0.25mol　　　　　D. 2mol

2. 下列物质中所含分子数最多的是（　　　）

　　A. 22g CO_2　　　　　　　　　　B. 1mol NH_3

　　C. 标准状况下 5.6L H_2　　　　D. 3.01×10^{23}个 O_2

3. 0.5mol 氨气的质量是(　　)

    A. 8.5g   B. 0.85g   C. 17g   D. 1.7g

4. 下列说法正确的是(　　)

    A. NaOH 的摩尔质量是 44g

    B. 1mol CO_2 的摩尔质量是 44g/mol

    C. 440g CO 的物质的量是 10mol

    D. H_2O 的摩尔质量等于 H_2O 的相对分子质量

5. 下列物质分别与 1mol Cl_2 反应，消耗质量最小的是(　　)

    A. Fe   B. Cu   C. Mg   D. Na

6. 下列叙述正确的是(　　)

    A. 物质的量相等的 N_2 和 CO 所含分子数均为 N_A

    B. 22.4L Cl_2 中含有 N_A 个 Cl_2 分子

    C. 在标准状况下，22.4L H_2O 中含有 N_A 个 H_2O 分子

    D. 1mol Na_2SO_4 中含有 N_A 个 Na^+ 离子

7. 质量相等的下列不同气体，在标准状况下所占体积最大的是(　　)

    A. Cl_2 B. CO_2 C. N_2 D. H_2

8. 下列叙述正确的是(　　)

    A. 25℃、101.325kPa 下，1mol 任何气体的体积都是 22.4L

    B. 相同质量的 O_2 和 O_3 所含的氧原子数相同

    C. 在标准状况下，22.4L 的任何物质，其物质的量都是 1mol

    D. 同温同压下，两种气体分子数相同，则体积相同、质量相等

9. 已知 m 克氧气中含有 N 个氧分子，则阿伏伽德罗常数 N_A 为(　　)

    A. $\dfrac{mN}{16}$ B. $\dfrac{mN}{32}$ C. $\dfrac{32N}{m}$ D. $\dfrac{16N}{m}$

10. 同温同压下，相同体积的 CO 和 CO_2，下列叙述正确的是(　　)

    A. 分子数不相等   B. 物质的量不相等

    C. 原子数不相等   D. 碳原子数不相等

二、填空题

1. 物质的量表示符号是_____，摩尔的单位符号是_____。

2. 摩尔质量的符号是_____，当以 g/mol 为单位时，任何原子、分子或离子的摩尔质量，在数值上等于该物质的_____。

3. 阿伏伽德罗常数表示符号是_____，量值是_____。

4. 1mol 气体的体积称为_____。标准状态下，气体摩尔体积是_____，符号为_____。

5. 9.03×10^{23} 个 NH_3 的物质的量为_____，其中 H _____个，N 与 H 个数之比为_____，物质的量之比为_____

6. 1mol Na_2SO_4 中约含有 _____ 个 SO_4^{2-} ， _____ mol Na^+。

7. 2mol NH_3 与 2mol H_2O 的分子数为 _____ ，3mol H_2O 的质量为 _____ 。

8. 0.01mol 某物质的质量为 1.08g，此物质的摩尔质量为 _____ 。

9. 6.2g $Na_2CO_3 \cdot H_2O$ 中含 Na_2CO_3 _____ mol，其中水的质量是 _____ g。

10. 在标准状况下，11g CO_2 所占的体积与 ____ g 氮气相同；与 _____ mol 氢气相同。

三、简答题

1. 1L 氧气和 1L 二氧化碳所含的分子数相同吗？为什么？

2. 比较摩尔体积和气体摩尔体积的异同点。

四、计算题

1. 计算下列物质的质量。

　　(1)0.3mol 氢氧化钠　　　　　(2)0.5mol 二氧化硫

　　(3)0.2mol 硫酸根离子　　　　(4)1.2mol 碳酸钠

2. 计算下列物质的物质的量。

　　(1)117g 氯化钠　　　　　　　(2)54g 铝粒子

　　(3)16g 氧气　　　　　　　　(4)80g 钙原子

3. 计算在标准状态下，下列各组物质所含有的分子数是多少？

　　(1)22g 二氧化碳　　　　　　 (2)11.2L 氢气

4. 6.86g $Al_2(SO_4)_3$ 中所含的 Al^{3+} 和 SO_4^{2-} 各为多少摩尔？

5. 40g 碳酸钙完全反应需要多少摩尔盐酸？标准状况下，能生成多少克二氧化碳？

6. 在标准状态下，36g 金属铝与足量的盐酸反应，生成多少升氢气？

第二章 溶 液

📚 **知识要点**

1. 溶液浓度的表示方法：物质的量浓度、质量浓度、质量分数、体积分数。
2. 溶液浓度的换算及溶液的配制与稀释。
3. 分散系、溶胶的性质；高分子化合物对溶胶的保护作用。
4. 溶液的渗透压及渗透压在医学上的意义。

体内的血液、淋巴液以及各种腺体的分泌液等都属于溶液。食物和药物必须先形成溶液才便于人体消化和吸收，体内的许多反应都是在溶液中进行的。例如，生理盐水、眼药水以及各种中草药煎剂和注射液等都是溶液。药物剂型、药物分析和检验工作中的许多操作，也需要在溶液中进行。因此，有关溶液的基本知识是医药工作者必不可少的。

第一节 溶液的浓度

化学实验、生产、生活以及临床所用溶液的配制等，都需要精确知道溶液中各组分的含量，还必须标明溶液的浓度。

一、溶液浓度的表示方法

溶液浓度是指一定量的溶液或溶剂中所含溶质的量。可以用下式表示：

$$溶液的浓度 = \frac{溶质的量}{溶液（或溶剂）的量}$$

在实际应用中，通过控制溶液浓度来满足不同要求。例如化学反应、药物制剂等都要求具有一定的浓度。溶液浓度有多种表示方法，医药上常用的浓度表示方法主要有以下几种。

（一）物质的量浓度

物质的量浓度的定义：溶质 B 的物质的量除以溶液的体积。B 代表溶质，B 的物质的量用符号 c_B 或 $c(B)$ 表示。其表达式为：

$$c_B = \frac{n_B}{V}$$

$$c_B = \frac{m_B}{M_B \cdot V} \tag{2-1}$$

书写物质的量浓度时，c 的右下角或括号内要标明基本单元。例如，氯化钠的物质的量浓度，记为 c_{NaCl} 或 $c(NaCl)$。物质的量浓度 SI 单位常用 mol/L、mmol/L 和 μmol/L 表示。

【例 2-1】 临床上注射液用乳酸钠（$C_3H_5O_3Na$），其规格是每支 20ml 注射液中含乳酸钠 2.24g，该注射液的物质的量浓度是多少？

解：$m(C_3H_5O_3Na) = 2.24g$ $M(C_3H_5O_3Na) = 112g/mol$

$$n_B = \frac{m_B}{M_B} = \frac{2.24g}{112g/mol} = 0.02mol$$

$$V = 20ml = 0.02L$$

所以：$c_B = \frac{n_B}{V} = \frac{0.02mol}{0.02L} = 1mol/L$

答：该乳酸钠注射液的物质的量浓度是 1mol/L。

【例 2-2】 配制 2mol/L NaOH 溶液 500ml，需要 NaOH 多少克？

解：$c(NaOH) = 2mol/L$ $M(NaOH) = 40g/mol$ $V = 500ml = 0.5L$

因为：$c_B = \frac{n_B}{V}$ $n = \frac{m}{M}$

所以：$n_B = c_B \cdot V = 2mol/L \times 0.5L = 1mol$

$m(NaOH) = n(NaOH) \cdot M(NaOH) = 1mol \times 40g/mol = 40g$

答：需要 NaOH 固体 40g。

【例 2-3】 正常人血清 100ml 中含 10.0mg Ca^{2+}，计算正常人血清中 Ca^{2+} 的物质的量浓度。

解：$m_{Ca^{2+}} = 10.0mg = 0.010g$ $M_{Ca^{2+}} = 40.0g/mol$ $V = 100ml = 0.1L$

所以 $c_B = \frac{n_B}{V} = \frac{m_B}{M_B \cdot V} = \frac{0.010g}{40.0g/mol \times 0.1L} = 2.50 \times 10^{-3} mol/L = 2.5mmol/L$

答：正常人血清中 Ca^{2+} 的物质的量浓度为 2.50mmol/L。

【例 2-4】 用 90g 葡萄糖（$C_6H_{12}O_6$），能配制 0.28mol/L 的静脉注射液多少毫升？

解：$c(C_6H_{12}O_6) = 0.28mol/L$ $m(C_6H_{12}O_6) = 90g$ $M(C_6H_{12}O_6) = 180g/mol$

由 $c_B = \frac{m_B}{M_B \cdot V}$ 得 $V = \frac{m_B}{c_B \cdot M_B}$

所以 $V = \frac{90g}{0.28mol/L \times 180g/mol} = 1.8L = 1800ml$

答：用 90g 葡萄糖（$C_6H_{12}O_6$）能配制 0.28mol/L 的静脉注射液 1800ml。

■ 课堂互动

> 1. 计算 29.5g 氯化钠(NaCl)溶解在 1L 水中，溶液的物质的量浓度。
> 2. 配制 2mol/L 的 NaOH 溶液 1000ml，需要 NaOH 多少克？

(二)质量浓度

质量浓度的定义：溶质 B 的质量除以溶液的体积。质量浓度的符号为 ρ_B 或 $\rho(B)$，其表达式为：

$$\rho_B = \frac{m_B}{V} \tag{2-2}$$

为了避免与密度符号 ρ 混淆，书写质量浓度时，一定要用下标或括号标明基本单元。例如，氢氧化钠溶液的质量浓度记为 ρ_{NaOH} 或 $\rho(NaOH)$。

质量浓度的 SI 单位是 kg/m^3，医学上常用 g/L 或 mg/L 等单位来表示。如 1L 葡萄糖溶液中含有葡萄糖 50g，该溶液的质量浓度为 50g/L。

【例 2-5】 《中国药典》规定，0.5L 生理盐水中含 NaCl 4.5g，生理盐水的质量浓度是多少？若配制生理盐水 1.5L，需要氯化钠多少克？

解：$m_{NaCl} = 4.5g$　　$V = 0.5L$

$$\rho_B = \frac{m_B}{V}$$

所以 $\rho_{NaCl} = \dfrac{m_{NaCl}}{V} = \dfrac{4.5g}{0.5L} = 9g/L$

$\rho_{NaCl} = 9g/L$　　　$V = 1.5L$

因为 $m_B = \rho_B \cdot V$

所以 $m_{NaCl} = \rho_{NaCl} \cdot V = 9g/L \times 1.5L = 13.5g$

答：生理盐水的质量浓度是 9g/L。若配制生理盐水 1.5L，需要氯化钠 13.5g。

【例 2-6】 正常人 100ml 血浆中含血浆蛋白 7g，计算血浆蛋白在血浆中的质量浓度是多少？

解：$m_{血浆蛋白} = 7g$　　　$V = 100ml = 0.1L$

所以 $\rho_{血浆蛋白} = \dfrac{m_{血浆蛋白}}{V} = \dfrac{7g}{0.1L} = 70g/L$

答：血浆蛋白的质量浓度为 70g/L。

(三)质量分数

质量分数的定义：溶液中溶质 B 的质量与溶液质量之比。用符号 ω_B 表示。即：

$$\omega_B = \frac{m_B}{m} \tag{2-3}$$

应注意式中 m_B 和 m 的单位必须相同。质量分数的值可直接用小数或百分数表示。

医药上常用符号%（g/g）表示。例如，浓 HCl 的质量分数是 $\omega_{HCl} = 0.37$ 或 $\omega_{HCl} = 37\%$，表示 100g 浓盐酸中含 37g 溶质 HCl。

【例 2 - 7】 浓盐酸的质量分数是 0.36，密度为 1.18kg/L，500ml 浓盐酸中含 HCl 多少克？

解：$\because \omega_{HCl} = 0.36 \quad \rho = 1.18kg/L = 1180g/L \quad M_{HCl} = 36.5g/mol$

$V = 500ml = 0.5L$

500ml 浓盐酸的质量为：

$$m = \rho \cdot V = 1180g/L \times 0.5L = 590g$$

$$\omega_B = \frac{m_B}{m}$$

$$\therefore m_{HCl} = \omega_{HCl} \cdot m = 0.36 \times 590g = 212.4g$$

答：500ml 浓盐酸中含氯化氢 212.4g。

（四）体积分数

体积分数的定义：溶质组分 B 的体积与溶液总体积之比。用符号 φ_B 或 $\varphi(B)$ 表示。

$$\varphi_B = \frac{V_B}{V} \qquad (2 - 4)$$

应注意式中 V_B 和 V 的单位必须相同，溶质应为液态。体积分数可以用小数表示，还可以用百分数表示。例如临床上，血液检验指标血小板体积分数的正常值范围是 $\varphi_B = 0.11 \sim 0.28$。表示正常人 100ml 血液中含血小板 11~28ml。

【例 2 - 8】 在临床上，1000ml 医用消毒酒精溶液中含纯乙醇 750ml，计算该酒精溶液中乙醇的体积分数。

解：$\because V_B = 750ml \qquad V = 1000ml$

$$\varphi_B = \frac{V_B}{V}$$

$$\therefore \varphi_B = \frac{750ml}{1000ml} = 0.75$$

答：该酒精溶液中乙醇的体积分数为 0.75。

（五）溶液浓度的换算

溶液浓度的换算只是变换表示浓度的方法，即浓度单位的换算。溶液浓度换算后数值和单位虽然不同，但溶液的量并未发生任何变化。

1. 物质的量浓度（c_B）与质量浓度（ρ_B）的换算　物质的量浓度和质量浓度是两种常用的浓度表示方法，它们之间的换算关系为：

$$\rho_B = c_B \cdot M_B \qquad (2 - 5)$$

或 $$c_B = \frac{\rho_B}{M_B} \qquad (2 - 6)$$

【例 2 - 9】 生理盐水的质量浓度是 9g/L，其物质的量浓度是多少？

解：$\because \rho_{NaCl} = 9g/L \quad M_{NaCl} = 58.5g/L$

$$\therefore c_{NaCl} = \frac{\rho_{NaCl}}{M_{NaCl}} = \frac{9g/L}{58.5g/mol} = 0.154mol/L = 154mmol/L$$

答：生理盐水的物质的量的浓度是 154mmol/L。

2. 物质的量浓度（c_B）与质量分数（ω_B）的换算　物质的量浓度常用的单位是 mol/L，质量分数是比值，二者间的换算关系为：

$$c_B = \frac{\omega_B \cdot \rho}{M_B} \tag{2-7}$$

或

$$\omega_B = \frac{c_B \cdot M_B}{\rho} \tag{2-8}$$

【例 2－10】 市售浓硫酸溶液的质量分数是 0.98，密度 1.84kg/L，计算浓硫酸溶液的物质的量浓度。

解：$\because \omega(H_2SO_4) = 0.98$　$\rho = 1.84kg/L = 1840g/L$　$M(H_2SO_4) = 98g/mol$

$$\therefore c(H_2SO_4) = \frac{\omega(H_2SO_4) \cdot \rho}{M(H_2SO_4)} = \frac{0.98 \times 1840g/L}{98g/mol} = 18.4mol/L$$

二、溶液的配制与稀释

1. 溶液的配制　溶液的配制方法一般有两种。

（1）用一定质量的溶液中所含溶质的质量表示浓度，如质量分数。配制方法是将定量的溶质和溶剂混合均匀即得。例如，需要配制 ω_B 为 0.2 的 NaCl 溶液 100g，首先称取 20g 干燥的 NaCl 固体，然后加 80g H_2O 在容器中混合均匀即可。

（2）用一定体积的溶液中所含溶质的量表示溶液的浓度。例如物质的量浓度、质量浓度和体积分数。这类溶液的溶质和溶剂混合后，体积往往比溶剂单独存在时的体积之和要增加或减少。因此，配制此类溶液，是将一定的溶质先与适量的溶剂混合，使溶质完全溶解，然后再准确地加溶剂至所需要的体积，混合均匀即得。

如果配制的溶液浓度需要十分准确，则不能用台秤称量和量杯（或量筒）配制，而要用分析天平和容量瓶配制。

【例 2－11】 如何配制 250ml 0.2mol/L NaOH 溶液？

解：①先计算出配制 250ml 0.2mol/L NaOH 溶液需要 NaOH 的质量

$\because c_{NaOH} = 0.2mol/L$　$M_{NaOH} = 40g/mol$　$V = 250ml = 0.25L$

$\therefore m_{NaOH} = c_{NaOH} \cdot V \cdot M_{NaOH} = 0.2mol/L \times 0.25L \times 40g/mol = 2g$

②配制方法：在台秤上称取 2g NaOH，放在 100ml 烧杯里，先加适量水搅拌使之溶解。冷却至室温，将烧杯中的溶液用玻璃棒引流到 250ml 容量瓶（或量筒、量杯）中，用少量水洗涤烧杯、玻璃棒 2～3 次，转移至容量瓶（或量筒、量杯）中，摇匀，加水至刻度线。配好的溶液装入试剂瓶，贴好标签，备用。

2. 溶液的稀释　在实际工作中，经常将浓溶液配成稀溶液。溶液中加入溶剂，使溶液浓度变小的过程称为溶液的稀释。溶液稀释的特点是：稀释前后溶液的体积发生了变化，但溶质的质量不变。即：稀释前溶质的质量与稀释后溶质的质量相等。

以物质的量浓度为例，稀释公式如下：

$$c_{B1} \cdot V_1 = c_{B2} \cdot V_2 \qquad (2-9)$$

式中"1"代表稀释前的溶液，"2"代表稀释后的溶液。使用公式时，注意稀释前后，各种量的单位必须一致。

【例2-12】 市售浓盐酸的浓度为12mol/L，配制3mol/L盐酸400ml，需要浓盐酸多少毫升？

解：∵ $c_{B1} = 12\text{mol/L}$ $\qquad c_{B2} = 3\text{mol/L}$ $\qquad V_2 = 400\text{ml}$

$c_{B1} \cdot V_1 = c_{B2} \cdot V_2$

$12\text{mol/L} \times V_1 = 3\text{mol/L} \times 400\text{ml}$

∴ $V_1 = \dfrac{3\text{mol/L} \times 400\text{ml}}{12\text{mol/L}} = 100\text{ml}$

答：配制3mol/L盐酸400ml，需要浓盐酸100ml。

【例2-13】 用0.95的医用酒精600ml，能配制0.75的消毒酒精多少毫升？

解：∵ $\varphi_{B1} = 0.95$ $\qquad V_1 = 600\text{ml}$ $\qquad \varphi_{B2} = 0.75$

$\varphi_{B1} \cdot V_1 = \varphi_{B2} \cdot V_2$

$0.95 \times 600\text{ml} = 0.75 \times V_2$

∴ $V_2 = \dfrac{0.95 \times 600\text{ml}}{0.75} = 760\text{ml}$

答：能配制0.75的消毒酒精760ml。

■ 课堂互动

1. 配制溶液时，为何要将洗涤烧杯后的溶液注入容量瓶中？
2. 如何配制250ml 9g/L的氯化钠溶液？

第二节 胶体溶液

在医药工作中，除了大量使用溶液外，常常使用胶体溶液、悬浊液和乳浊液，它们都属于分散系。

一、分散系

一种或几种物质以细小的微粒，分散在另一种物质中所形成的体系称为分散系。其中被分散的物质称为分散相或分散质，容纳分散相的物质称为分散介质或分散剂。例如，蔗糖溶液是分散系，其中蔗糖是分散相，水是分散介质；消毒用的碘酊是将碘分散在乙醇中形成的分散系；泥浆是分散系，其中泥土是分散相，水是分散介质。

不同分散系中分散相粒子的大小不同。根据分散相粒子的大小，分散系可以分为三类：分子或离子分散系、胶体分散系、粗分散系。

(一)分子或离子分散系

分散相粒子直径小于 $1nm(1nm=10^{-9}m)$ 的分散系称为分子或离子分散系，又称为真溶液，简称溶液。在溶液中分散相也称为溶质，分散介质又称为溶剂。水是一种常用的溶剂。溶液中，分散相粒子是单个分子或离子，分散相与分散介质之间没有界面。例如，葡萄糖溶液、生理盐水以及实验中使用的各种酸、碱、盐溶液都属于溶液分散系。

(二)胶体分散系

分散相粒子直径在 $1\sim100nm$ 之间的分散系称为胶体分散系，主要包括溶胶和高分子化合物的溶液。其中把固态分散相分散在液态分散介质中形成的体系，称为胶体溶液，简称溶胶。常见的溶胶是以水为分散介质的溶胶，其分散相粒子称为胶粒。

溶胶的胶粒是许多分子、原子或离子的聚集体，比分子或离子分散系粒子大，分散相和分散介质之间存在着界面。

(三)粗分散系

分散相粒子直径大于 $100nm$ 的分散系称为粗分散系。由于分散相粒子较大，分散相与分散介质之间存在着界面。分散相粒子容易受重力作用而聚沉。悬浊液和乳浊液就属于粗分散系。不溶性的固体小颗粒分散在液体中形成的粗分散系称为悬浊液，例如浑浊的泥水。

乳浊液在医药上又叫乳剂。药液制成乳剂后，可增大药液与机体的接触面积，促进药物的吸收。乳剂一般都不稳定，要使乳剂相对稳定，必须加入乳化剂。乳化剂的作用是在液体分散相的小珠滴上形成一层乳化剂薄膜，使小珠滴不能相互聚集。常见的乳化剂有肥皂、合成洗涤剂以及体内的胆汁酸盐等。

分散系的分类及主要性质见表 $2-1$。

表 $2-1$ 分散系的分类及主要性质

分 散 系		分散相粒子	粒子直径	分散系特征	实 例
分子或离子分散系(溶液)	溶液	分子或离子	小于1nm	透明、均匀、稳定、能透过滤纸和半透膜	NaCl 溶液、葡萄糖溶液
胶体分散系(溶胶)	溶胶	多个分子聚集成的胶粒	$1\sim100nm$	透明不一、不均匀、较稳定	$Fe(OH)_3$溶胶、As_2S_3溶胶
	高分子化合物溶液	单个高分子	$1\sim100nm$	透明、均匀、稳定	明胶、蛋白质溶液
粗分散系(浊液)	悬浊液	固体粒子	大于100nm	浑浊、不透明、不均匀、不稳定、不能透过滤纸和半透膜	泥浆水
	乳浊液	液体小珠滴			牛奶

二、溶胶的性质

由于溶胶的胶体粒子直径介于分子或离子分散系和粗分散系之间，因此溶胶具有许多特殊的性质。

(一)丁铎尔现象

在暗室里，用一束强光从侧面照射胶体溶液和真溶液时，可以看到在胶体溶液中有一道明亮的光柱，而在真溶液中则没有(见图2-1)。这种现象称为丁铎尔现象。

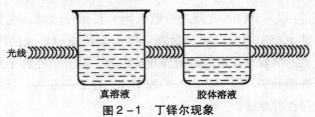

光线

真溶液   胶体溶液

图2-1 丁铎尔现象

丁铎尔现象的产生，与胶粒的大小、可见光的波长(400~760nm)有关。当可见光照射胶体溶液时，光波会环绕着胶体粒子向各个方向散射。胶体粒子本身似乎成了发光点，于是形成了光柱。习惯把散射光又称为乳光。真溶液中，分散相粒子很小，大部分光线直接透射过去，散射光很微弱以至于看不到；而粗分散系中，分散相粒子较大，光线射到上面能产生反射光，使粗分散系浑浊不透明。只有胶体溶液能产生乳光。因此丁铎尔现象可以区别胶体溶液和真溶液。

(二)布朗运动

在超显微镜下观察溶胶，可以看到胶体粒子在分散介质中不断地进行着不规则的运动，这种运动称为布朗运动。它主要是胶粒受到各个方向的力(分散介质)不能抵消而引起的。胶粒越小，布朗运动越剧烈。由于布朗运动，胶粒受重力的影响较小，在短时间内不会从分散介质中分离、沉淀。因此，溶胶一般比较稳定。

(三)吸附作用

气体或液体物质被吸在固体表面的现象称为吸附。物质的表面积越大，其吸附能力越强。胶体粒子尽管较小，但胶粒的总表面积很大，所以胶体具有较强的吸附作用。

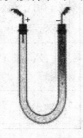

(四)电泳现象

【课堂实践2-1】 在一个U形管中装入红棕色的$Fe(OH)_3$溶胶，管的两端接通直流电源，观察U形管两极附近溶胶颜色的变化。

实验结果表明，阴极附近溶胶颜色逐渐变深，而阳极附近颜色逐渐变浅。见图2-2。

图2-2 电泳现象

由此说明，$Fe(OH)_3$胶粒带正电，向阴极运动。胶粒在电场的作用下，向阳极或阴极定向移动的现象称为电泳现象。电泳现象说明胶粒是带电的。

三、溶胶的稳定性和聚沉

（一）溶胶的稳定性

溶胶具有相对的稳定性，除了胶粒的布朗运动克服重力下沉以外，主要因素是：

1. **胶粒带电**　同一种溶胶的胶粒带有同种电荷，"同性相斥"，阻止了胶粒间的相互聚集。胶粒所带电荷越高，斥力越大，则溶胶越稳定。

2. **溶剂化作用**　吸附在胶粒表面的离子，对溶剂分子有吸附力，能将溶剂分子吸附到胶粒表面，形成一层溶剂化膜（水化膜），阻止胶粒的相互聚集而使其保持稳定。水化膜越厚，胶粒越稳定。

（二）溶胶的聚沉

溶胶的稳定性是相对的、有条件的。使胶粒聚集成较大颗粒而沉淀的过程称为聚沉。胶粒聚沉的主要方法有：

1. **加入电解质**　在溶胶中加入少量电解质，与胶粒带相反电荷的电解质离子中和了胶粒的电荷，破坏了水化膜，从而使胶粒聚集成较大的颗粒而沉淀。

电解质对溶胶的聚沉能力不仅与电解质的浓度有关，主要决定于胶粒带相反电荷的离子（即反离子）电荷。反离子的电荷越高，聚沉能力越强。例如，在 As_2S_3 负溶胶中，加入相同浓度的 $AlCl_3$、$CaCl_2$ 和 $NaCl$ 溶液，聚沉能力为 $AlCl_3 > CaCl_2 > NaCl$，而 KCl 和 K_2SO_4 溶液，对 As_2S_3 溶胶的聚沉能力几乎相等。

2. **加入带相反电荷的溶胶**　当两种带相反电荷的溶胶混合后，由于胶粒所带电荷相互中和而发生聚沉。例如，As_2S_3 负溶胶和 $Al(OH)_3$ 正溶胶混合后，立即发生聚沉。

3. **加热**　升高温度，增加了胶粒的运动速度和碰撞机会，同时降低了胶粒对离子的吸附作用和水化程度，从而导致聚沉。因此，许多溶胶加热时发生聚沉。

四、高分子化合物对溶胶的保护作用

相对分子量在一万以上的大分子化合物称为高分子化合物，简称高分子。例如淀粉、纤维素、蛋白质、明胶等都属于高分子化合物。高分子溶液中分散相粒子是单个分子，因而具有真溶液的性质（如均匀、透明、稳定等），其分散相颗粒大小在胶体分散系范围之内。因此，高分子溶液与溶胶的性质相似（如不能透过半透膜）。此外，高分子溶液有其自身的特殊性。

在溶胶中加入适量的高分子溶液，能显著增强溶胶的稳定性，这种现象称为高分子溶液对溶胶的保护作用。例如，在 $Fe(OH)_3$ 溶胶中加入适量的明胶，再加入氯化钠溶液，$Fe(OH)_3$ 溶胶不发生沉淀。

高分子化合物

人类的活动与高分子化合物有着密切的关系。在日常生活中，人们一直在应用天然的高分子化合物，如日常膳食的淀粉和蛋白质，衣着的棉、麻、丝、毛等，都是天然高分子化合物。

近年来，医用高分子材料的研究与发展突飞猛进，从人造器官到高效、定向的高分子药物控释体系的研究，几乎遍及生物医学的各个方面。医用高分子学是一门生命科学、材料科学与高分子化学交叉的新兴学科，医用高分子是功能高分子中最重要和发展最快的一个领域，也是高分子科学的前沿。

高分子溶液加入溶胶中，高分子被吸附在胶粒表面上，将整个胶粒包裹起来形成了保护层。由于高分子化合物有很强的水化能力，其表面又附加了一层水化膜，从而阻止了胶粒的聚集，起到了保护溶胶的作用。

高分子溶液对溶胶的保护在生理过程中起着重要的作用。例如，正常人血液中碳酸钙、磷酸钙等微溶性的无机盐类，以溶胶的形式存在于血液中被蛋白质所保护，所以它们在血液中的浓度虽然比在水中的溶解度高，但仍能稳定存在而不聚沉。当发生某些疾病时，血液中的蛋白质减少，减弱了蛋白质对微溶性盐的保护作用，导致这些微溶性盐沉积在肝、肾、胆囊等器官中，形成了各种"结石"。医药上用于胃肠道造影的硫酸钡合剂，加入适量的阿拉伯胶（高分子）对硫酸钡溶胶起着保护作用，当病人服用后，均匀地黏附在肠壁上形成薄膜，有利于造影检查。

第三节　溶液的渗透压

一、渗透现象和渗透压

在一杯纯水中加入一滴蓝墨水，不久杯子里的水很快变成蓝色。这是由于溶质分子和溶剂分子扩散的结果。任何纯溶剂和溶液或两种不同浓度的溶液相互接触，都会发生扩散现象。

半透膜是一种只允许较小的溶剂分子通过，而较大的溶质分子不能通过的薄膜。如生物的细胞膜、动物的肠衣、血管壁以及人工制造的羊皮纸、玻璃纸等都是半透膜。如果不让溶液与水直接接触，用一种只允许溶剂分子通过，而溶质分子不能通过的半透膜把它们隔开，会发生什么现象？

【课堂实践2-2】　选择水分子能通过而蔗糖分子不能透过的半透膜，把一个长颈漏斗口用此半透膜扎紧，安装固定后放入盛有水的烧杯中。长颈漏斗内装入500g/L蔗糖溶液，使烧杯和长颈漏斗的液面相平。见图2-3。观察长颈漏斗内液面高度的变化。

经过一段时间后，观察到长颈漏斗内液面慢慢升高，达到一定高度(h)后不再上升。说明水透过半透膜进入蔗糖溶液中，使其液面上升。如果将烧杯内的纯水换成较稀的蔗糖水溶液，发生同样的现象。这种溶剂分子通过半透膜由纯溶剂进入溶液或由稀溶液进入浓溶液扩散的现象，称为渗透现象，简称渗透。

因此，产生渗透现象必须具备两个条件：一是有半透膜存在；二是半透膜两侧存在着浓度差（即溶质粒子浓度不相等）。

上述实验中，水分子通过半透膜同时向两个方向扩散。单位体积内，纯水的水分子数比溶液中的水分子多。因此，在单位体积内从纯水中透过半透膜进入蔗糖溶液中的水分子数，必然多于从蔗糖溶液进入纯水中的水分子数，结果漏斗内液面上升。在液面上升的同时，产生静水压，阻止水分子向溶液中渗透。随着液面的不断升高，这种静水压逐渐增大。当静水压增大到一定程度，水分子进出半透膜的速度相等，即渗透达到动态平衡。这种恰好能阻止纯溶剂向溶液渗透的额外压力，称为溶液的渗透压。渗透压的 SI 单位是 Pa（帕斯卡），医学上常用 kPa（千帕）表示。

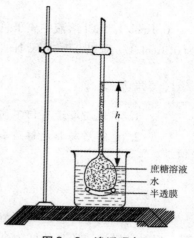

图 2-3　渗透现象

二、渗透压与溶液浓度的关系

渗透压是溶液的一个重要的性质，凡是溶液都有渗透压。渗透压的大小与溶液的浓度和温度有关。实验证明：在一定温度下，稀溶液渗透压的大小与单位体积内溶液中所含溶质的粒子数（分子或离子）成正比，而与粒子的性质和大小无关。此规律称为渗透压定律。

1886 年荷兰物理学家范特霍夫（Van't Hoff）根据实验结果，总结出稀溶液的渗透压与溶液的浓度、温度之间的关系为：

$$\pi = c_B RT \tag{2-10}$$

式中　π——溶液的渗透压（kPa）

　　　c_B——溶质的物质的量浓度（mol/L）

　　　R——摩尔气体常数［8.31kPa·L/（mol·K）］

　　　T——热力学温度（K）

对于稀溶液，其物质的量浓度近似地等于质量摩尔浓度，故渗透压公式可以表述为：

$$\pi = b_B RT \tag{2-11}$$

对于电解质溶液的渗透压，由于电解质在溶液中发生电离，使溶液中溶质微粒的总浓度大于电解质本身的浓度，所以必须考虑电解质的解离。计算电解质稀溶液的渗透压时，式（2-11）引入一校正系数 i（i 称为范特霍夫系数），即：

$$\pi = i b_B RT \tag{2-12}$$

i 表示 1 个强电解质"分子"在溶液中解离出的离子数。例如，NaCl 溶液，$i = 2$；$CaCl_2$ 溶液，$i = 3$；Na_3PO_4 溶液，$i = 4$；Na_2CO_3 溶液，$i = 3$。

【例 2-14】 比较 0.1mol/L NaCl 溶液与 0.1mol/L $CaCl_2$ 溶液的渗透压大小。

解：NaCl、$CaCl_2$ 在水中的电离情况如下：

$$NaCl =\!=\!= Na^+ + Cl^-$$

$$CaCl_2 \xlongequal{\hspace{1cm}} Ca^{2+} + 2Cl^-$$

0.1mol/L NaCl 溶液中离子总浓度为 0.2mol/L；而 0.1mol/L CaCl$_2$ 溶液中离子总浓度为 0.3mol/L。所以 0.1mol/L NaCl 溶液的渗透压小于 0.1mol/L CaCl$_2$ 溶液的渗透压。

课堂互动

1. 扩散与渗透有何不同？产生渗透的条件是什么？
2. 电解质与非电解质溶液在计算渗透浓度时，有何不同？

三、等渗、低渗和高渗溶液

在相同温度下，渗透压相等的两种溶液称为等渗溶液。若两种溶液的渗透压不相等，相对来说渗透压高的称为高渗溶液，渗透压低的称为低渗溶液。

医学上，等渗、低渗和高渗溶液是以血浆渗透压作为比较的标准。正常人血浆的渗透压为 720 ~ 800kPa，相当于血浆中能产生渗透作用的各种粒子的总浓度为 280 ~ 320mmol/L。凡是溶质的粒子总浓度在此范围内或接近于此范围的溶液均称为等渗溶液，浓度低于 280mmol/L 的溶液称为低渗溶液，高于 320mmol/L 的溶液称为高渗溶液。

知识链接

晶体渗透压和胶体渗透压

由于体液中晶体渗透压远大于胶体渗透压，因此水分子的渗透方向主要取决于晶体渗透压。当人体缺水时，细胞外液各种溶质的浓度升高，外液的晶体渗透压增大，于是细胞内液中的水分子将向细胞外液渗透，造成细胞皱缩。毛细血管壁也是体内的一种半透膜，它间隔着血液和组织间液，允许水分子和小离子自由透过，而不允许大分子和大离子透过。在这种情况下，晶体渗透压对维持血管内外血液和组织间液的水盐平衡不起作用，因此这一平衡只取决于胶体渗透压。

人体因某种原因导致血浆蛋白质减少时，血浆的胶体渗透压降低，血浆中的水和其他小分子、小离子就会透过毛细血管壁而进入组织间液，导致血容量降低，组织间液增多，这是形成水肿的原因之一。临床上对大面积烧伤或由于失血造成血浆的胶体渗透压降低的患者，补液时，除补充生理盐水外，还需要同时输入血浆或右旋糖酐等代血浆，才能够恢复胶体渗透压和血容量。

四、渗透在医学上的应用

当病人输液时，通常要考虑溶液的渗透压，因为红细胞内液必须为等渗溶液，当红细胞置于低渗溶液时，溶液的渗透压低于细胞内液的渗透压，水分子透过细胞膜向细胞内渗透，红细胞将逐渐膨胀，当膨胀到一定程度后，红细胞就会破裂，释放出血红蛋白，这种现象在医学上称为溶血现象；当红细胞置于高渗溶液时，溶液的渗透压高于细胞内液的渗透压，水分子透过细胞膜向细胞外渗透，红细胞将逐渐皱缩，这种现象在医学上称为胞浆分离。皱缩后的细胞失去了弹性，当它们相互碰撞时，就可能粘连在一起而形成血栓。只有在等渗溶液中，红细胞才能保持其正常形态和生理活性。

渗透作用在医学和药学上被广泛地应用。例如，用于冲洗伤口的生理盐水，应与组织细胞液等渗，若用纯水或高渗溶液则会导致伤口的疼痛；眼组织对渗透压变化比较敏感，为防止刺激或损伤眼组织，眼用制剂必须进行等渗压调节；透析是一种渗透作用，透析装置中的半透膜阻止红细胞和蛋白质通过，小分子盐类、葡萄糖、代谢废物均可透过，在透析液中溶解各种人体必需的盐类和葡萄糖，血液经过体外循环便得以净化。

本 章 小 结

溶液浓度

1. 物质的量浓度：$c_B = \dfrac{n_B}{V}$ 或 $c_B = \dfrac{m_B}{M_B \cdot V}$

2. 质量浓度：$\rho_B = \dfrac{m_B}{V}$

3. 质量分数：$\omega_B = \dfrac{m_B}{m}$

4. 体积分数：$\phi_B = \dfrac{V_B}{V}$

5. 质量浓度与物质的量浓度的换算：$\rho_B = c_B \cdot M_B$ 或 $c_B = \dfrac{\rho_B}{M_B}$

6. 质量分数与物质的量浓度的换算：$C_B = \dfrac{\omega_B \cdot \rho}{M_B}$ 或 $\omega_B = \dfrac{C_B \cdot M_B}{\rho}$

7. 稀释公式：$c_{B1} \cdot V_1 = c_{B2} \cdot V_2$

分散系

1. 分散系：分子或离子分散系（粒子直径小于 1nm）、胶体分散系（分粒子直径在 1~100nm）、粗分散系（粒子直径大于 100nm）

2. 溶胶的性质：丁铎尔现象、布朗运动、吸附作用、电泳现象

3. 溶胶的稳定性：胶粒带电、溶剂化作用

4. 胶体的聚沉：加入电解质、加入带反电荷的胶体

5. 高分子对溶胶的保护：胶体中加入足够量的高分子溶液，胶体不发生聚沉。

溶液的渗透压

1. 渗透现象：溶剂分子通过半透膜进入溶液的现象

2. 渗透压：施加于溶液液面而恰能阻止纯溶剂向溶液渗透的额外压力

3. 渗透压定律：$\pi = c_B RT$　　　电解质：$\pi = i b_B RT$

4. 临床用药应处于等渗状态

同 步 训 练

一、填空题

1. 根据分散相粒子直径的大小，分散系分为（　　　）分散系、（　　　）和（　　　）分散系。

2. 分子或离子分散系中分散相粒子直径的范围是（　　　），胶体分散系中分散相粒子直径的范围是（　　　），粗分散系中分散相粒子直径的范围是（　　　）。

3. 溶胶的主要性质有（　　　）、（　　　）、（　　　）和（　　　）等。

4. 溶胶稳定的主要原因是（　　　）和（　　　）。

5. 胶粒聚沉的主要方法有（　　　）、（　　　）和（　　　）。

6. 通常不指明溶剂的溶液，其溶剂是（　　　）。对溶液来说，分散系中的分散相相当于（　　　），分散介质相当于（　　　）。

7. 消毒用酒精的体积分数 $\varphi_B = 0.75$，500ml 消毒酒精中含纯酒精（　　　）ml。

8. 渗透现象产生的条件是（　　　）和（　　　）。

9. 当温度一定时，稀溶液的渗透压大小与单位体积溶液中溶质的（　　　）成正比，而与（　　　）无关。

10. 正常人血浆的渗透压为（　　　）kPa，相当于血浆中能产生渗透作用的各种粒子的总浓度为（　　　）mmol/L。

二、选择题

1. 200ml 0.5mol/L $NaHCO_3$ 溶液中，含 $NaHCO_3$ 的质量是（　　　）

　　A. 8.4g　　　　　B. 84g　　　　　　　C. 100g　　　　　D. 200g

2. 配制 600ml 1/6mol/L 乳酸钠溶液，需要 1mol/L 乳酸钠溶液的体积是（　　　）

　　A. 100ml　　　　B. 200ml　　　　　　C. 300ml　　　　D. 400ml

3. 稀溶液的渗透压大小与（　　　）有关

　　A. 溶质粒子的大小　　　　　　　　　B. 溶质粒子的质量

　　C. 溶质粒子的性质　　　　　　　　　D. 溶质粒子的颗粒数

4. 下列溶液与血浆等渗的是（　　　）

　　A. 0.3mol/L NaCl　　　　　　　　　B. 0.3mol/L 葡萄糖

　　C. 0.3mol/L $NaHCO_3$　　　　　　　D. 0.3mol/L 乳酸钠（$NaC_3H_5O_3$）

5. 欲使半透膜隔开的两种溶液间不发生渗透现象，应该是（　　　）

　　A. 两溶液酸度相同　　　　　　　　　B. 两溶液体积相同

　　C. 两溶液的物质的量浓度相同　　　　D. 两溶液的渗透浓度相同

三、计算题

1. 在 400ml NaCl 溶液中含 NaCl 4.68g，计算该溶液的物质的量浓度。

2. 配制 0.2mol/L NaOH 溶液 700ml，需要 NaOH 多少克？

3. 复方氯化钠溶液是 17g NaCl、0.6g KCl、0.66g $CaCl_2$，加水至 2000ml 配制而成。求这三种物质的质量浓度。

4. 配制体积分数 $\varphi_B = 0.50$ 的甘油溶液 180ml，需要甘油多少毫升？

5. 消毒用酒精的体积分数 $\varphi_B = 0.75$，欲配制 1.5L 消毒酒精，需要 $\varphi_B = 0.95$ 的药用酒精多少毫升？

6. 将 0.3L 浓度为 5mol/L 的硫酸溶液加水稀释成 1.2L。稀释后溶液的物质的量浓度是多少？

7. 配制质量浓度为 100g/L 的稀盐酸 300ml，需要质量浓度为 400g/L 的盐酸多少毫升？

8. 计算 100g/L 葡萄糖（$C_6H_{12}O_6$）溶液的渗透浓度是多少？是否与血浆等渗？

9. 计算 12.5g/L $NaHCO_3$ 溶液的渗透浓度是多少？是否与血浆等渗？

四、简答题

1. 现有浓度均为 0.1mol/L 的葡萄糖溶液、NaCl 溶液、$CaCl_2$ 溶液，试比较三者渗透浓度的大小，哪种溶液与血浆等渗？

2. 你能说出日常生活中与渗透有关的现象吗？

模块二 结构理论

　　生气勃勃的大自然带给我们无穷的遐想，变化无穷的物质世界是人类生存的基础。绿色能源、绿色世界是我们憧憬的未来。人类探索世界、合成新的物质，应该从组成物质的微观世界——原子结构和分子结构开始。

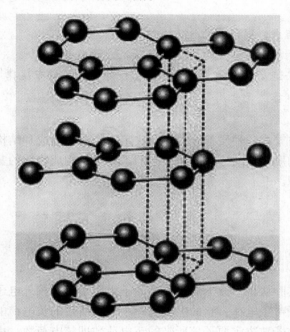

第三章 原子结构和元素周期律

■ 知识要点

1. 原子的组成，同位素的含义。
2. 电子云的概念、常见电子云的形状及表示符号。
3. 核外电子运动状态的四个量子数、核外电子的排布规律。
4. 元素周期律、元素周期表的形成及特点。

自然界物质种类繁多、性质各异，主要决定于物质的组成和结构。不同物质在性质上的差异，是由于物质内部结构不同而引起的。原子是构成物质的基本微粒，首先学习有关原子结构的知识。

第一节 原子的组成及同位素

一、原子的组成

人们通过科学实验认识了原子的组成。原子由原子核和核外电子构成，原子核由质子和中子组成。质子带正电荷，它的电量与一个电子所带的负电荷的电量相等，中子不带电。在原子中，质子数决定原子核所带的正电荷数即核电荷数。由于原子核所带的正电荷数与核外电子所带的负电荷数相等，因此，整个原子不显电性。

核电荷数 = 核内质子数 = 核外电子数

实验测得，质子的质量约为 1.6726×10^{-27} kg，电子的质量是 9.1091×10^{-31} kg。一个电子的质量很小，只有一个质子质量的 $1/1836$。所以，原子的质量主要集中在原子核上，电子的质量可以忽略不计。质子的质量与作为原子量标准的碳原子质量（1.6606×10^{-27} kg）的 $1/12$ 近似相等，因此，质子的近似质量为 1。中子的质量为 1.6748×10^{-27} kg，相对质量也近似为 1。将中子和质子的相对质量都取近似整数相加，所得数值称为质量数，常用符号 A 表示。它们的关系表示为：

质量数(A) = 质子数(Z) + 中子数(N)

X 表示元素符号，元素符号左下角 Z 代表质子数或原子序数，左上角 A 代表原子的质量数，组成原子的粒子间的关系可以表示如下：

$$原子\,{}_{Z}^{A}X \begin{cases} 原子核 \begin{cases} 质子\ Z\ 个 \\ 中子\,(A-Z)\ 个 \end{cases} \\ 核外电子\ Z\ 个 \end{cases}$$

二、同位素

元素是原子核内具有相同质子数（核电荷数）的同一类原子的总称。同一元素可以有质子数相同而中子数不同的多种原子存在。氢元素有 3 种不同的原子，这 3 种原子都含有 1 个质子，但它们所含的中子数不同，见表 3－1。

表 3－1　氢元素 3 种不同原子的组成

名称	符号	质子数	中子数	核电荷数	质量数
氕	$_1^1H(H)$	1	0	1	1
氘	$_1^2H(D)$	1	1	1	2
氚	$_1^3H(T)$	1	2	1	3

质子数相同而中子数不同的同一种元素的不同原子互称为同位素。因此，氢元素有 3 种同位素。$_{17}^{35}Cl$ 与 $_{17}^{37}Cl$ 互为同位素，氧元素有 $_8^{16}O$ 和 $_8^{18}O$ 两种同位素。到目前为止，几乎所有的元素都有同位素，少则几种，多则几十种。同位素按性质分为稳定性同位素和放射性同位素两类，它们的化学性质相同，但放射性同位素能放射出特殊的射线。已经发现的 100 多种元素中，稳定同位素约有 300 多种，而放射性同位素达到 1500 多种。同位素技术已广泛应用在农业、工业、医学、地质及考古等领域。由于少量的放射性物质很容易被检测出，所以，放射性同位素的应用更加广泛。

同一种元素的各种同位素虽然质量数不同，但核电荷数相同，因此它们的化学性质基本相同。自然界存在的某种元素，不论以游离态或化合态存在，各种同位素所占的原子百分比一般不变，此百分比称为同位素的"丰度"。通常所用元素的相对原子量，是按各种天然同位素原子的质量和丰度求算的平均值。例如，氯元素的两种天然同位素 $_{17}^{35}Cl$ 与 $_{17}^{37}Cl$ 其相对质量分别为 34.969 和 36.966，它们的丰度为 75.77% 和 24.23%，那么，氯元素的相对原子量为：

$$A = 34.969 \times 75.77\% + 36.966 \times 24.23\% = 35.453$$

因此，元素的相对原子量是根据元素的同位素按一定比例计算所得，它常常不是整数。

知识链接

同位素在临床上的应用

临床上已建立了 100 多项同位素治疗方法，包括体外照射和体内药物照射治疗。利用放射性同位素原子示踪，对甲状腺、肝、肾、脑、心脏、胰脏等脏器进行扫描，进行诊断肿瘤等疾病。例如：人体内的甲状腺将人体吸收的碘绝大部分集中起来制成甲状腺素，以调节人体中的脂肪、蛋白质和碳水化合物的新陈代谢，正常的甲状腺吸收的碘量是一定的，如果甲状腺功能强，吸收碘的能力就强，如果甲状腺功能弱，吸收碘的能力就弱。所以，口服 $Na^{131}I$ 一定时间后，观察 ^{131}I 聚集情况，根据 ^{131}I 吸收的快慢和多少，与正常值比较可以判断其功能状态。此外用 ^{131}I－马尿酸可测定肾功能，用 ^{51}Cr 可以测定脾功能，用 ^{60}Co 可以改善癌症的治疗（即放射疗法）等。

课堂互动

1. 根据下列原子的表示，确定其质子数、中子数、核外电子数。

$^{16}_{8}O$ $^{40}_{20}Ca$ $^{23}_{11}Na$ $^{19}_{9}F$ $^{0}_{1}H$

2. 下列哪些元素属于同位素？

$^{16}_{8}O$ $^{12}_{6}C$ $^{13}_{6}C$ $^{14}_{6}C$ $^{14}_{7}N$ $^{15}_{7}N$ $^{18}_{8}O$

第二节 电子云及原子核外电子的运动

原子由原子核和核外电子组成，原子核固定不动，核外电子绕着原子核进行着高速运动。一般化学反应中，发生变化的只是核外电子。因此，认识物质的微观世界和化学反应的本质，必须了解原子核外电子的运动状态和变化规律。

一、电子云

众所周知，行星以固定轨道绕着太阳运动，卫星（月球或人造卫星）也以固定的轨道绕着地球运转。这些物体运动（称宏观运动）的共同规律是有固定的轨道，人们可以在任何时间内同时准确地测出它们的运动速度和所在的位置。电子是带负电荷的微小粒子（质量为 $9.1 \times 10^{-31} kg$），在原子的小空间（直径约 $10^{-10} m$）内进行着高速（近于光速 $3 \times 10^{8} m/s$）运动。因此，电子的运动和宏观物体不同，有着自身特殊的运动规律。电子绕着原子核运动，没有固定的轨道，而是在原子核周围的区域里运动，不同的区域出现的机会不同，无法同时准确测出电子在某一瞬间的位置和速度。人们用统计的方法，统计出电子在核外空间某个区域出现机会的多少，这个机会数学上称为"概率"，即概率密度。电子在核外空间各区域出现的概率可能不同，但却是有规律的。

例如氢原子，核外只有 1 个电子，这个电子在核外空间各区域出现的概率不同。但是，用统计的方法把该电子在核外空间成千上万个瞬间位置进行叠加，即可得到其运动规律，见图 3 - 1。图中小黑点表示电子出现的地方，小黑点的疏密不代表电子数目的多少，而是表明电子出现的概率。由图可知，氢原子的 1 个电子在核外空间球形区域出现的概率大，它像一团带负电荷的云雾，笼罩在原子核的周围，人们形象地称为电子云。图中显示，离核越近，单位体积空间内电子出现的概率越大；离核越远，单位体积空间内电子出现的概率就越小。

将电子云密度相等的各点连接起来，该面上每个点的电子云密度相等，界面以内电子出现的概率很大（90%以上），界面以外出现的概率很小（10%以下），这样就可以得到电子云的界面图。为了方便，通常用电子云的界面图表示电子云。图 3 - 2 是氢原子的电子云界面图。

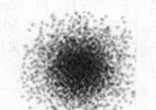

图 3 – 1 氢原子电子云示意图

图 3 – 2 氢原子电子云界面图

二、核外电子运动状态的描述

多电子原子中，不同的电子具有不同的运动状态，其电子云的形状也不相同。实验证明，原子内的电子并不是杂乱无章地运动着，它的运动状态一般从电子层、电子亚层、电子云的伸展方向以及电子的自旋四个方面来描述。

（一）电子层

在含有多个电子的原子里，由于电子间的相互影响，电子的能量有所不同。能量低的电子在离核较近的区域运动，能量较高的电子在离核较远的区域运动。根据电子能量的差异和运动区域离核远近的不同，可以认为电子分布在不同的层上运动，这样的分层称为电子层。

电子层用符号 n 表示。按离核由近到远的顺序，依次为第一电子层（$n=1$）、第二电子层（$n=2$）……也可以用 K、L、M、N 等字母表示，对应关系见表 3 – 2。

表 3 – 2 电子层的表示

电子层（n）	1	2	3	4	5	…
电子层符号	K	L	M	N	O	…

n 表示电子在原子核外空间运动离核的远近程度，n 值越大，电子层离核越远，该电子层上运动的电子具有的能量越高。因此，电子层 n 是决定电子能量的主要因素。

（二）电子亚层

科学研究发现，同一电子层的电子运动状态也有一定的差异，电子云的形状和能量也不尽相同。能量愈高则电子云的形状愈复杂。同一电子层又根据电子云形状的不同分为一个或若干个亚层，分别用 s、p、d、f 等符号表示，通常将电子层的序号标在亚层符号前面。电子层与亚层的关系见表 3 – 3。

表 3 – 3 电子层与电子亚层的关系

电子层（n）	1	2	3	4	…	n
电子亚层表示	1s	2s、2p	3s、3p、3d	4s、4p、4d、4f	…	ns、np、nd、…
亚层数	1	2	3	4	…	n

由上表可以看出，每一个电子层上的亚层数等于该电子层的序数，同一电子层上不同亚层的电子云形状也不相同。实验测出，s亚层电子云的形状是以原子核为中心的球体，p亚层电子云的形状呈无柄哑铃形，d亚层电子云的形状呈花瓣形，见图3-3。f亚层电子云的形状比较复杂，在此不作介绍。

同一电子层中，不同亚层的电子，其能量关系为：$E_{ns} < E_{np} < E_{nd} < E_{nf}$……

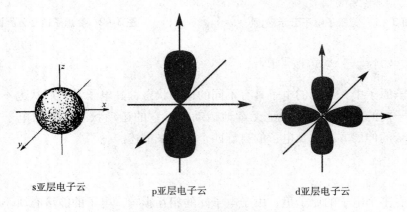

s亚层电子云   p亚层电子云   d亚层电子云

图3-3 各种亚层的电子云形状

课堂互动

1. 说出下列符号的含义，并按能量由高到低的顺序进行排列。
   3s   2p   1s   3d
2. 用符号正确表示下面的能量亚层：
   (1)第二层的s亚层   (2)第三层的p亚层

(三)电子云的伸展方向

电子云不仅有确定的形状，而且在空间具有一定的伸展方向。s电子云是球形对称，在空间各个方向上伸展的程度都相同，即只有1个伸展方向。p电子云在空间沿x、y、z轴三个方向伸展，见图3-4。d电子云有5个伸展方向，f电子云则有7个伸展方向。

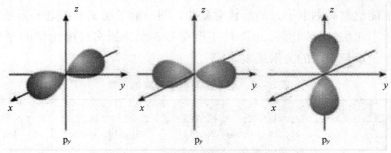

图3-4 p电子云的三种伸展方向

一定的电子层上，具有一定形状和一定伸展方向的电子云所占据的空间区域称为1个原子轨道，这样，s、p、d、f四个亚层分别有1、3、5、7个原子轨道。所以，各电子层可能有的最多原子轨道数如下：

电子层(n)	亚层	原子轨道数
$n = 1$	1s	1^2
$n = 2$	2s、2p	$1 + 3 = 4 = 2^2$
$n = 3$	3s、3p、3d	$1 + 3 + 5 = 9 = 3^2$
$n = 4$	4s、4p、4d、4f	$1 + 3 + 5 + 7 = 16 = 4^2$
…	…	…
n	ns、np、nd、…	n^2

由此可知，每个电子层具有的最多原子轨道数是n^2个。

人们借助宏观物体运动"轨道"的概念，将电子在核外空间出现几率较大的区域称为"原子轨道"。但事实上，真正的原子轨道不存在，它只是对核外电子运动方式的一种表示。

（四）电子的自旋

电子在核外空间绕着原子核高速运动的同时，还在作自旋运动。电子的自旋状态有顺时针和逆时针两种方向，通常用"↑"和"↓"表示电子的两种不同自旋状态。自旋方向相同的两个电子相互排斥，不能在同一轨道内运动；而自旋相反的两个电子则相互吸引，可以在同一轨道内运动。

综上所述，电子在核外空间的运动状态必须由电子层、电子亚层、电子云的伸展方向以及电子的自旋四个方面共同决定。

知识链接

原子结构理论发展史

道尔顿原子模型：英国科学家道尔顿是世界上第一个提出原子理论模型的。该模型认为，原子是一个个坚硬的实心小球，是组成物质的最小单位。虽然这是一个失败的理论模型，但他第一次将原子从哲学带入化学研究中。因此，道尔顿被后人誉为"近代化学之父"。

葡萄干布丁模型：汤姆逊提出了葡萄干布丁模型。他在研究阴极射线时，发现了原子中电子的存在，第一个提出存在着亚原子结构的原子模型，打破了古希腊人流传的原子不可分割的理念。

土星模型：汤姆生提出葡萄干布丁模型的同年，日本科学家提出了土星模型，认为电子并不是均匀分布，而是集中分布在原子核外围的一个固定轨道上。

行星模型：卢瑟福指出："原子核就像我们的太阳，而电子则是围绕太阳运行的行星。"但科学实验发现，氢原子线状光谱的事实表明行星模型是不正确的。

玻尔的原子模型：为了解释氢原子线状光谱，玻尔在行星模型的基础上提出了核外电子分层排布的原子结构模型，但对于更加复杂的光谱现象却无能为力。

现代量子力学模型：物理学家德布罗意、薛定谔和海森堡等人，经过 13 年的艰苦论证，在玻尔原子模型的基础上，很好地解释了许多复杂的光谱现象，提出了决定核外电子运动状态的四个量子数(即四个方面)，其核心是波动力学。

第三节　原子核外电子的排布规律

不同能量的电子在不同的电子层上运动着，核外电子的分层运动，又称为电子的分层排布。通过科学研究，总结出多电子原子核外电子排布的三条规律。

一、泡利不相容原理

1925 年，奥地利物理学家泡利(W. Pauli)指出，同一个原子中不可能有运动状态完全相同的两个电子同时存在。或者说，在同一个原子中，运动状态完全相同的 2 个电子是不相容的，这个原理称为泡利不相容原理。根据这一原理，每一个原子轨道中最多只能容纳 2 个电子，并且电子的自旋方向相反。所以，每一电子层所能容纳的最多电子数是 $2n^2$ 个。表 3 – 4 列出 1 ~ 4 电子层所能容纳的最多电子数。

表 3 – 4　1 ~ 4 电子层所能容纳的最多电子数

电子层(n)	1	2		3			4			
电子亚层表示	1s	2s	2p	3s	3p	3d	4s	4p	4d	4f
亚层中的轨道数	1	1	3	1	3	5	1	3	5	7
每个电子层中轨道总数	1	4		9			16			
每个电子层中容纳的最多电子数	2	8		18			32			

二、能量最低原理

物体尽可能处于能量最低的状态，物体所处的能量越低，体系的稳定性越好，这是自然界的普遍规律。例如，水总是从高处向低处流动，核外电子的排布也遵循这一规律。原子核外电子总是尽量排布在能量最低的轨道上，然后才依次进入能量较高的轨道，这个规律称作能量最低原理。

原子中电子所处轨道能量的高低，主要由电子层 n 决定。n 值越大，能量越高。不同电子层上具有相同电子云形状的电子，其能量关系为：$E_{1s} < E_{2s} < E_{3s} < E_{4s}$。

我们知道，多电子原子中，同一电子层上不同亚层的电子，按照 s、p、d、f 的顺序递增，即 $E_{ns} < E_{np} < E_{nd} < E_{nf}$……例如，$E_{4s} < E_{4p} < E_{4d} < E_{4f}$。

电子能量的高低，不仅取决于电子层(主要因素)，而且还与电子亚层(次要因素)有关。在多电子原子中，由于各电子间存在着较强的相互作用，造成某些 n 值较小的电子亚层能量反而高于某些 n 值较大的电子亚层。例如，$E_{4s} < E_{3d}$、$E_{5s} < E_{4d}$、$E_{6s} < E_{4f} <$

E_{5d}等，这种现象称为能级交错现象。由此看出核外电子运动的复杂性。

原子中各亚层能量有高有低，好像台阶一样，所以也称为原子能级。人们把能量不同的轨道按能量高低的顺序排列起来，称为能级图。图3-5是多电子原子的近似能级图。图中按轨道能量的高低，将邻近能级用虚线方框划分成七个能级组。每个小方框代表一个轨道，小方框的位置高低代表能级的高低，即能量的高低。一个虚线方框代表一个能级组，每个能级组内各亚层的能量差异很小，但相邻能级组之间的能量差别较大。

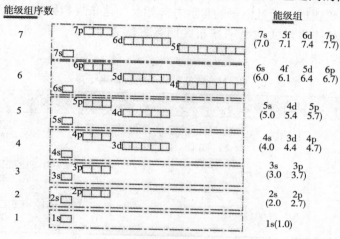

图3-5 多电子原子的近似能级图

根据多电子原子的近似能级图及能量最低原理，可以确定电子填入各轨道的顺序是：1s 2s 2p 3s 3p 4s 3d 4p 5s 4d 5p 6s 4f 5d 6p 7s 5f 6d 7p…因此，核外电子的排布呈现一定规律，其规律见图3-6。

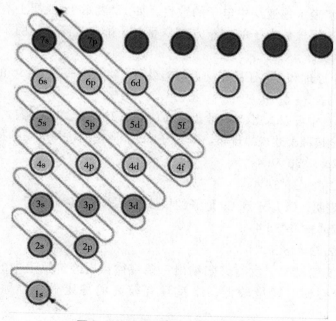

图3-6 电子填入原子轨道助计图

三、洪特规则

泡利不相容原理和能量最低原理解决了电子排布的顺序和每一电子层所能容纳的最多电子数。如果在等能级的原子轨道中(也称等价轨道,即3个p轨道、5个d轨道、7个f轨道),电子数目较少,不能充满所有的原子轨道,那么,这些电子以怎样的方式填入轨道呢?洪特从大量实验总结出:电子分布在能量相等的等价轨道时,将尽可能分占能量相同的等价轨道,而且电子的自旋方向相反,这条规则称为洪特规则。原子核外电子排布一般用轨道表示式和电子排布式两种方法表示。C、N、O三种原子核外电子排布的两种表示方法见表3-5。

表3-5　C、N、O三种原子的核外电子排布表示

元素	电子排布式	轨道表示式
C	$_6C$　$1s^22s^22p^2$	$_6C$　1s 2s 2p
N	$_7N$　$1s^22s^22p^3$	$_7N$　1s 2s 2p
O	$_8O$　$1s^22s^22p^4$	$_8O$　1s 2s 2p

轨道表示式是用一个方框表示1个原子轨道,1个原子轨道最多容纳2个自旋相反的电子。例如,C原子核外6个电子,1s轨道、2s轨道各容纳了2个自旋相反的电子,剩余2个电子填充在等价轨道$2p_x$、$2p_y$、$2p_z$轨道的其中2个原子轨道上,并且自旋方向相同,这种排布原子的能量达到最低,处于最稳定的状态。电子排布式中右上角的数字表示该亚层中电子的数目,如$1s^2$表示1s亚层上有2个电。轨道表示式直观地表达了核外电子的排布方式,而电子排布式简单、明了地表示出电子的填充情况。

根据上述3个原理和多电子原子的近似能级图,将核电荷数1~36的元素原子的核外电子的排布列入表3-6中。

从表3-6中可以看出,24号元素Cr(铬)、29号元素Cu(铜),它们的原子核外电子并没有完全按照上述规律排布。Cr原子和Cu原子的核外电子排布理论上是:

$_{24}Cr$：$1s^22s^22p^63s^23p^63d^44s^2$

$_{29}Cu$：$1s^22s^22p^63s^23p^63d^94s^2$

但实验结果表明,Cr原子和Cu原子的核外电子排布式是:

$_{24}Cr$：$1s^22s^22p^63s^23p^63d^54s^1$

$_{29}Cu$：$1s^22s^22p^63s^23p^63d^{10}4s^1$

根据大量的实验结果,洪特又归纳出一条规律:当等价轨道中的电子处于全充满、半充满或全空时,能量较低,体系具有较高的稳定性,也称作洪特规则特例。即:

表 3-6　核电荷数 1~36 的元素原子的核外电子的排布

原子序数	元素符号	元素名称	电子层结构						
			K	L	M	N	O	P	Q
			1s	2s 2p	3s 3p 3d	4s 4p 4d 4f	5s 5p 5d 5f	6s 6p 6d	7s
1	H	氢	1						
2	He	氦	2						
3	Li	锂	2	1					
4	Be	铍	2	2					
5	B	硼	2	2 1					
6	C	碳	2	2 2					
7	N	氮	2	2 3					
8	O	氧	2	2 4					
9	F	氟	2	2 5					
10	Ne	氖	2	2 6					
11	Na	钠	2	2 6	1				
12	Mg	镁	2	2 6	2				
13	Al	铝	2	2 6	2 1				
14	Si	硅	2	2 6	2 2				
15	P	磷	2	2 6	2 3				
16	S	硫	2	2 6	2 4				
17	Cl	氯	2	2 6	2 5				
18	Ar	氩	2	2 6	2 6				
19	K	钾	2	2 6	2 6	1			
20	Ca	钙	2	2 6	2 6	2			
21	Sc	钪	2	2 6	2 6 1	2			
22	Ti	钛	2	2 6	2 6 2	2			
23	V	钒	2	2 6	2 6 3	2			
24	Cr	铬	2	2 6	2 6 5	1			
25	Mn	锰	2	2 6	2 6 5	2			
26	Fe	铁	2	2 6	2 6 6	2			
27	Co	钴	2	2 6	2 6 7	2			
28	Ni	镍	2	2 6	2 6 8	2			
29	Cu	铜	2	2 6	2 6 10	1			
30	Zn	锌	2	2 6	2 6 10	2			
31	Ga	镓	2	2 6	2 6 10	2 1			
32	Ge	锗	2	2 6	2 6 10	2 2			
33	As	砷	2	2 6	2 6 10	2 3			
34	Se	硒	2	2 6	2 6 10	2 4			
35	Br	溴	2	2 6	2 6 10	2 5			
36	Kr	氪	2	2 6	2 6 10	2 6			

全充满：p^6、d^{10}、f^{14}

半充满：p^3、d^5、f^7

全　空：p^0、d^0、f^0

上述 Cr 原子和 Cu 原子核外电子的排布，属于 d 轨道半充满、全充满的稳定状态。为了方便起见，通常把内层已达到稀有气体元素电子层结构的部分，用相应的稀有气体元素符号加方括号表示，称为原子实。因此，Cr、Cu 的电子排布式可以简写成：

$_{24}Cr$：$[Ar]3d^54s^1$　　　　　　　$_{29}Cu$：$[Ar]3d^{10}4s^1$

$3d^54s^1$ 和 $3d^{10}4s^1$ 称为价电子，表示原子的价层电子构型（或外围电子构型）所容纳的电子，它是原子在化学反应中参与形成化学键的主要电子。

以上四条通常称为排布规则，是通过大量实验事实得出的结论，但不能解释电子排布的所有问题。当理论与实验结果发生冲突时，应尊重实验事实，进一步探索、总结出新的理论，给出核外电子排布的合理解释，使核外电子排布的原理不断完善。

▌ 课堂互动

1. 你知道等价轨道的特点吗？
2. 用两种方法表示核电荷数 15 的磷原子的核外电子排布。
3. 某元素原子的核外电子排布式 $1s^22s^22p^63s^23p^63d^2$ 正确吗？为什么？

第四节　元素周期律和元素周期表

一、元素周期律

人们将元素按核电荷数由小到大的顺序编号，这种序号称为元素的原子序数。现将原子序数 3~18 号元素的最外层电子排布、原子半径、主要化合价、高价氧化物水化物的酸碱性及元素的金属性与非金属性，列入表 3-7、表 3-8 中进行讨论。

表 3-7　3~10 号元素原子的主要性质

原子序数	3	4	5	6	7	8	9	10
元素符号	Li	Be	B	C	N	O	F	Ne
最外层电子排布	$2s^1$	$2s^2$	$2s^22p^1$	$2s^22p^2$	$2s^22p^3$	$2s^22p^4$	$2s^22p^5$	$2s^22p^6$
最高正化合价	+1	+2	+3	+4	+5	+6	+7	0
负化合价				-4	-3	-2	-1	
最高氧化物水化物的酸碱性	LiOH 碱性	$Be(OH)_2$ 碱性	$B(OH)_3$ 两性	H_2CO_3 酸性	HNO_3 酸性			
金属性和非金属性	金属性逐渐减弱——►非金属性逐渐增强——►稀有气体							

表3-8 11~18号元素原子的主要性质

原子序数	11	12	13	14	15	16	17	18
元素符号	Na	Mg	Al	Si	P	S	Cl	Ar
最外层电子排布	$3s^1$	$3s^2$	$3s^23p^1$	$3s^23p^2$	$3s^23p^3$	$3s^23p^4$	$3s^23p^5$	$3s^23p^6$
最高正化合价	+1	+2	+3	+4	+5	+6	+7	0
负化合价				-4	-3	-2	-1	
最高氧化物水化物的酸碱性	NaOH 碱性	$Mg(OH)_2$ 碱性	$Al(OH)_3$ 两性	H_4SiO_4 酸性	H_3PO_4 酸性	H_2SO_4 酸性	$HClO_4$ 酸性	
金属性和非金属性	金属性逐渐减弱——→非金属性逐渐增强——→稀有气体							

（一）原子最外层电子排布的周期性

从锂（$_3$Li）到氖（$_{10}$Ne），有2个电子层，最外层电子排布 $2s^1 \sim 2s^22p^6$，最外层电子数从1个递增到8个，氖达到了稳定的结构。

从钠（$_{11}$Na）到氩（$_{18}$Ar），有3个电子层，最外层电子排布 $3s^1 \sim 3s^23p^6$，最外层电子数从1个递增到8个，氩达到了稳定的结构。如果对18号以后的元素继续研究，同样会重复出现原子最外层电子数从1个递增到8个的变化规律。可见，随着原子序数的递增，元素原子的最外层电子数呈周期性的变化。

（二）元素原子半径的周期性

原子半径变化规律见图3-7。稀有气体氖、氩原子半径与相邻非金属元素测定依

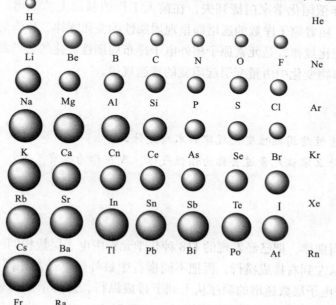

图3-7 3~18号元素的原子半径变化规律

据不同，不具有可比性，不做讨论。观察 3～9 号、11～17 号的原子半径变化，从锂到氟、从钠到氯随着原子序数的递增，原子半径呈现递减。对于 18 号以后的元素进行讨论，按原子序数递增的顺序排列，原子半径同样呈现周期性的变化。

（三）元素化合价的周期性

稀有气体除氦、氖外，3～9 号、11～17 号元素，最高正化合价都是从 +1 价递增到 +7 价，从碳、硅元素开始出现负化合价，而最高正化合价与负化合价的绝对值之和等于 8。稀有气体的化合价为 0。即元素的化合价随着原子序数的递增而呈现周期性的变化。

（四）元素金属性和非金属性的周期性

从上面的讨论可知，3～9 号和 11～17 号元素，它们最外层电子数都是从 1 个递增到 7 个，原子半径逐渐减小，原子核对外层电子的吸引力逐渐增强，原子在化学反应中失去电子的能力逐渐减弱，而得到电子的能力则逐渐增强。因此，元素的金属性逐渐增强，非金属性逐渐减弱。随着原子序数的递增，将重复着从活泼的金属逐渐过渡到活泼的非金属，最后达到了稀有气体的稳定结构。

（五）最高价氧化物对应水化物酸碱性的周期性

3～9 号和 11～17 号元素，元素的金属性逐渐增强，非金属性逐渐减弱。因此，最高价氧化物对应的水化物碱性逐渐减弱，酸性逐渐增强，同样呈现出周期性的变化。

通过以上研究，得出如下结论：随着原子序数的递增，元素的结构和性质都呈现了周期性的变化。也就是说，每隔一定数目的元素之后，又将出现与前面元素性质相类似的元素。1869 年俄国化学家门捷列夫，在前人工作的基础上总结出：元素的单质及其化合物的性质，随着原子序数的递增而呈现周期性的变化规律，称作元素周期律。元素性质周期性的变化规律，是元素原子核外电子排布周期性变化的必然结果。元素周期律有力地论证了事物变化中由量变引起质变的普遍规律。

▮▮ 课堂互动

1. 元素性质周期性变化规律的本质是什么？
2. 为什么零族元素过去称为惰性气体，现在称为稀有气体？

二、元素周期表

根据元素周期律，把已经发现的 118 种化学元素中电子层数相同的元素，按原子序数递增的顺序从左到右排成横行，再把不同横行中最外层电子数相同（或价层电子构型相似）的元素按电子层数递增的顺序从上到下排成纵行，这样形成的表叫做元素周期表（见附录）。元素周期表是元素周期律的具体表现形式，它把一些看起来互不相关的元素统一起来，组成了一个完整的自然体系，反映了元素之间相互联系的规律。

门捷列夫与元素周期表

前苏联化学家门捷列夫，总结出了元素周期律，编制了第一个元素周期表。他把当时已经发现的63种元素全部列入表里，从而初步完成了元素系统化的任务。同时，表中留下空位，预言了类似硼、铝、硅未知元素（门捷列夫叫它类硼、类铝和类硅，即以后发现的钪、镓、锗）的性质，并指出当时测定的某些元素原子量的数值有错误。门捷列夫没有机械地完全按照原子量数值的顺序排列，若干年后，他的预言都得到了证实。门捷列夫工作的成功，引起了科学界的震动。人们为了纪念他的功绩，就把元素周期律和周期表称为门捷列夫元素周期律和门捷列夫元素周期表。

（一）周期表的结构

1. **周期** 具有相同电子层的元素，按原子序数递增的顺序从左向右排列的一系列元素，称为一个周期。周期表中共有七个横行，每一横行为一个周期。所以，周期表共有七个周期。

周期序数 = 元素原子的电子层数

因此，只要知道某元素的电子层数，就可以确定该元素所属的周期数。同样，知道某元素所属的周期数，也就可以确定该元素的电子层数。例如，钠原子核外电子排布式是$1s^2 2s^2 2p^6 3s^1$，共有三个电子层，则钠属于第三周期元素。

各周期所含的元素的数目不完全相同。

第一周期有2种元素，第二、第三周期各有8种，这三个周期含有的元素数目较少，也称为短周期；第四、第五周期各有18种元素，第六周期有32种，这三个周期含有的元素数目较多，也称为长周期；第7周期目前只有32种，尚未填满，故称为不完全周期。每个周期元素最外层的电子数最多不超过8个，次外层的电子数最多不超过18个，这是多电子原子中轨道能级交错的结果。

第六周期从57号元素镧（La）到71号元素镥（Lu）共15种元素，它们的电子层结构和性质非常相似，总称镧系元素。为了使周期表的结构紧凑，将镧系元素放在周期表的同一格子里，并按原子序数递增的顺序，将它们排列在表的下方。同样，第七周期从89号元素锕（Ac）到103号元素铹（Lr）共15种元素，它们彼此的电子层结构和性质也十分相似，总称为锕系元素。类似镧系元素，锕系元素也放在周期表的同一格子里，按原子序数递增的顺序，将它们排列在表的下方。锕系元素中铀（U）后面的元素大多数是人工核反应制得，习惯称为超铀元素。

2. **族** 周期表中，不同横行中最外层电子数相同的元素，按电子层数递增的顺序从上到下排成的纵行，称为族。周期表共有18个纵行，除8、9、10三个纵行合称为第

Ⅷ族外，其余 15 个纵行，每一纵行为一族。族序数用罗马字母表示。短周期和长周期共同构成的族称为主族。完全由长周期构成的族称为副族。族序数后面标 A 表示主族，例如，ⅠA、ⅡA、ⅢA 等，族序数后面标 B 表示副族，例如，ⅠB、ⅡB、ⅢB 等，周期表共有 7 个主族，7 个副族，1 个Ⅷ族，1 个 0 族(稀有气体)，共 16 个族。副族和Ⅷ族总称为过渡元素。

根据周期表的排列，可以得出：

主族元素的族序数 = 元素的最外层电子数 = 最高正化合价(ⅠB、ⅡB 也如此)。

副族元素的族序数 = 元素的价电子数 = 最高正化合价(除ⅠB、ⅡB 外)。

(二)周期表的分区

周期表中对元素的划分，除了按周期和族来确定外，还可以按原子的电子层结构特征，即最后一个电子所填入的亚层轨道，把周期表分为五个区。见表 3 - 9。

表 3 - 9 元素周期表分区图

	ⅠA	ⅡA										ⅢA	ⅣA	ⅤA	ⅥA	ⅦA	0
1																	
2				ⅢB	ⅣB	ⅤB	ⅥB	ⅦB	Ⅷ	ⅠB	ⅡB						
3																	
4	s 区											p 区					
5					d 区					ds 区							
6																	
7																	

镧系元素	f 区
锕系元素	

1. s 区　包括ⅠA 和ⅡA，元素的价电子构型为 $ns^{1\sim2}$。该区元素的原子容易失去最外层电子，形成 +1 或 +2 价的阳离子(除氢元素外)，其单质都是活泼的金属。这些元素分别称为碱金属(ⅠA)和碱土金属(ⅡA)。

2. p 区　包括ⅢA ~ ⅦA 和 0 族，元素原子的价电子构型为 $ns^2np^{1\sim6}$。该区元素有金属元素、非金属元素和稀有气体。在化学反应中只有最外层 s 电子和 p 电子参与，不涉及内层电子，大多数有可变的化合价。

3. d 区和 ds 区　d 区包括ⅢB ~ ⅦB 和Ⅷ族，元素原子的价电子构型为 $(n-1)d^{1\sim9}ns^{1\sim2}$；ds 区包括ⅠB ~ ⅡB，元素原子的价电子构型为 $(n-1)d^{10}ns^{1\sim2}$，即次外层 d 轨道是全充满的。d 区和 ds 区元素又称为过渡元素，都是金属元素。化学反应时，不仅最外层的 s 电子参与，而且次外层 $(n-1)d$ 的电子也会参加。因此，这些元素的化合价是可变的、多样的。

4. f 区　该区包括镧系和锕系元素，元素原子的价电子构型为 $(n-2)f^{1\sim14}(n-1)d^{0\sim2}ns^2$，又称为内过渡元素，都是金属元素。其结构特点是最外层电子数均为 2

个，次外层电子数也大部分相同，只有外数第三层的电子数目不同。所以每个系内各元素的化学性质极为相似。发生化学反应时，最外层的 s 电子和次外层 $(n-1)$ d 电子参与反应，外数第三层的电子部分或全部参与反应。因此，这些元素的化合价也是可变和多样的。

元素原子的电子层构型与元素在周期表中的位置密切相关，元素周期表实际上是各元素原子电子层构型周期性变化的反映。掌握了这种关系，就可以根据元素的原子序数写出其原子核外电子排布式，或根据元素原子的价电子层构型推知元素在周期表中的位置（周期、族和区），从而了解元素的性质。

【例 3 - 1】 某元素的核外电子排布式是 $1s^2 2s^2 2p^6 3s^2 3p^6 4s^1$。请指出：

（1）该元素的原子序数并写出元素符号。

（2）该元素在周期表中的位置（周期、族）及所在的区。

答：原子序数是 19，元素 K。它是第四周期、ⅠA 族，属于 s 区元素。

【例 3 - 2】 某元素原子序数是 16，写出该元素的核外电子排布式，并说明它在周期表中的位置、最高氧化物的水化物的酸碱性。

答：该元素核外电子排布式是 $1s^2 2s^2 2p^6 3s^2 3p^4$，它是第三周期、ⅥA 族的非金属元素 S，最高氧化物的水化物是硫酸（H_2SO_4）。

 课堂互动

说出 Na 和 Al、Cl 和 Br 在周期表中的位置关系。s 区和 p 区所包含的族。

（三）周期表中元素某些性质递变规律

元素周期表是元素周期律的具体表现，它是根据元素原子核外电子排布的周期性排列的，必然反映了元素性质的周期性变化规律。下面讨论元素的一些主要性质在周期表中的变化规律。

1. 原子半径的变化规律

（1）原子半径 核外电子无固定的运动轨道，所以原子的大小也没有严格的边界，无法精确测定一个单独原子的半径。目前使用的原子半径数据只有相对、近似的意义。根据测定的方法不同，主要有共价半径、金属半径和范德华半径三种。一般金属半径比共价半径大，而范德华半径比共价半径大得多。应该注意，同种原子用不同的形式表示半径时，其数值不同。讨论原子半径的变化规律时，常常采用共价半径。稀有气体通常为单原子分子，只能采用范德华半径。周期表中各元素的原子半径见表 3 - 10。

（2）原子半径的变化规律 同周期元素从左至右，主族元素的原子半径逐渐减小。因为同周期的主族元素从左至右随着原子序数的递增，核电荷数增多，核对电子的引力增强，致使原子半径减小，每一周期最后的稀有气体的原子半径又突然增大。过渡元素的原子半径缩小程度不及主族元素，而ⅡB 族原子半径略有增大。

同一主族元素从上而下，元素的原子半径逐渐增大。因为同族元素原子从上而下随着原子序数的递增，原子的电子层增多，电子层增加所起的作用大于有效核电荷增加的作用，所以原子半径增大，核电荷对外层电子的吸引力减弱。对于副族元素，原子半径从上而下变化不明显，尤其是第五周期和第六周期的元素，原子半径非常相近，这主要是镧系存在的原因。

表 3 – 10 周期表中各元素的原子半径

H																	He
32																	93
Li	Be											B	C	N	O	F	Ne
123	89											82	77	70	66	64	112
Na	Mg											Al	Si	P	S	Cl	Ar
154	136											118	117	110	104	99	154
K	Ca	Sc	Ti	V	Cr	Mn	Fe	Co	Ni	Cu	Zn	Ga	Ge	As	Se	Br	Kr
203	174	144	132	122	118	117	117	116	115	117	125	126	122	121	117	114	169
Rb	Sr	Y	Zr	Nb	Mo	Te	Ru	Rh	Pd	Ag	Cd	In	Sn	Sb	Te	I	Xe
216	191	162	145	134	130	127	125	125	123	134	148	114	140	141	137	133	190
Cs	Ba	镧系	Hf	Ta	W	Re	Os	Ir	Pt	Au	Hg	Ti	Pb	Bi	Po	At	Rn
235	198		144	134	130	128	126	127	130	134	144	148	147	146	146	145	220

镧系元素

La	Ce	Pr	Nd	Pm	Sm	Eu	Gd	Tb	Dy	Ho	Er	Tm	Yb	Lu	
169	165	164	164	163	162	185	162	161	160	158	158	158	170	158	

原子半径的大小，反映了核对外层电子的吸引能力。原子半径越大，核对外层电子的吸引力越弱；原子半径越小，核对外层电子的吸引力越强。

2. **元素金属性和非金属性的变化规律** 元素金属性是指元素失去电子变成阳离子的能力；元素非金属性是指元素得到电子变成阴离子的能力。元素金属性和非金属性的强弱主要通过以下几方面进行判断，见表 3 – 11。

表 3 – 11 元素金属性和非金属性的判断

元素性质	实验方法	结 论
元素金属性	1. 元素的单质与水反应，置换出氢气的难易 2. 元素最高价氧化物的水化物（氢氧化物）碱性的强弱	产生氢气越容易、氢氧化物碱性越强则金属性越强
元素非金属性	1. 元素的单质与酸反应，置换出氢气的难易 2. 元素最高价氧化物的水化物酸性的强弱 3. 单质与氢气反应的难易及氢化物的稳定性	产生氢气越容易、高价氧化物的水化物酸性越强、氢化物容易生成且稳定则非金属性越强

（1）同周期元素金属性和非金属性递变规律　以第三周期为例，验证元素的主要性质。

【课堂实践 3 –1】　50ml 烧杯中盛有 30ml 水，加 1 滴酚酞试液，放入绿豆大小的金属钠，观察现象。另取一试管加入 3ml 的水和 1 滴酚酞试液，试管中加入少许镁粉，观察现象。

实验表明，钠与水反应很剧烈，镁不与冷水反应，但能与沸水反应，并产生少量气泡。反应后溶液均变为红色。反应方程式如下：

$$2Na + 2H_2O =\!=\!=\!= 2NaOH + H_2\uparrow$$

$$Mg + 2H_2O \xrightarrow{\triangle} Mg(OH)_2\downarrow + H_2\uparrow$$

由此说明，钠的金属性强于镁。

【课堂实践 3 –2】　取一小片铝和一小段镁带，用砂纸擦去氧化膜，分别放入两个试管中，各加入 1mol/L 盐酸 2ml，观察反应现象。

实验表明，镁、铝都能与盐酸发生反应，置换出氢气，镁与酸的反应比铝与酸的反应剧烈。因此，镁的金属性强于铝。反应方程式如下：

$$Mg + 2HCl =\!=\!=\!= MgCl_2 + H_2\uparrow$$

$$2Al + 6HCl =\!=\!=\!= 2AlCl_3 + 3H_2\uparrow$$

【课堂实践 3 –3】　按课堂实践 3 –2，把盐酸换成 3mol/L 的氢氧化钠溶液，观察反应现象。

实验表明，铝能与氢氧化钠溶液发生反应，而镁不与氢氧化钠溶液反应。

$$2Al + 2NaOH + 2H_2O =\!=\!=\!= 2NaAlO_2 + 3H_2\uparrow$$

镁不与碱反应，说明它只有金属性；铝既能与酸反应也能与碱反应，则铝是两性元素，既有金属性也有非金属性。

14 号元素硅是非金属，最高价氧化物二氧化硅（SiO_2）是酸性氧化物，其水化物是硅酸（H_4SiO_4），硅酸是一种很弱的酸。单质硅只有在高温下才能与氢气发生反应，生成气态氢化物硅烷（SiH_4）。因此，硅的非金属性较弱。

15 号元素磷是非金属，最高价氧化物是五氧化二磷（P_2O_5），其水化物是磷酸（H_3PO_4），磷酸属于中强酸。磷的蒸气与氢气反应，生成气态氢化物膦（PH_3），此反应相当困难。

16 号元素硫是比较活泼的非金属，高价氧化物三氧化硫（SO_3）水化物是硫酸（H_2SO_4），硫酸是强酸。在加热时，硫能与氢气反应，生成硫化氢气体（H_2S）。

17 号元素氯是非常活泼的非金属，高价氧化物是七氧化二氯（Cl_2O_7），其水化物是高氯酸（$HClO_4$），高氯酸是已知酸中最强的酸。氯气与氢气在光照或点燃时发生燃烧或爆炸，生成气体氯化氢（HCl）。

18 号元素氩是稀有气体。

综上所述，可以得出如下的结论：

Na	Mg	Al	Si	P	S	Cl	Ar

金属性逐渐减弱，非金属性逐渐增强，稀有气体结束 →

如果对其他周期元素的化学性质进行研究，也会得出相同的结论。即：同一周期各元素原子的电子层相同，从左到右，随着原子序数的递增，最外层电子数从 1 个递增到 8 个；元素最高正化合价由 +1 价逐渐增加到 +7 价，而负化合价从ⅣA 开始，由 -4 价增加到 -1 价。显然，除第一周期外，每一周期都是从活泼的金属元素开始，逐渐过渡到活泼的非金属元素，最后以稀有气体结束。最高价氧化物对应的水化物碱性减弱，酸性增强。

同周期的副族元素金属性、非金属性变化不十分明显，在此不作讨论。

（2）同主族元素金属性和非金属性递变规律　同一主族元素自上而下，核对电子的吸引力减小，失去电子的能力增大，所以，元素的金属性逐渐增强，而非金属性逐渐减弱；最高价氧化物对应的水化物碱性增强，酸性减弱。例如，ⅦA 族非金属元素与氢气生成 HX 的反应，氟在暗处剧烈反应，氯气在光照条件下进行，而溴和碘在加热情况下反应很缓慢。另外，氯气能把溴离子和碘离子从它们的溶液中置换出来，溴可以把碘离子从其溶液中置换出来，由此证明ⅦA 族元素非金属性氟 > 氯 > 溴 > 碘。

主族元素的金属性和非金属性变化规律，归纳于表 3 - 12 中。

表 3 - 12　主族元素金属性和非金属性变化规律

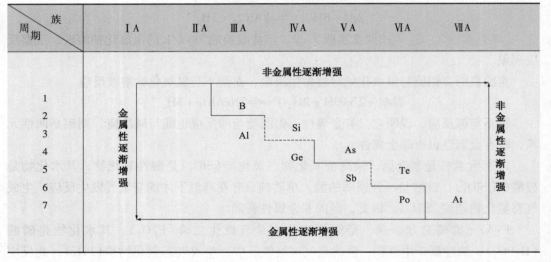

沿着表中硼、硅、砷、碲、砹与铝、锗、锑、钋之间划一条折线，其左边是金属元素，右边是非金属元素。表的左下角是金属性最强的元素，右上角是非金属性最强的元素。由于元素的金属性和非金属性没有严格的界限，位于分界线附近的元素，既有金属性又呈现非金属性，属于两性元素。

副族元素的原子结构决定了它们都是金属元素，其变化比较复杂，在此不作讨论。

3. 元素电负性的变化规律　元素的电负性是指分子中元素原子吸引成键电子的能力，用 X 表示。1932 年鲍林首先提出了电负性的概念，指定最活泼的非金属元素氟的电负性为 4.0，然后通过计算，得出其他元素原子的电负性的相对值（见表 3 - 13）。一般金属的电负性小于 2.0，非金属的电负性大于 2.0。元素的电负性越大，表示该元素原子吸引成键电子的能力越强，元素的非金属性越强，金属性越弱；反之，则表示元素的金属性越强，非金属性越弱。

从表 3 – 13 可以看出，同一周期的主族元素，从左向右，电负性的值逐渐增大，则金属性逐渐减弱，非金属性逐渐增强；同一主族元素，从上而下，电负性的值逐渐减小，则金属性逐渐增强，非金属性逐渐减弱。因此，通过电负性的大小可以判断元素金属性和非金属性的强弱。

表 3 – 13　元素的电负性

H 2.2																	
Li 0.98	Be 1.57											B 2.04	C 2.55	N 3.04	O 3.44	F 3.98	
Na 0.93	Mg 1.31											Al 1.61	Si 1.90	P 2.19	S 2.58	Cl 3.16	
K 0.82	Ca 1.00	Sc 1.3	Ti 1.54	V 1.63	Cr 1.66	Mu 1.55	Fe 1.83	Co 1.88	Ni 1.91	Cu 1.90	Zn 1.65	Ca 1.81	Ge 2.01	As 2.18	Se 2.55	Br 2.96	
Rb 0.82	Sr 0.95	Y 1.2	Zr 1.33	Nb 1.6	Mo 2.16	Te 1.90	Ru 2.2	Rh 2.28	Rd 2.20	Ag 1.93	Cd 1.69	In 1.78	Sn 1.80	Sb 2.05	Te 2.1	I 2.66	
Cs 0.79	Ba 0.89	La 1.1	Hf 1.3	Ta 1.5	W 2.36	Re 1.9	Os 2.2	Ir 2.20	Pt 2.28	Au 2.54	Hg 2.00	Ti 1.62	Pb 1.87	Bi 2.02	Po 2.0	At 2.2	

▌ 课堂互动

1. 请指出周期表中最活泼的金属元素和非金属元素。
2. 应用电负性数值，可以判断元素的什么性质？

三、元素周期表的应用

元素周期律和元素周期表揭示了物质世界的秘密，对元素和化合物的性质进行了系统的总结，是自然界最基本的规律之一。元素周期表把上百种元素作了最科学的分类，对有关元素的知识系统化，深刻阐明了各元素之间的内在联系以及元素性质周期性变化的本质。

元素在周期表中的位置与元素原子结构及性质有着密切关系。若知道元素的原子结构及一般性质，可以判断该元素在周期表中的位置；反过来，如果已知元素在周期表中的位置，可以推断该元素的原子结构及主要性质，它对预言和发现新元素起到了指导性的作用。如原子序数为 10、31、32、34、64 等元素的发现及 61、95 号以后人造放射性元素的合成，都与周期表的指导密不可分。

利用周期表中位置邻近而元素性质相近的规律，可以指导寻找新物质。例如，农药中常含有氟、氯、砷等元素，它们都位于周期表的右上方，对这个区域的元素进行研究，有利于寻找和制造新的农药品种。

无机元素在生命中的意义逐渐被发现，蕴藏着丰富内涵的元素周期表也被赋予了重要的医学意义。目前自然界已知的100余种化学元素中，已有60多种在人体内被发现。例如生物体液中的电解质，含有K^+、Na^+、Ca^{2+}、Mg^{2+}等离子；各种酶、辅酶、结合蛋白质的辅基中，含有Fe、Mn、Co、Cu、Zn、Mo等元素，这些元素都被称为生物金属元素，在生物体内维持生物的正常功能，是生物体内必不可缺少的化学元素。人们对"元素与生命"的研究，有利于人类减少疾病，提高生命的质量。

元素周期表建立了100多年，科学家以它为依据寻找新型元素及化合物，为科学的发展作出了重大贡献。元素周期系的理论仍在发展，人们对物质世界的认识不断深化。随着科学的发展，新的人工元素的合成，将会大大扩展周期系的版图，并有助于设计新的元素周期表。

本 章 小 节

原子的组成

1. 原子的组成：原子由原子核和核外电子组成，原子核由质子和中子组成。核电荷数 = 质子数 = 核外电子数

2. 同位素：具有相同质子数（核电荷数）的同一类原子的总称。

核外电子的运动状态及排布规律

1. 电子云：电子像一团带负电荷的云雾，笼罩着原子核。常见的电子云分别用符号 s、p、d、f 表示。

2. 多电子原子核外电子的运动状态主要由以下四方面描述：电子层（n）、电子亚层、电子云的伸展方向、电子的自旋。

3. 核外电子排布的三条规律：泡利不相容原理、能量最低原理、洪特规则。

元素周期律及元素周期表

1. 元素周期律：元素的单质及其化合物的性质，随着原子序数的递增而呈现周期性的变化规律。

2. 元素周期表：元素周期律的具体表现形式。两种表示方法：周期（7 个）和族（主族、副族、第八族、零族）或分区（s、p、d、ds 和 f）。

3. 周期表中元素性质的变化规律（主族元素）：同一周期从左至右，核电荷数递增，原子半径递减，核对电子的引力增加，金属性递减，非金属性递增；最高氧化物对应的水化物碱性减弱，酸性增强，电负性增大。同一主族从上到下，原子半径递增，核对电子的引力减弱，金属性增强、非金属性减弱；最高氧化物对应的水化物碱性增强而酸性减弱，电负性逐渐减小。

同 步 训 练

一、选择题

1. 下列原子，原子核内没有中子的是（　　　）

    A. $_1^1H$ 　　　　　 B. $_2^4He$ 　　　　　 C. $_1^2H$ 　　　　　 D. $_1^3H$

2. 下列各组微粒中，互为同位素的是（　　　）

    A. $_{19}^{40}K$ 和 $_{20}^{40}Ca$ 　　　　　　　　　 B. $_{26}^{56}Fe$ 和 $_{26}^{56}Fe^{2+}$

    C. $_{17}^{35}Cl$ 和 $_{17}^{37}Cl$ 　　　　　　　　　 D. $_{26}^{56}Fe^{3+}$ 和 $_{26}^{56}Fe^{2+}$

3. 一价碘离子（I^-）有 54 个电子，质量数为 126 的碘原子的中子数是（　　　）

    A. 55 　　　　　 B. 53 　　　　　 C. 72 　　　　　 D. 73

4. 下列关于电子云的叙述正确的是（　　　）

    A. 电子云是带负电的云雾

    B. 电子云密度大的区域电子数多

    C. 电子云是电子在原子中运动的轨迹

    D. 电子云是指电子在原子核外空间运动时出现的几率

5. 下列电子亚层中，含轨道数最多的是（　　　）

    A. 3d 　　　　　 B. 6s 　　　　　 C. 4f 　　　　　 D. 5p

6. 具有下列最外层电子构型的原子中，其内层不一定充满的是（　　　）

    A. $3s^2$ 　　　　　 B. $3s^23p^1$ 　　　　　 C. $4s^2$ 　　　　　 D. $4s^24p^1$

7. 元素的化学性质主要决定于原子结构的（　　　）

    A. 核电荷数 　　　 B. 电子层数 　　　 C. 质量数 　　　 D. 最外层电子数

8. 下列元素金属性最活泼的是（　　　）

    A. Na 　　　　　 B. K 　　　　　 C. Li 　　　　　 D. Ca

9. 元素周期表中，与电子层数有关的是（　　　）

    A. 族 　　　　　 B. 分区 　　　　　 C. 周期 　　　　　 D. 镧系元素

10. 下列元素化学性质最不活泼的是（　　　）

    A. Ne 　　　　　 B. S 　　　　　 C. Al 　　　　　 D. F

11. 某离子 X^{2+} 的核外电子排布式是 $1s^22s^22p^63s^23p^6$，该元素在周期表中属（　　　）

    A. 第三周期 　　 B. 第四周期 　　 C. 第三周期 0 族 　　 D. 第四周期 ⅡA 族

12. 下列元素电负性最大的是（　　　）

    A. O 　　　　　 B. N 　　　　　 C. F 　　　　　 D. Cl

13. 下列氢化物中最稳定的是（　　　）

    A. CH_4 　　　　　 B. NH_3 　　　　　 C. H_2O 　　　　　 D. HF

14. 下列关于元素周期表的叙述，表达不正确的是（　　　）

    A. 元素周期表共有 7 个横行，即 7 个周期，同一周期元素电子层数相等

B. 元素周期表共有 18 个纵行，即 18 个族

C. 同一主族元素最外层电子数相等，从上到下金属性逐渐增大

D. 同一周期元素，从左至右，非金属性逐渐增大

15. 下列元素高价氧化物对应的水化物，酸性最强的是(　　)

A. Si　　　　　　　B. Cl　　　　　　　C. S　　　　　　　D. P

二、填空题

1. 原子由带正电荷的 _____ 和带负电荷的 _____ 构成。原子核由 _____ 和 _____ 构成。

2. 同位素之间 _____ 数相同，_____ 数不同，它们在周期表中占有 _____ 位置。

3. 电子云常用符号_____、_____、_____ 和_____ 表示。

4. 描述核外电子运动状态，必须从 _____、_____、_____ 和 _____ 四个方面进行。

5. s 电子云是_____形，p 电子云是_____形。

6. 电子有_____种自旋方式，可以用_____和_____ 表示。

7. 元素周期表中，同一周期元素_____相同；同一主族元素_____相同，因此，化学性质_____。

8. 元素铝(Al)核外电子排布式为 $1s^2 2s^2 2p^6 3s^2 3p^1$，它在周期表_____周期，_____族，_____区，最外层电子数_____，与氢氧化钠溶液_____，与盐酸溶液_____，是_____元素。

9. 第二周期元素原子中，有三个未成对电子数的元素是_____，其氢化物是_____，最高价氧化物水化物是_____，显_____性(碱性或酸性)。

10. 用元素符号回答原子序数 11 ~ 17 号元素的以下问题：

(1)最高价氧化物水化物碱性最强的是_____；

(2)最高价氧化物水化物酸性最强的是_____；

(3)最高正价和负价绝对值之差等于 4 的是_____；

(4)具有金属性和非金属的两性元素是_____；

(5)电负性最大的元素是_____。

三、简答题

1. 简述元素和同位素的区别。

2. 你知道核外电子排布的三条原理吗？请简述。

3. 根据元素在周期表中的位置，判断下列各组化合物水溶液酸性、碱性的强弱。

(1)H_2CO_3 和 H_4SiO_4　　　　　　　(2)$Ca(OH)_2$ 和 $Mg(OH)_2$

(3)NaOH 和 KOH　　　　　　　(4)H_3PO_4 和 H_2SO_4

四、综合题

1. 填表：

原子序数	电子排布式	价电子构型	周期	族　　区	高价氧化物水化物
11					
	$1s^22s^22p^4$				
		$3s^23p^3$			
			3	ⅥA	

2. 推断下列元素的原子序数，并指出元素的性质。

（1）最外电子层为 $3s^23p^6$。

（2）最外电子层为 $4s^24p^2$。

（3）最外电子层为 $3s^1$。

第四章　分子结构

知识要点

1. 离子键、共价键及配位键的概念及特点。
2. 离子晶体的特点。
3. 共价键的极性与分子极性；分子间作用力及氢键。

分子是保持物质性质的最小微粒，分子的内部结构决定着物质的性质。因此，要了解物质的性质及其变化规律，必须掌握分子结构的相关知识。分子结构主要包括两方面内容：一是分子的空间构型（即原子在空间的排列方式）或分子的形状，它与分子的极性、熔点、沸点等物理性质有关；二是化学键问题，即分子或晶体内部微粒如何结合。本章主要讨论离子键、共价键及分子间的作用力。

第一节　离　子　键

原子能结合成分子，是因为原子间存在着强烈的相互作用，这种分子中相邻原子（或离子）之间的强烈相互作用力称为化学键。化学键包括离子键、共价键和金属键。

一、离子键的形成和特点

（一）离子键的形成

以氯化钠为例说明离子键的形成。

钠是活泼的金属，氯是活泼的非金属。当金属钠和氯气加热反应时，钠原子最外层上的 1 个电子转移给氯原子，形成了钠离子（Na^+）和氯离子（Cl^-）。带相反电荷的钠离子（Na^+）和氯离子（Cl^-）存在着静电吸引的作用，阴、阳离子彼此接近；两种离子外层电子与电子之间、原子核与原子核之间又存在着相互的排斥作用。当两种离子接近到一定距离时，吸引力和排斥力达到平衡时，带相反电荷的两种离子之间便形成了稳定的化学键，生成了氯化钠。

$$2\ Na + Cl_2 \xrightarrow{\text{点燃}} 2NaCl$$

这种阴、阳离子之间通过静电作用形成的化学键称为离子键。

一般活泼金属（ⅠA、ⅡA 元素）与活泼非金属（ⅥA、ⅦA）化合时，都能形成离子键。例如 NaCl、CaF_2、MgO 等都是典型的离子型化合物。它们的形成过程用电子式表示为：

$$Na^{\times} + \cdot \ddot{\underset{\cdot\cdot}{Cl}} : \longrightarrow Na^+ [\overset{\cdot\cdot}{\underset{\cdot\cdot}{\times Cl}} :]^-$$

$$:\overset{\cdot\cdot}{\underset{\cdot\cdot}{F}} \cdot + Ca^{\times}_{\times} + \cdot \overset{\cdot\cdot}{\underset{\cdot\cdot}{F}} : \longrightarrow [:\overset{\cdot\cdot}{\underset{\cdot\cdot}{F}} \times]^- Ca^{2+} [\overset{\cdot\cdot}{\underset{\cdot\cdot}{\times F}} :]^-$$

$$Mg^{\times}_{\times} + \cdot \overset{\cdot\cdot}{\underset{\cdot\cdot}{O}} \cdot \longrightarrow Mg^{2+} [\overset{\cdot\cdot}{\underset{\cdot\cdot}{\times O}} \times]^{2-}$$

 课堂互动

用电子式表示 KBr、$CaCl_2$、CaO 的形成。

（二）离子键的特点

离子键的特点是既无方向性又无饱和性。离子键是正、负离子间通过静电作用形成，而离子的电荷分布是球形对称的，每个离子在任何方向上都可以吸引带相反电荷的离子，因此，离子键没有方向性；只要空间范围允许，每一个离子尽可能多地与带相反电荷的离子相互吸引，所以离子键没有饱和性。

二、离子晶体

由离子键形成的化合物称为离子化合物。离子化合物在室温下以晶体的形式存在。这种通过离子键形成的有规则排列的晶体称为离子晶体。如 NaCl、CaF_2、MgO 等都是离子晶体。在离子晶体中，不存在单个分子，其化学式只表示阴阳离子的数目比和式量。例如，在氯化钠晶体中，每个 Na^+ 周围吸引着 6 个 Cl^-，每个 Cl^- 周围吸引着 6 个 Na^+，这样交替延伸成为有规则排列的晶体。NaCl 晶体结构见图 4 – 1。化学式 NaCl 表示氯化钠晶体中 Na^+ 与 Cl^- 的数目之比为1:1，离子的电荷数就是相应元素的化合价。因此，Na 和 Cl 的化合价分别为 +1 和 –1。

离子晶体在常温下是固体，熔点、沸点较高；离子晶体本身不导电，但在水溶液或熔融状态时能够导电；离子晶体易溶于水，但在有机溶剂中难溶。

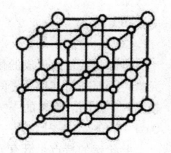

图 4 –1　氯化钠晶体

第二节 共 价 键

一、共价键的形成

以 H_2 分子为例说明共价键的形成。

H_2 分子由两个氢原子结合而成。当两个 H 原子互相接近时，每个氢原子各提供一个电子组成共用电子对，共用电子对受到两个原子核的吸引，绕着两个原子核运动，因而形成了 H_2 分子。H_2 分子的形成用电子式表示为：

$$H· + ×H \longrightarrow H×H$$

H_2 分子的形成，还可以用电子云的重叠来进一步说明。当 2 个氢原子接近时，两个自旋方向相反的 1s 电子的电子云部分重叠，使 2 个氢原子核间电子云密集，即形成了稳定的 H_2 分子。见图 4 - 2。

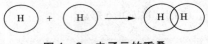

图 4 - 2 电子云的重叠

像 H_2 分子这样，原子间通过共用电子对（电子云重叠）形成的化学键称作共价键。电子云重叠程度越大，形成的分子越稳定。

当电负性相同或相差不大的原子结合时就形成了共价键。如 H_2、Cl_2、HCl 等。

化学上常用一条短线"—"表示共价键的一对共用电子，称为共价单键；共用 2 对电子称为共价双键，用"="表示；共用 3 对电子称为共价三键，用"≡"表示。用短横线表示共用电子对的式子称为结构式。H_2、HCl、O_2 等分子的结构式表示如下：

分子式	结构式
H_2	H—H
Cl_2	Cl—Cl
O_2	O=O
N_2	N≡N
HCl	H—Cl
CO_2	O=C=O

全部由共价键形成的化合物称为共价化合物。在共价化合物中，元素的化合价是该元素一个原子与其他原子间共用电子对的数目。共用电子对偏向的一方（吸引电子能力较强）为负价，偏离的一方（吸引电子能力较弱）为正价。例如，H_2O 中 H 为 +1 价，O 为 -2 价；NH_3 中 N 为 -3 价，H 为 +1 价。

共价键的特点是既有方向性又有饱和性。共价键是由两个原子自旋相反的单电子配对形成。一个原子未成对的电子与另一个原子未成对且自旋相反的电子配对成键后，就不能再与第三个原子的电子配对成键，这就是共价键的饱和性。s 电子云是球形对称，两个 s 电子云的重叠没有方向；p、d 等电子云在空间有着不同的伸展方向，形成共价键时，会选择一定的方向达到电子云的最大程度的重叠，以形成稳定的共价键。因此，共价键具有方向性。HCl 的形成见图 4－3。

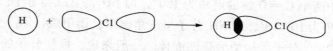

图 4－3　共价键的方向

二、共价键的极性

（一）共价键的参数

能表示共价键性质的物理量称为共价键的参数。共价键的参数主要有键能、键长、键角等。

1. 键能（E）　键能是衡量化学键强弱的物理量，单位是 kJ/mol。对于双原子分子，破坏共价键时所需的能量称为离解能，又称为共价键的键能。即双原子分子的键能等于其离解能。例如，1mol H_2 分子分裂为 2mol H 原子，需要吸收 436kJ 热量，即为 H—H 键的键能。对于多原子分子，键能和键的离解能有所不同。离解能是指离解分子中某一个共价键时所需的能量，键能则是指分子中同种类型共价键离解能的平均值。键能越大，表示化学键越牢固，含有该键的分子越稳定。

2. 键长（l）　键长是指分子中成键两原子核间的平均距离，单位是皮米（pm）。一般来说，键长越短，共价键越牢固，形成的分子愈稳定。因此，通过键能和键长的大小，可以判断键的强弱。一些共价键的键长和键能见表 4－1。

表 4－1　一些共价键的键长和键能

共价键	键长 l（pm）	键能 E（kJ/mol）	共价键	键长 l（pm）	键能 E（kJ/mol）
H—H	74	436	C—H	109	416
O—O	148	146	N—H	101	391
S—S	205	226	O—H	96	467
F—F	128	158	F—H	92	566
Cl—Cl	199	242	B—H	123	293
Br—Br	228	193	Si—H	152	323
I—I	267	151	Cl—H	127	431
C—C	154	356	Br—H	141	366
C＝C	134	598	I—H	161	299
C≡C	120	813	N＝N	125	418
N—N	146	160	N≡N	110	946

3. 键角 分子中共价键和共价键之间的夹角称作键角。键角是反映分子空间结构的重要参数。例如，H_2O 分子中，两个 O—H 键的夹角是 $104°45'$，即 H_2O 分子呈 V 形结构；CO_2 分子中两个 C＝O 键的键角为 $180°$，即 CO_2 是直线型分子。NH_3 分子中，三个 N—H 键的夹角为 $107°18'$，即 NH_3 分子呈三角锥形。而甲烷(CH_4)分子中四个 C—H 键的键角是 $109°28'$，分子的构型为正四面体。一般来说，根据分子的键角和键长，可以确定分子的空间构型。

▥ 课堂互动

1. 用电子式表示 HBr、N_2、H_2O 的形成。
2. 氯气和氢气结合时，为什么只能生成 HCl 而不能生成 HCl_2？
3. 根据键长和键能数据，判断 Cl_2、Br_2、I_2 的稳定性。

(二)共价键的极性

由同种元素的原子形成的共价键，两个原子吸引成键电子的能力相同，共用电子对不偏向任何一个原子，这样形成的共价键称为非极性共价键，简称非极性键。例如，H—H键、Cl—Cl 键都是非极性键。

由不同种元素的原子形成的共价键，两个原子吸引成键电子的能力不相同，共用电子对偏向吸引电子能力较强的原子，带部分负电荷，而吸引电子能力较弱的原子一方带部分正电荷，这样形成的共价键称为极性共价键，简称极性键。如 H—Cl 键，Cl 原子吸引电子能力较强，带部分负电荷，而 H 原子带部分正电荷。共价键极性的大小与成键原子的电负性差值有关，电负性差值越大，共价键的极性越大。

三、配位键

由成键两个原子共同提供电子形成的共价键称为普通的共价键；如果共用电子对仅由一个原子单独提供，这样形成的共价键称为配位共价键，简称配位键。表示为"A→B"。其中 A 原子提供了电子对，称为电子对给予体；B 原子接受了电子对，称为电子对的接受体。例如 NH_4^+（铵离子），由 NH_3 分子和 H^+ 离子通过配位键形成：

$$\ddot{\underset{H}{\overset{H}{N}}}{}_H + H^+ \longrightarrow \left[\ H\overset{H}{\underset{H}{N}}H\ \right]^+$$

在铵离子中，虽然有一个 N—H 键与其他三个 N—H 键的形成过程不同，但它们的键长、键能、键角都一样，表现的化学性质完全相同。

配位键形成必须具备两个条件：首先，一个成键原子必须具有孤电子对；其次，另一个成键原子必须具有空轨道。

注意，在多原子组成的分子中，常含有多种化学键。如氯化铵（NH_4Cl）中，NH_4^+ 与 Cl^- 之间是离子键，NH_4^+ 中有四个 N－H 共价键，其中一个是配位键。

 课堂互动

配位键和共价键有何区别？形成配位键的条件是什么？

第三节　分子间作用力和氢键

一、分子的极性

任何一个分子都有正电荷重心和负电荷重心（电荷集中的一点）。正、负电荷重心重合的分子称为非极性分子，如 Cl_2、O_2 分子等。正、负电荷重心不重合的分子称为极性分子，如 HCl、H_2O 分子等。

对于双原子分子，分子的极性与键的极性是一致的。如 Cl_2 分子，Cl—Cl 键是非极性键，正、负电荷重心重合，所以 Cl_2 是非极性分子；而 HCl 分子，H—Cl 键是极性键，分子中正、负电荷重心不重合，故 HCl 分子是极性分子。

以极性键结合的多原子分子，分子的空间构型决定了分子的极性。如果分子的空间构型是对称的，键的极性相互抵消，正、负电荷重心恰好重合，则分子没有极性，否则为极性分子。例如 CO_2 分子，C＝O 键是极性键，CO_2 分子呈直线形（见图 4 - 4），两个 C＝O 键之间的夹角是 180°，分子中正、负电荷重心重合，故 CO_2 是非极性分子；H_2O 分子中，2 个 O—H 键的夹角为 104°45′，正、负电荷重心不重合，H_2O 分子呈 V 形（见图 4 - 5），因此，H_2O 是极性分子。同理，NH_3、SO_2 等分子也是极性分子。

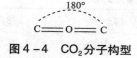

图 4 - 4　CO_2 分子构型

图 4 - 5　H_2O 分子构型

 课堂互动

判断下列哪些是极性分子，哪些是非极性分子？

H_2、HCl、CO_2（直线型）、NH_3（键角 107°2′）、SO_2（键角 119°5′）

物质的溶解性与分子的极性密切相关。极性分子组成的物质易溶于极性溶剂中，难溶于非极性溶剂；非极性物质易溶于非极性溶剂中，而难溶于极性溶剂，这个规律称为"相似相溶"原理，即物质的结构相似彼此可以相溶。根据相似相溶原理，可以判断物质的溶解性，或者选择适当的溶剂，进行物质的分离和提纯。如 HCl、NH_3 为极性分子，他们易溶解于水等极性溶剂中；Br_2 和 I_2 为非极性分子，在汽油等非极性溶剂中易溶。

知识链接

洗衣粉是怎样去污的?

　　洗衣粉的主要成分是十二烷基苯磺酸钠。分子一端是极性(亲水)基团，另一端是非极性(亲油)基团。洗衣粉清洗衣服上的油污时，分子中的亲油基团同油污"抱成一团"，互相融合在一起，形成外表亲水的微小"胶团"，油污被洗衣粉分子和水分子包围起来，渐渐地溶于水中；若衣服上的污物是极性的，洗衣粉分子中的亲水基与其作用，共同溶解在水中。这样就可以把衣服上的污物清洗干净。

二、分子间作用力

　　许多共价化合物如碘、干冰等，都是由大量的分子组成，在固态时以晶体状态存在。晶体分子能够紧密地结合在一起，说明晶体分子之间存在着相互的作用力，分子与分子间的作用力称为分子间作用力。这种作用力首先由荷兰物理学家范德华(Van der-waals)提出，也称作范德华力。分子间作用力只有几到几十千焦尔(kJ/mol)，小于化学键的键能(键能约为 $100 \sim 800kJ/mol$)。

　　分子间作用力的大小，对物质的熔点、沸点、密度和溶解度等物理性质有较大的影响。一般来说，分子组成和结构相似的物质(共价化合物)，随着分子量的增大，分子间作用力也将增大。例如，卤素单质 F_2、Cl_2、Br_2、I_2 的分子量逐渐增大，单质的熔点、沸点依次升高。卤素单质的状态、熔点和沸点见表4-2。

表4-2　卤素单质的状态、熔点和沸点比较

卤素单质	分子量	状态	熔点(℃)	沸点(℃)
F_2	38	气体	-210.6	-188.1
Cl_2	71	气体	-101	-34.6
Br_2	160	液体	-7.2	58.8
I_2	254	固体	113.2	184.4

　　分子间作用力的大小，除了与分子量有关外，还与分子的极性、分子的形状等因素有关。分子的极性越大，则分子间作用力越强。

三、氢键

　　一般来说，分子间作用力随着分子量的增加而增大。研究 VA、VIA、VIIA 族元素氢

化物的沸点变化，发现 HF、NH_3、H_2O 的沸点比同族氢化物反常的高（见表 4-3）。由此说明，在 HF、NH_3 和 H_2O 的分子中，除了分子间作用力外，还存在着一种特殊的作用力——氢键。

表 4-3　VA、VIA、VIIA 族氢化物的沸点

氮族	沸点（℃）	氧族	沸点（℃）	卤素	沸点（℃）
NH_3	-33	H_2O	100	HF	20
PH_3	-88	H_2S	-61	HCl	-85
AsH_3	-55	H_2Se	-41	HBr	-87
SbH_3	-18	H_2Te	-2	HI	-36

（一）氢键的形成

当氢原子与电负性大、原子半径小的原子 X（F、O、N）形成共价键时，由于共用电子对偏向于 X 原子，使氢原子几乎成为"裸露"的原子核。这个氢原子与另外一个电负性大、半径小且外层有孤对电子的 Y 原子相互作用，这种作用力称为氢键，用虚线"…"表示。X、Y 原子可以相同也可以不同。例如，H_2O 分子中，O—H…O；HF 分子中，F—H…F；NH_3 与 H_2O 间 N—H…O 等均为氢键。

氢键形成的条件是：氢原子直接与电负性大、半径小的原子形成共价键 X—H；另一分子（或同一分子）中，有一个电负性大、半径小、含有孤对电子的 Y 原子（通常为 F、O、N）靠近 X—H，产生吸引作用形成氢键。

氢键的强弱与 X 和 Y 的非金属性强弱及 Y 原子的半径大小有关，即 X、Y 的非金属性越强，Y 原子的半径越小，形成的氢键越强。氢键的强弱顺序如下：

$$F—H…F > O—H…O > O—H…N > N—H…N$$

氢键的键能大于范德华力而小于化学键的键能。氢键不是化学键，它是分子间的一种特殊作用力，其本质属于静电引力。

（二）氢键的类型

氢键分为分子间氢键和分子内氢键两种。H_2O 分子间、HF 分之间、NH_3 与 H_2O 间等都可以形成分子间氢键。NH_3 与 H_2O 分子间的氢键见图 4-6。

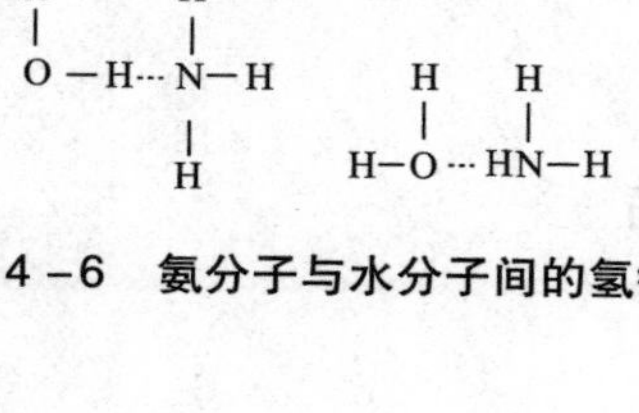

图 4-6　氨分子与水分子间的氢键

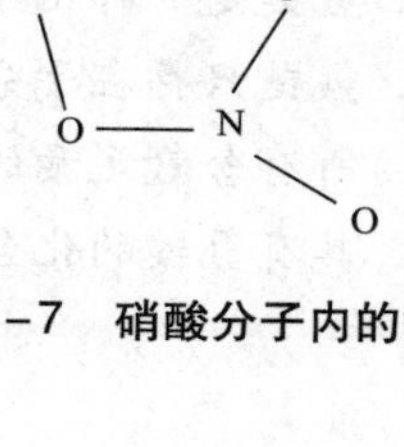

图 4-7　硝酸分子内的氢键

NH$_3$与H$_2$O分子间产生两个氢键，即O—H…N和N—H…O。因此，NH$_3$易溶解于水。

硝酸分子内能够形成氢键，一个是O—H…N，另一个是N—H…O。见图4-7。

氢键具有饱和性和方向性。氢键的饱和性是指每一个X—H只能与一个Y原子形成氢键；当X—H…Y形成氢键时，尽可能使氢键的方向与X—H距离最远，这样两原子电子之间的斥力最小，形成的氢键最强，因此，氢键具有方向性。

知识链接

氢键在生物体中的作用

氢键在生物体结构中有着重要的作用。例如，蛋白质是由许多氨基酸通过肽键(—NH—CO—)连接而成的高分子物质，具有一定的空间结构。蛋白质α-螺旋结构的形成，是由于羰基上的氧与亚胺基上的氢形成了氢键(C =O…H—N)；又如脱氧核糖核酸(DNA)，它是由磷酸、脱氧核糖和碱基组成的双螺旋结构的生物大分子，两条链通过碱基间氢键两两配对产生了双螺旋结构，通过氢键形成的两特定碱基配对是遗传信息传递的关键，在DNA复制过程中有着重要的意义。

(三)氢键对物质性质的影响

氢键对物质的熔点、沸点、溶解度、密度、黏度等物理性质均有影响。

1. 对熔点、沸点的影响　分子间形成氢键时，固体熔化或液体汽化，不仅要克服分子间作用力，还需要破坏部分或全部氢键，导致物质的熔点、沸点升高；而分子内氢键的产生，分子间作用力会降低，导致物质的熔点、沸点下降。

2. 对溶解度的影响　在极性溶剂中，如果溶质分子和溶剂分子之间可以形成氢键，分子间的结合力增强，导致溶解度增大。例如，NH$_3$易溶于水、乙醇与水以任意比例互溶等现象，都是与水产生氢键的原因。

课堂互动

下列关于氢键的叙述正确的是

1. 氢键是一种化学键
2. 氢键只存在于分子与分子之间
3. 所有含氢元素的化合物中都能形成氢键
4. 具有氢键的化合物，其熔点和沸点会升高

本 章 小 结

离子键

1. 化学键：分子中相邻原子之间的强烈相互作用力。

2. 离子键：阴、阳离子之间通过静电作用所形成的化学键。

3. 活泼金属（ⅠA、ⅡA）与活泼非金属（ⅥA、ⅦA）化合时，都能形成离子键。

4. 离子键的特点：既无方向性又无饱和性。

共价键

1. 共价键：原子间通过共用电子对（电子云重叠）所形成的化学键。当电负性相同或相差不大的原子结合时，通常形成共价键。

2. 共价键的特点：既有方向性又有饱和性；共价键分为极性键和非极性键。

3. 由一个原子单独提供一对电子而与另一个原子共用所形成的共价键，称为配位共价键，简称配位键。

4. 配位键形成的条件：电子给予体有孤电子对，电子接受体具有空轨道。

分子间作用力

1. 正、负电荷重心不重合的分子称为极性分子；正、负电荷重心重合的分子称为非极性分子。

2. 分子与分子之间的作用力称为分子间作用力，也称为范德华力。

3. 氢键是一种特殊的分子间作用力。氢键对物质的熔点、沸点、溶解度、密度、黏度等均有影响。氢键分为分子内和分子间氢键两种。

4. 形成氢键必须具备两个基本条件：①分子中有一个与非金属性很强的元素形成极性键的氢原子。②分子中有带孤对电子、原子半径小的原子（如 F、O、N 等）。

同 步 训 练

一、选择题

1. 下列说法正确的是（　　）

　　A. 相邻两个原子之间强烈的相互作用力称为化学键。

　　B. 相邻原子之间的相互作用称为化学键。

　　C. 相邻的原子之间强烈的相互吸引称作化学键。

　　D. 化学键是相邻的分子之间强烈的相互作用。

2. 下列叙述错误的是（　　）

　　A. 氯化氢是非极性分子　　　　　　B. 水是极性分子

C. 氨是极性分子   D. 二氧化碳是非极性分子

3. 下列物质分子间，不能形成氢键的是(   )

  A. NH_3 B. CH_4 C. H_2O D. HF

4. 下列关于氢键的叙述正确的是(   )

  A. 氢键是一种化学键

  B. 是分子之间的一种特殊作用力

  C. 所有含氢元素的化合物中都存在氢键

  D. 具有氢键的化合物熔点和沸点较没有氢键的同类化合物要高

5. 由极性键形成的非极性分子是(   )

  A. NH_3 B. CO_2 C. H_2O D. HCl

6. 下列叙述正确的是(   )

  A. 共价化合物中可能存在离子键

  B. 离子化合物中可能存在共价键

  C. 含有极性共价键的分子一定是极性分子

  D. 非极性分子中一定存在非极性键

7. 下列化合物中既有离子键、又有共价键和配位键的化合物是(   )

  A. NH_3 B. NaOH   C. K_2S D. NH_4Cl

8. 下列可以形成非极性键的是(   )

  A. 活泼金属与活泼非金属之间   B. 任意两种元素之间

  C. 同种非金属元素之间   D. 不同种非金属元素之间

9. 下列不属于化学键的是(   )

  A. 离子键   B. 配位键   C. 氢键   D. 共价键

10. 下列分子间能产生氢键的是(   )

  A. CH_4 B. NH_3 C. H_2S D. HCl

二、填空题

1. 当活泼_____和_____相互结合时，一般以离子键相结合；离子键是_____通过_____所形成的化学键。

2. 当_____相互结合时，一般以共价键相结合；共价键是_____通过____所形成的化学键。

3. 非极性键是由_____原子间形成的共价键，两个原子间吸引电子的能力相同。

4. 极性键是由_____原子间形成的共价键，两个原子间吸引电子的能力不相同，_____偏向吸引电子能力较强的原子一方。

5. 配位键形成的条件是_____和_____。

6. 电子对是由_____提供形成的共价键，称为配位键。

7. 共价键的键长越_____，键能越_____，键越牢固，由该化学键形成的分子也就愈稳定。

8. 离子键的特点是既没有_____也没有_____。

9. 分子间氢键的形成，使物质的熔点、沸点_____。

10. 分子中若正、负电荷重心重合，则为_____分子；若正、负电荷重心不重合，则为_____分子。

三、简答题

1. 用电子式表示下列化合物的形成，并指出化学键的类型。

    （1）CaO　　　　（2）$MgCl_2$　　　　（3）SO_2　　　　（4）HF

2. 根据 HCl、HBr、HI 的键能和键长数据，判断分子的稳定性。

3. 为什么二氧化碳是非极性分子而水是极性分子？

4. 解释下列现象。

（1）水和乙醇能以任意比例互溶。

（2）氨容易液化。

模块三 化学反应平衡理论

　　人类生活在化学的世界，化学反应伴随着我们。在适宜的酸碱环境，身体的细胞才能进行正常的代谢，人体才可以显示出勃勃的生机和无限的美丽。化学反应形式多样、快慢各异。这些问题都与化学反应速率及化学平衡有关。让我们共同探讨化学反应的基本规律，尽可能掌控反应速率，向着人类期望的方向进行。

第五章　化学反应速率和化学平衡

知识要点

1. 化学反应速率的概念；影响化学反应速率的外界因素。
2. 有效碰撞、活化能及活化分子的概念。
3. 化学平衡的概念及特点；化学平衡常数的表达式及有关化学平衡的简单计算。
4. 影响化学平衡移动的因素；化学平衡移动的原理。

　　研究化学反应时，常常涉及两方面的问题：一个是反应进行的快慢，即反应速率问题；另一个是反应进行的方向和程度，即有关化学平衡的知识。只有具备了化学反应速率和化学平衡的知识，才能更好地认识人体内的生理变化、药物在体内的生化反应及代谢作用，制备出适合于人体生理变化的药物，让药物在体内达到最有效的作用。

第一节　化学反应速率

　　不同的化学反应进行的快慢不同，有的反应瞬间即可完成，例如，火药的爆炸、强酸与强碱溶液的中和反应等。有的反应缓慢进行，如反应釜中乙烯的聚合需要几天、煤和石油的形成长达亿万年。为了定量地描述反应进行的快慢，引入化学反应速率的概念。

一、化学反应速率的概念

　　化学反应速率是指单位时间内反应物浓度的减少或生成物浓度的增加，用符号 v 表示。反应速率应为正值，其表达式为：

$$v = \left| \frac{某反应物或生成物浓度变化值}{变化所需时间} \right| = \left| \frac{\Delta c}{\Delta t} \right| \tag{5-1}$$

　　反应物或生成物的浓度用物质的量浓度（c）表示，单位常用 mol/L；时间一般用秒（s）、分钟（min）或小时（h）表示。因此，化学反应速率的单位是 mol/（L·s）、mol/（L·min）或者 mol/（L·h）。

对于同一化学反应，用不同物质的浓度变化表示反应速率，其数值可能不同。所以，表示化学反应速率时必须指明具体物质。大量实践证明，对于反应：

$$aA + bB = dD + eE$$

用不同物质的浓度变化表示的反应速率，有如下关系：

$$\frac{v(A)}{a} = \frac{v(B)}{b} = \frac{v(D)}{d} = \frac{v(E)}{e} \qquad (5-2)$$

因此，同一化学反应，不同物质的反应速率之比，恰好等于反应方程式中各物质的系数之比。

【例 5-1】 298K 时，N_2 和 H_2 在一定体积的容器里发生反应。反应开始时，测得 N_2 的浓度为 1.0mol/L，H_2 的浓度为 3.0mol/L；反应 4s 时，测得 N_2 的浓度为 0.8mol/L，H_2 的浓度为 2.4mol/L。用不同物质表示该反应在 4s 内的化学反应速率。

解：N_2 和 H_2 反应的化学方程式为：

$$N_2(g) + 3H_2(g) \rightleftharpoons 2NH_3(g)$$

起始浓度(mol/L)	1.0	3.0	0
4s 末浓度(mol/L)	0.8	2.4	0.4

用 N_2、H_2 和 NH_3 浓度的变化表示该反应的速率为：

$$v(N_2) = \left| \frac{\Delta c(N_2)}{\Delta t} \right| = \left| \frac{0.8 - 1.0}{4} \right| = 0.05 \, mol/(L \cdot s)$$

$$v(H_2) = \left| \frac{\Delta c(H_2)}{\Delta t} \right| = \left| \frac{2.4 - 3.0}{4} \right| = 0.15 \, mol/(L \cdot s)$$

$$v(NH_3) = \left| \frac{\Delta c(NH_3)}{\Delta t} \right| = \left| \frac{0.4 - 0}{4} \right| = 0.1 \, mol/(L \cdot s)$$

将三种物质的反应速率相比得：

$v(N_2):v(H_2):v(NH_3) = 1:3:2$。

二、有效碰撞理论及活化能

(一)有效碰撞

碰撞理论认为，化学反应发生的首要条件是反应物分子间必须相互发生碰撞。但是，并不是分子间所有的碰撞都能发生反应，只有反应物分子的能量超过某一值时，碰撞后才能反应。我们把能够发生反应的碰撞称为有效碰撞；不发生反应的碰撞称为弹性碰撞。

(二)活化分子与活化能

化学反应是旧键断裂与新键形成的过程，为了克服旧键断裂前的引力和新键生成前的斥力，相互碰撞的分子必须具有足够高的能量。具有较高能量并能发生有效碰撞的分子称为活化分子。

活化分子具有比一般分子较高的能量。活化分子的最低能量(E^*)与反应物分子的平均能量(E)的差值称为活化能，用符号 E_α 表示。即：

$$E_\alpha = E^* - E \qquad (5-3)$$

活化能的大小取决于反应物的性质。对于某一具体的化学反应，在一定的条件下，反应物分子的平均能量、反应物活化分子的最低能量和活化能都是一定的。若改变条件降低反应的活化能，化学反应速率将增大；反之，活化能增大，化学反应速率将会减小。

三、影响化学反应速率的因素

影响化学反应速率的因素有内因和外因两方面。内因是反应物的组成、结构和性质，它是影响化学反应速率的决定因素。影响化学反应速率的外界因素主要有浓度、压强、温度和催化剂。下面主要讨论外界因素对化学反应速率的影响。

（一）浓度对化学反应速率的影响

在其他条件不变的情况下，物质在氧气中比在空气中燃烧得剧烈，这是由于纯氧中氧气分子大约是空气中氧气分子的 5 倍。通过下面的实验，验证反应物浓度与化学反应速率的关系。

【课堂实践 5-1】 取两支试管，编号为①、②。在试管①中加入 0.1mol/L $Na_2S_2O_3$ 溶液 2ml，在试管②中加入 0.1mol/L $Na_2S_2O_3$ 溶液和蒸馏水各 1ml，然后分别在试管①和②中各加入 0.1mol/L H_2SO_4 溶液 2ml。观察反应现象。

$$Na_2S_2O_3 + H_2SO_4 = Na_2SO_4 + SO_2 + S\downarrow + H_2O$$

实验表明：试管①比试管②出现的浑浊现象快。从实验过程可知，试管① $Na_2S_2O_3$ 溶液的浓度大于试管②。由此可见，反应物浓度越大，反应速率越快。

当温度一定时，对于某一化学反应来说，反应物活化分子百分数是一定的，反应物活化分子的浓度与反应物浓度和活化分子百分数成正比。增大反应物的浓度，单位体积内活化分子数增多，从而增加了反应物分子间的有效碰撞机会，导致反应速率加快；反之，反应速率将减小。

实验证明：当其他条件不变时，增大反应物的浓度，可以加快反应速率；减小反应物的浓度，反应速率将减小。

▮ 课堂互动

人体血液中的血红蛋白（Hb）能与 O_2 结合生成氧合血红蛋白，$Hb + O_2 \rightleftharpoons HbO_2$，临床上抢救危重病人为什么要进行输氧？

（二）压强对化学反应速率的影响

一定温度下，压强的改变会导致气体体积发生变化，从而引起气体浓度的变化。因此，压强仅对有气体参加的化学反应速率有影响。

当温度一定时，一定量气体的体积与其压强成反比。如果气体的压强增大一倍，气体的体积缩小一半，单位体积内气体的分子数将增大一倍，则气体的浓度增加为原来的一倍。因此，增大压强，即增大了气体反应物的浓度，可以加快化学反应速率；减小压强，减小了气体反应物的浓度，降低了化学反应的速率。

由于压强的改变对固体和液体的体积影响很小，它们的浓度几乎没有改变。因此，一般来说，压强对固体或液体物质的反应速率没有影响。

（三）温度对化学反应速率的影响

一般来说，化学反应速率受温度的影响比较大。例如，炎热的夏季，放在室内的食物容易腐败变质，应保存在冰箱内；常温常压下，氢气与氧气混合很难生成水，若加热至 600℃，反应瞬间完成。实验说明，温度是影响化学反应速率的重要因素。因此，升高温度，化学反应速率将增大；降低温度，化学反应速率将减小。

1884 年，范特霍夫（Vant Hoff）对大量实验进行总结，归纳出一条近似规律：对于一般化学反应，如果反应物的浓度恒定，温度每升高 10℃，化学反应速率将增加 2 ~ 4 倍。

升高温度能够加快反应速率，一方面，温度升高加快了分子的运动速度，分子间的有效碰撞次数增多；另一方面，温度升高增大了分子的平均能量，提高了活化分子的百分率，分子间的有效碰撞次数显著地增加，从而导致反应速率增大。

在生产实践中，人们经常通过调节温度有效地控制化学反应速率。例如，物质制备、药物合成等用加热的方法加快反应速率；一些疫苗及易变质的试剂，常常放置在阴凉处或保存在冰箱里，以减缓反应的进行，从而保证其质量。

（四）催化剂对化学反应速率的影响

催化剂是一种能改变化学反应速率而反应前后自身的组成、质量和化学性质不发生变化的物质。催化剂分为正催化剂和负催化剂。能够加快化学反应速率的催化剂称为正催化剂；能减慢反应速率的催化剂称为负催化剂（又称抑制剂）。一般不加说明都是指正催化剂。催化剂能改变反应速率的作用称为催化作用。

催化剂加快化学反应速率的根本原因，是改变了化学反应的途径，降低了反应的活化能，从而增大了活化分子的百分数，使有效碰撞次数增加，导致化学反应速率加快。

催化剂具有特殊的选择性和高度的专一性。一种催化剂通常只对某一反应或某一类型的反应有催化作用。例如，SO_2 与 O_2 反应生成 SO_3，用五氧化二钒（V_2O_5）作催化剂，反应速率可增大一亿多倍；医学上保存双氧水常加入少量乙酰苯胺，阻止其分解；酶是重要的生物催化剂，人体内快速、高效的生化反应，都是酶的催化结果。淀粉酶促进淀粉的水解，脲酶催化尿素水解等。

酶的作用

　　人体是一个复杂的生物反应器，进行着各种代谢反应，酶起到了至关重要的催化和调节作用。随着人们对酶的认识不断深入，酶作为疾病诊断和治疗手段日益广泛。在我国，酶作为一种药物，用于疾病治疗已有数千年的历史。早在三千多年前，人们发现并使用麦曲（富含多种酶）治疗消化障碍症。1893 年，Francis 等发现，使用木瓜蛋白酶治疗白喉和结核性溃疡病获得良好的效果，引起了医药界的重视。以后百余年的历史中，多种酶被用作药物，逐渐发展成为"酶疗法"。酶直接参与疾病的诊断和治疗主要分为三个方面：一是临床诊断用酶，如转氨酶诊断肝炎；二是临床治疗药用酶，如溶菌酶用于抗菌消炎和镇痛；三是直接用含有特定酶的体外循环装置清除体内代谢废物。

第二节　化学平衡

一、可逆反应与化学平衡

（一）可逆反应

　　在一定条件下，有些反应一旦发生就能不断进行，直到反应物完全转变成生成物。我们把只能向一个方向进行的单向反应称为不可逆反应，化学方程式用"→"或"＝"来表示。例如，氯酸钾在二氧化锰的催化作用下制备氧气的反应：

$$2KClO_3 \xrightarrow[\triangle]{MnO_2} 2KCl + 3O_2 \uparrow$$

　　实际上，大多数化学反应在同一条件下，反应物能转变成生成物，同时生成物也能转变成反应物。例如，在一定条件下，氮气和氢气化合生成氨的反应：

$$N_2 + 3H_2 \rightleftharpoons 2NH_3$$

　　反应进行到一定程度，氮气与氢气合成氨的同时，氨又分解生成氮气和氢气。像这种在同一条件下，同时向两个方向进行的化学反应称为可逆反应，反应方程式常用"$\rightleftharpoons$"表示。在可逆反应中，通常把从左向右的反应称为正反应，而从右向左的反应称为逆反应。

　　可逆反应的特点是：在密闭容器中反应不能进行到底，无论反应进行多久，反应物和生成物总是同时存在，反应物不可能全部转变为生成物。

课堂互动

　　$2H_2 + O_2 \xrightarrow{铂} 2H_2O$，$2H_2O \xrightarrow{电解} 2H_2 \uparrow + O_2 \uparrow$，能否用 $2H_2 + O_2 \rightleftharpoons 2H_2O$ 表示为可逆反应？

（二）化学平衡

在一定条件下，合成氨的反应：

$$N_2 + 3H_2 \rightleftharpoons 2NH_3$$

当反应刚开始时，容器中只有反应物，此时正反应速率（$v_正$）最大，逆反应速率（$v_逆$）为零；随着反应的进行，反应物的浓度不断减小，正反应速率将逐渐减小，同时由于生成物的浓度逐渐增加，逆反应速率也在增大。当反应进行到一定程度时，正反应速率和逆反应速率相等，即在单位时间内反应物减少的分子数，恰好等于生成物增加的分子数。此时，反应物和生成物共存，而且各物质的浓度不随时间变化。见图 5-1。

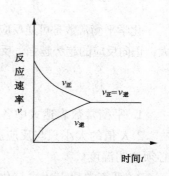

图 5-1　正、逆反应速率示意图

在一定条件下，可逆反应的正逆反应速率相等时，反应物和生成物的浓度不再随时间发生改变，反应体系所处的状态称为化学平衡状态，简称化学平衡。化学平衡是一定条件下可逆反应达到的最大限度。化学平衡是有条件的、相对的、暂时的平衡，随着条件的改变，正、逆反应速率也会发生变化，化学平衡将被破坏而发生移动，直至在新的条件下建立起新的平衡。

化学平衡的主要特征是：

1. 动：化学平衡是一种动态平衡，在平衡状态下，可逆反应仍在进行。
2. 等：平衡状态下，正、逆向反应速率相等（$v_正 = v_逆$）。
3. 定：反应物和生成物浓度各自保持恒定，不再随时间而改变。
4. 变：化学平衡状态因外界条件的改变而发生变化。

二、化学平衡常数

（一）化学平衡常数

对于可逆化学反应：

$$aA + bB \rightleftharpoons dD + eE$$

在一定温度下，可逆反应达到平衡时，体系内各物质的浓度相对稳定，若各物质的平衡浓度分别用[A]、[B]、[D]、[E]表示，反应物和生成物的平衡浓度之间有如下关系：

$$K_c = \frac{[D]^d \cdot [E]^e}{[A]^a \cdot [B]^b} \qquad （K_c \text{ 为常数}） \tag{5-4}$$

上式称为化学平衡常数表达式。它表示在一定的温度下，可逆反应达到平衡时，生成物浓度幂的乘积与反应物浓度幂的乘积之比是一个常数（方次幂分别等于反应方程式中各物质的系数），该常数称为化学平衡常数。

对于气相反应来说，在恒温恒压下，气体的分压与浓度成正比，此时可用平衡时各气体的分压代替浓度。若上述反应中 A、B、D、E 均为气体，以 p_A、p_B、p_D、p_E 分别表示各气体的平衡分压，则化学平衡常数可表示为：

$$K_p = \frac{p_D^d \cdot p_E^e}{p_A^a \cdot p_B^b} \qquad (5-5)$$

化学平衡常数是可逆反应进行程度的标志。K_c(K_p)值越大，表示平衡时生成物的浓度越大，正向反应的趋势越强，反之越弱。平衡常数只是温度的函数，而与浓度的变化无关。

(二)书写平衡常数应注意的事项

1. 平衡常数表达式中各物质的浓度，是平衡时各物质的浓度。

2. K 值的大小只与反应温度有关。温度不同，平衡常数也不相同。所以，可逆反应必须注明温度。

3. 平衡常数表达式与化学反应方程式相对应。化学方程式的书写形式不同，平衡常数表达式也不同。例如：

$$N_2O_4(g) \Longrightarrow 2NO_2(g) \qquad K_c = \frac{[NO_2]^2}{[N_2O_4]}$$

$$\frac{1}{2}N_2O_4(g) \Longrightarrow NO_2(g) \qquad K_c = \frac{[NO_2]}{[N_2O_4]^{\frac{1}{2}}}$$

4. 平衡常数表达式中，固态或纯液态物质的浓度视为常数。例如：

$$CaCO_3(s) \Longrightarrow CaO(s) + CO_2(g) \qquad K_c = [CO_2]$$

5. 在稀溶液中进行的反应，若反应中有水参加，水的浓度可以近似为常数，不写入平衡常数表达式中。例如：

$$Cr_2O_7^{2-} + H_2O \Longrightarrow 2CrO_4^{2-} + 2H^+ \qquad K_c = \frac{[CrO_4^{2-}]^2[H^+]^2}{[Cr_2O_7^{2-}]}$$

6. 对于非水溶液的反应，有水参加或有水生成，水的浓度应写入平衡常数表达式中。例如：$C_2H_5OH + CH_3COOH \Longrightarrow CH_3COOC_2H_5 + H_2O$

$$K_c = \frac{[CH_3COOC_2H_5][H_2O]}{[C_2H_5OH][CH_3COOH]}$$

(三)有关化学平衡的计算

1. 已知平衡浓度求平衡常数

【例 5-2】 某温度下，可逆反应 $CO(g) + H_2O(g) \Longrightarrow CO_2(g) + H_2(g)$ 达到平衡时，各物质的浓度分别为：$[CO] = 0.4\,mol/L$，$[H_2O] = 6.4\,mol/L$，$[CO_2] = 1.6\,mol/L$，$[H_2] = 1.6\,mol/L$，求此反应的平衡常数。

解： $\qquad CO(g) + H_2O(g) \Longrightarrow CO_2(g) + H_2(g)$

平衡浓度(mol/L) $\quad 0.4 \qquad 6.4 \qquad\quad 1.6 \qquad\quad 1.6$

由平衡常数表达式可得：$K_c = \dfrac{[CO_2][H_2]}{[CO][H_2O]} = \dfrac{1.6 \times 1.6}{0.4 \times 6.4} = 1$

答：此反应的平衡常数等于 1。

2. 已知平衡浓度求初始浓度

【例 5 - 3】 氨的合成反应 $N_2(g) + 3H_2(g) \rightleftharpoons 2NH_3(g)$。某温度下达到平衡时，测得各物质的浓度为：$[N_2] = 4mol/L$，$[H_2] = 1mol/L$，$[NH_3] = 2mol/L$(反应开始时 NH_3 的浓度为 0)，求反应开始时 N_2 和 H_2 的浓度？

解：设生成 2mol/L NH_3 需要消耗 N_2 和 H_2 的浓度分别为 $x$mol/L 和 $y$mol/L

$$N_2(g) + 3H_2(g) \rightleftharpoons 2NH_3(g)$$

$$\begin{array}{ccc} 1 & 3 & 2 \\ x & y & 2 \end{array}$$

所以，$1:2 = x:2$ $x = 1mol/L$

$3:2 = y:2$ $y = 3mol/L$

则开始时，$[N_2] = 4mol/L + 1mol/L = 5mol/L$；$[H_2] = 1mol/L + 3mol/L = 4mol/L$

答：开始时 N_2 和 H_2 的浓度分别为 5mol/L 和 4mol/L。

 课堂互动

> 写出可逆反应 $I_2 + H_2 \rightleftharpoons 2HI$ 的平衡常数表达式。

三、化学平衡的移动

化学平衡是在一定条件下相对的、暂时的平衡状态。如果外界条件(如浓度、压力、温度等)发生变化，正、逆向反应速率不再相等，原来的平衡将被破坏，反应体系中各物质的浓度发生变化。反应经过一段时间后，新的条件下又达到了新的平衡状态。这种由于反应条件的改变，使可逆反应从一种平衡状态向另一种平衡状态转变的过程，称为化学平衡的移动。

影响化学平衡的外界因素主要有浓度、压力和温度。

(一)浓度对化学平衡的影响

可逆反应达到平衡后，在其他条件不变的情况下，改变任何一种反应物或生成物的浓度，都会使正、逆反应速率不再相等，导致化学平衡发生移动。

【课堂实践 5 - 2】 在 50ml 小烧杯中，滴入 0.3mol/L 的 $FeCl_3$ 溶液、1mol/L KSCN 溶液各 5 滴，再加入 15ml 蒸馏水，搅拌均匀后分别装在 4 支试管中。第一支试管中加入 1 ~ 3 滴 1mol/L 的 $FeCl_3$ 溶液，第二支试管中加入 1 ~ 3 滴 1mol/L 的 KSCN 溶液，第三支试管加入少许 KCl 晶体。观察三支试管颜色的变化，并与第四支试管比较。

$$FeCl_3 + 6KSCN \rightleftharpoons K_3[Fe(SCN)_6](血红色) + 3KCl$$

由实验现象可知：第一、第二支试管中溶液的血红色加深，说明 $K_3[Fe(SCN)_6]$ 浓度增大；第三支试管颜色变浅，说明 $K_3[Fe(SCN)_6]$ 浓度减小。即增大反应物 $FeCl_3$ 和 KSCN 的浓度，化学平衡向正反应方向移动；增加生成物 KCl 的浓度，化学平衡向逆反应方向移动。

大量实验证明：在其他条件不变时，增大反应物浓度或减小生成物的浓度，化学平衡向着正反应的方向移动；增大生成物浓度或减小反应物的浓度，化学平衡向着逆反应方向移动。

在生产实践中，常采用增大反应物浓度（如加大低价原料的用量）或减小生成物浓度（即不断移走产物）的方法，以达到提高原料转化率的目的。

（二）压强对化学平衡的影响

可逆反应中，若反应前后气体的分子数不相等，在恒温下改变平衡体系的压强，气体反应物和生成物的浓度将会发生改变，导致化学平衡发生移动。平衡移动的方向，取决于反应前后气体分子总数的改变。例如：

$$2NO_2(g) \Longrightarrow N_2O_4(g)$$

反应前气体分子数为 2，反应后气体分子数为 1，压强增大一倍，则 NO_2 的浓度变为原来的 4 倍，N_2O_4 的浓度变为原来的 2 倍，正反应速率大于逆反应速率，平衡向正反应方向即气体分子数减少的方向移动。

根据大量的实验，可以得出结论：在其他条件不变时，增大压强，化学平衡向着气体分子数减少的方向移动；减小压强，化学平衡向着气体分子数增加的方向移动。

对于反应前后气体分子数相等的可逆反应，改变压强平衡不发生移动。例如：

$$H_2(g) + I_2(g) \Longrightarrow 2HI(g)$$

因为增大或减小压强对生成物和反应物产生的影响是相同的，所以平衡不发生移动。

压强对固体和液体的体积影响较小，所以只有固体和液体参加的可逆反应，改变压强平衡不发生移动。如果可逆反应中，既有气体物质又有固体、液体物质参加反应，根据反应前后气体分子数的变化，判断平衡移动的方向。例如：

$$CaCO_3(s) \Longrightarrow CaO(s) + CO_2(g)$$

反应中固体 $CaCO_3$ 和 CaO 的体积与压强无关，CO_2 气体的体积随压强的改变而变化。所以增加压强，平衡向逆反应方向移动；减小压强，平衡向正反应方向移动。

（三）温度对化学平衡的影响

化学反应总是伴随着热现象的发生。对于可逆反应，如果正向反应是放热反应，则逆向反应一定是吸热反应，而且放出的热量和吸收的热量相等。对于给定的可逆反应，放出热量的反应称为放热反应，用"＋"号表示；吸收热量的反应称为吸热反应，用"－"号表示。例如：

$$2NO_2(g) \Longrightarrow N_2O_4(g) + 56.9kJ$$

红棕色　　　无色

此反应正反应是放热反应，逆反应为吸热反应。

【课堂实践5-3】　在两个连通的烧瓶里均充满 NO_2 和 N_2O_4 的混合气体，用夹子夹住橡皮管，其中一个烧瓶浸入热水中，另一个浸入到冰水中，见图5-2。观察两只烧瓶中颜色的变化。

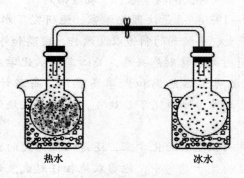

热水　　　　　　冰水

图5-2　温度对化学平衡的影响

实验结果显示：浸入热水中烧瓶气体的颜色加深，说明 NO_2 浓度增大，即升高温度平衡向着生成 NO_2 的方向（吸热方向）移动；浸入冰水中烧瓶气体的颜色变浅，说明 N_2O_4 浓度增大，即降低温度平衡向着生成 N_2O_4 的方向（放热方向）移动。

总结大量实验，得出如下结论：在其他条件不变时，升高温度，化学平衡向着吸热反应的方向移动；降低温度，化学平衡向着放热反应的方向移动。

课堂互动

1. 可逆反应 $2NO(g) + O_2(g) \rightleftharpoons 2NO_2(g)$ 达到平衡时，温度不变，增大压强，平衡怎样移动？

2. 可逆反应 $2CO(g) + O_2(g) \rightleftharpoons 2CO_2(g) + Q$ 达到平衡时，升高温度，平衡怎样移动？

根据浓度、压强、温度对化学平衡的影响，1884年法国科学家勒夏特列（LeChatelier）总结出一条规律：在其他条件不变的情况下，如果改变影响平衡的任一条件（如浓度、压强或温度），平衡向着减弱这种改变的方向移动。这个规律称为勒夏特列原理，又称平衡移动原理。

例如，在平衡体系中，升高温度，平衡向着能降低体系温度的方向移动，即吸热反应的方向移动；当降低温度时，平衡向着使体系温度升高的方向移动，即放热反应的方向移动。

勒夏特列原理只适用于已经达到平衡的体系，不适用非平衡体系。利用平衡移动原理，可以改变反应条件，使反应向着期望的方向进行。

催化剂对正、逆反应的影响程度相同。因此，对于可逆反应来说，催化剂不能破坏平衡状态，只能加快反应速率、缩短反应到达平衡状态所需要的时间。

知识链接

伟大的科学家——勒夏特列

勒夏特列(1850—1936 年)是法国化学家。他研究了水泥的煅烧和凝固、陶器和玻璃器皿的退火、磨蚀剂的制造以及燃料、玻璃和炸药的发展等问题。他对科学和工业之间的关系特别感兴趣,关心怎样从化学反应中得到最高的产率。勒夏特列还发明了热电偶和光学高温计,高温计可以顺利地测定 3000℃ 以上的高温。此外,他研究了乙炔气、发明了氧炔焰发生器,迄今还用于金属的切割和焊接。

勒夏特列不仅是一位杰出的化学家,还是一位伟大的爱国者。第一次世界大战发生时,法兰西处于危急中,他勇敢地担任起武装部长的职务,为保卫祖国而战斗。

本 章 小 结

化学反应速率

1. 化学反应速率:用单位时间内反应物浓度的减少量或生成物浓度的增加量来表示,符号为 v。

2. 影响反应速率的因素主要有:浓度、压强、温度和催化剂。

3. 有效碰撞:能够发生反应的碰撞;不发生反应的碰撞称为弹性碰撞。

4. 活化分子:具有较高能量并能发生有效碰撞的分子。

5. 活化能:$E_\alpha = E^* - E$

化学平衡

1. 可逆反应:同一反应条件下,既能向正方向又能向逆方向进行的反应。

2. 化学平衡:一定条件下,可逆反应的正、逆向反应速率相等,反应物和生成物的浓度不再随时间的改变而发生变化的状态。

3. 化学平衡的特点:动、等、定、变。

4. 平衡常数书写:$K_c(K_p)$。

5. 化学平衡的移动:改变反应条件,使可逆反应从一种平衡状态向另一种平衡状态转变的过程。

6. 影响化学平衡移动的条件:浓度、压强、温度。

7. 平衡移动原理:如果改变影响平衡的任一条件(如浓度、压强或温度),平衡向着减弱这种改变的方向移动(勒夏特勒原理)。

同 步 训 练

一、选择题

1. 决定化学反应速率的主要因素是(　　)

　　A. 物质的浓度　　　B. 反应温度　　　C. 催化剂　　　D. 反应物的结构、性质

2. 反应 $4A(s) + 3B(g) = 2C(g) + D(g)$，$2min$ 后 B 的浓度减小为 $0.6mol/L$。此反应速率不正确的是(　　)

　　A. v_A 是 $0.4mol/(L \cdot min)$　　　　B. $v_B : v_C : v_D$ 是 3:2:1

　　C. v_B 是 $0.3mol/(L \cdot min)$　　　　D. v_D 是 $0.2mol/(L \cdot min)$

3. 下列四种反应条件下，锌和盐酸反应速率最快的是(　　)

　　A. $20℃$时，将锌片放入 $0.01mol/L$ 的稀盐酸中

　　B. $20℃$时，将锌片放入 $0.1mol/L$ 的稀盐酸中

　　C. $50℃$时，将锌片放入 $0.01mol/L$ 的稀盐酸中

　　D. $50℃$时，将锌片放入 $0.1mol/L$ 的稀盐酸中

4. 药物在冰箱中保存，以防变质的原因是(　　)

　　A. 保持干燥　　　　　　　　　　B. 避免光照

　　C. 减少与空气接触　　　　　　　D. 降低反应速率

5. $CO + H_2O(气) \rightleftharpoons CO_2 + H_2 + Q$ 达到平衡时，使平衡向右移动，可采取的措施是(　　)

　　A. 增大 CO 的浓度　　　　　　　B. 升高反应温度

　　C. 使用催化剂　　　　　　　　　D. 增大压强

6. 可逆反应中加入催化剂能够(　　)

　　A. 使化学平衡移动　　　　　　　B. 缩短到达化学平衡所需的时间

　　C. 使平衡向右移动　　　　　　　D. 改变平衡时混合物的组成

7. 反应 $N_2 + 3H_2 \rightleftharpoons 2NH_3$ 达到平衡时，下列说法正确的是(　　)

　　A. N_2 和 H_2 不发生反应

　　B. N_2、H_2 和 NH_3 的浓度相等

　　C. N_2、H_2 和 NH_3 的浓度不发生改变

　　D. N_2、H_2 和 NH_3 的浓度之比为 1:2:3

8. 增大压强和降低温度均能使平衡向右移动的是(　　)

　　A. $C(固) + O_2 \rightleftharpoons CO_2 + Q$　　　　B. $2SO_2 + O_2 \rightleftharpoons 2SO_3 + Q$

　　C. $CO + H_2O(气) \rightleftharpoons CO_2 + H_2 + Q$　D. $N_2 + O_2 \rightleftharpoons 2NO - Q$

9. 在其他条件不变的情况下，下列反应达到平衡时增大压强对平衡无影响的是(　　)

　　A. $N_2 + 3H_2 \rightleftharpoons 2NH_3$　　　　　　B. $2SO_2 + O_2 \rightleftharpoons 2SO_3$

    C. $2NO_2 \Longrightarrow N_2O_4$ D. $N_2 + O_2 \Longrightarrow 2NO$

10. 木炭燃烧时，不能提高反应速率的是（　　　）

    A. 增大 O_2 浓度   B. 增大压强

    C. 增加木炭的质量   D. 将木炭粉碎

二、填空题

1. 化学反应速率通常用单位时间内_____或_____来表示。

2. 表示化学反应速率的单位有_____、_____和_____。

3. 影响化学反应速率的外界因素主要有_____、_____、_____和_____。

4. 实验证明，在其他条件不变的情况下，温度每升高 10℃，反应速率大约增大到原来的_____倍。

5. 在同一条件下，_____的化学反应叫做可逆反应。

6. 可逆反应中达到平衡时，_____相等，_____没有停止，因此，化学平衡是一种____平衡。

7. 影响化学平衡的因素主要有_____、_____和_____。

8. 在某温度时，反应 $2A \Longrightarrow B + C$ 达到了平衡

（1）若升高温度，平衡向右移动，则正反应是_____热反应；

（2）若增加或减少 C 物质，平衡不发生移动，则 C 物质是_____态；

（3）若 C 物质为气态，当增大平衡体系的压强，平衡向逆方向移动，则 A 为_____态。

9. 对于 $2NO_2$（红棕色）$\Longrightarrow N_2O_4$（无色）$+ Q$ 的平衡体系，升高温度，红棕色____，增大压强，红棕色_____。

10. 在其他条件不变时，升高温度，化学平衡向_____的方向移动；降低温度，化学平衡向_____的方向移动。

三、简答题

1. 若可逆反应 $CO_2 + C \Longrightarrow 2CO$ 升高温度，平衡向右移动，正反应是放热反应还是吸热反应？

2. 在合成氨 $N_2 + 3H_2 \Longrightarrow 2NH_3 - Q$ 的反应中，达到平衡时，采取哪些措施有利于氨的合成？

四、计算题

1. 在 $2A + B \Longrightarrow C$ 的反应里，反应开始时，A 的浓度为 $0.5mol/L$，4min 后降为 $0.1mol/L$，分别用 A 和 C 的浓度变化值表示此反应的反应速率。

2. 某温度下 $CO_2(g) + H_2(g) \Longrightarrow CO(g) + H_2O(g)$，反应开始时 $[CO_2] = 0.2mol/L$，$[H_2] = 0.5mol/L$，达到平衡时 $[CO_2] = 0.1mol/L$，求该温度下反应的平衡常数？

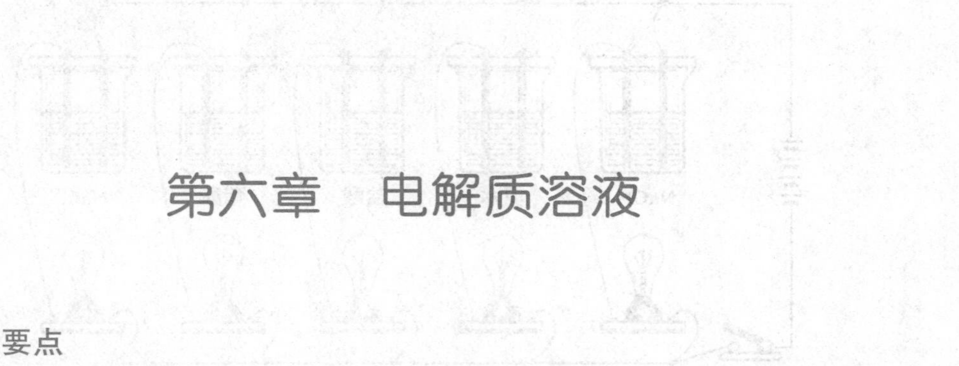

第六章 电解质溶液

知识要点

1. 电解质的分类，弱电解质的电离平衡，同离子效应。
2. 水的电离及离子积常数；溶液酸碱性与 $[H^+]$ 和 pH 的关系。
3. 离子反应的条件与离子方程式的书写。
4. 酸碱质子理论、盐类水解与盐溶液的酸碱性。
5. 缓冲溶液的组成及缓冲原理；缓冲溶液的配制。
6. 沉淀 - 溶解平衡、溶度积规则的应用。

电解质是一类重要的物质，广泛存在于日常生活、化学工业以及药物生产等领域，并与生命活动密切相关。人体内含有多种离子，如 Na^+、K^+、Ca^{2+}、Fe^{2+}、Cl^-、SO_4^{2-}、CO_3^{2-}、$H_2PO_4^-$ 等，它们共同构成体内的电解质溶液。这些离子在形成血浆晶体渗透压、维持酸碱平衡和肌肉神经的兴奋性等生理、生化方面起着重要作用，因此电解质溶液是医药专业学生不可缺少的基础知识。

第一节 弱电解质溶液

一、电解质的分类

在水溶液中或熔融状态下能够导电的化合物称为电解质。电解质的水溶液称为电解质溶液。无机化合物中的酸、碱、大部分盐都是电解质，但不同种类的电解质溶液导电能力不同。

【课堂实践 6 - 1】 如图 6 - 1 安装仪器，把等体积、等浓度(0.1mol/L)的盐酸、醋酸、氢氧化钠、氨水和氯化钠溶液分别倒入 5 个烧杯，接通电源。观察灯泡的明亮程度。

实验结果显示，连接醋酸、氨水电极上的灯泡比其他 3 个灯泡暗一些。可见体积和浓度相同，种类不同的酸、碱和盐导电能力不同。如盐酸、氢氧化钠和氯化钠溶液的导电能力强于醋酸和氨水溶液。

电解质溶液之所以能导电，是由于溶液里有自由移动的离子。溶液导电性强弱不同，说明溶液中所含的自由离子数目不同。单位体积内离子数目越多，溶液的导电能力

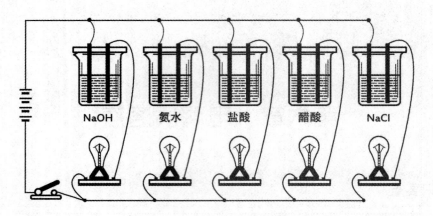

图 6 - 1   物质导电性实验

越强；离子数目越少，则导电能力越弱。溶液中离子数目的多少是由电解质的电离程度决定的。因此，根据电离程度的大小，电解质可以分为强电解质和弱电解质。

（一）强电解质

盐酸和氢氧化钠等溶液的导电能力较强，因为他们在水溶液中完全电离成离子，溶液中单位体积内的自由离子数目多。在水溶液里全部发生电离的电解质称为强电解质。强酸（如 HCl、H_2SO_4、HNO_3 等）、强碱（如 $NaOH$、KOH 等）和大部分的盐（如 $NaCl$、Na_2SO_4、KI 等）都是强电解质。

强电解质的电离是不可逆的，其电离方程式用"$=\!\!=$"表示。例如：

$$HCl =\!\!= H^+ + Cl^-$$
$$NaOH =\!\!= Na^+ + OH^-$$
$$NaCl =\!\!= Na^+ + Cl^-$$

（二）弱电解质

醋酸和氨水等电解质溶液的导电能力较弱，因为它们在水溶液中只有少数分子发生了电离，大部分仍以分子的形式存在，溶液中单位体积内的自由离子数目较少。在水溶液里只有部分发生电离的电解质称为弱电解质。弱酸（如 CH_3COOH、H_2CO_3 等）、弱碱（如 $NH_3 \cdot H_2O$ 等）和少数的盐（如 $HgCl_2$ 等）都是弱电解质。

在弱电解质溶液中，分子电离成离子的同时，离子又可以相互结合成分子。因此，弱电解质的电离过程是可逆的，电离方程式用"$\rightleftharpoons$"表示。例如：

$$CH_3COOH \rightleftharpoons CH_3COO^- + H^+$$
$$NH_3 \cdot H_2O \rightleftharpoons NH_4^+ + OH^-$$

如果弱电解质是多元弱酸，其电离分步进行。第一步电离程度较大，第二步减弱，并依次递减。例如 H_2CO_3 的电离分两步进行：

$$H_2CO_3 \rightleftharpoons HCO_3^- + H^+$$

$$HCO_3^- \Longrightarrow CO_3^{2-} + H^+$$

水是极弱的电解质，电离方程式如下：

$$H_2O \Longrightarrow H^+ + OH^-$$

课堂互动

下列说法正确吗？

1. 铜可以导电，所以铜是电解质。

2. 氯气溶于水，氯水溶液可以导电，所以氯气是电解质。

二、弱电解质的电离平衡

（一）电离平衡

醋酸是弱电解质，在水溶液中存在着电离平衡：

$$CH_3COOH \Longrightarrow CH_3COO^- + H^+$$

在一定条件下，当弱电解质电离进行到一定程度时，分子电离成离子的速率和离子重新结合成分子的速率相等时的状态称为电离平衡状态。电离平衡和其他化学平衡一样，是一种动态平衡，遵循化学平衡的原理。

（二）电离度

弱电解质在水溶液中存在着电离平衡，不同的物质其电离程度不同。平衡状态下，弱电解质电离程度的大小，用电离度表示。

在一定温度下，当弱电解质在溶液中达到电离平衡时，溶液中已电离的电解质分子数占电离前分子的总数称为电离度，用符号 α 表示。

$$\alpha = \frac{已电离的电解质分子数}{电解质分子总数} \times 100\% \qquad (6-1)$$

例如，25℃时，0.01mol/L 的醋酸溶液，每 10000 个醋酸分子中有 420 个分子发生了电离，此时醋酸的电离度是：

$$\alpha = \frac{420}{10000} \times 100\% = 4.20\%$$

表 6-1 列出了几种常见弱电解质的电离度。

表 6-1　几种常见弱电解质的电离度(25℃，0.1mol/L)

电解质	化学式	电离度(%)	电解质	化学式	电离度(%)
氢氰酸	HCN	0.01	氢硫酸	H_2S	0.07
醋酸	CH_3COOH	1.32	碳酸	H_2CO_3	0.17
氨水	$NH_3 \cdot H_2O$	1.33	磷酸	H_3PO_4	27

由表 6-1 可以看出，不同弱电解质的电离度大小不同，电离度越小，电解质越弱。因此，可以用电离度定量地表示弱电解质的相对强弱。一般来说，0.1mol/L 的溶液，电离度小于 5% 的电解质称为弱电解质。

弱电解质电离度的大小，主要取决于物质的本性，同时也与溶液的浓度和温度有关。同一种弱电解质，溶液浓度越小，电离度越大。因为溶液浓度越小，单位体积内的离子数目越少，离子重新结合成分子的机会越少，电离度就会增大。温度升高电离度增大。因为电离反应是吸热的，温度升高有利于电离反应进行，结果使弱电解质的电离度增大。所以，表示电离度时，应注明溶液的浓度和温度。常温下，不同浓度醋酸溶液的电离度见表 6-2。

表 6-2　不同浓度醋酸溶液的电离度(25℃)

浓度(mol/L)	0.2	0.1	0.02	0.01	0.001
电离度(%)	0.934	1.32	2.96	4.20	12.40

(三)电离常数

1. 电离常数　在一定温度下，弱电解质达到电离平衡时，已电离的各离子浓度幂的乘积与未电离的分子浓度之比是一个常数，此常数称为电离平衡常数，简称电离常数，用 K_i 表示。通常弱酸的电离常数用 K_a 表示，弱碱的电离常数用 K_b 表示。

例如醋酸的电离平衡如下：

$$CH_3COOH \rightleftharpoons CH_3COO^- + H^+$$

醋酸的电离常数为：

$$K_a = \frac{[H^+] \cdot [CH_3COO^-]}{[CH_3COOH]}$$

氨水的电离平衡如下：

$$NH_3 \cdot H_2O \rightleftharpoons NH_4^+ + OH^-$$

氨水的电离常数为：

$$K_b = \frac{[NH_4^+] \cdot [OH^-]}{[NH_3 \cdot H_2O]}$$

电离常数的大小表示了弱电解质电离程度的相对强弱。K_i 越大，物质越容易电离，溶液中离子数越多；K_i 越小，物质越难电离，溶液中离子数越少。常见弱电解质的电离常数见表 6-3。

多元弱酸的电离是分步进行的，电离常数分别用 K_{a1}、K_{a2}、K_{a3} 等表示。从表 6-3 中可以看出，多元弱酸的电离常数逐级减小，并且相差较大。一般情况下 $K_{a1} \gg K_{a2} \gg K_{a3}$。因此，多元弱酸的酸性主要由第一步电离决定。

电离平衡常数和化学平衡常数一样，只与温度有关，而与浓度无关。

2. 电离常数与电离度的关系　电离常数和电离度都可以用来比较弱电解质的相对强弱。下面以醋酸为例，讨论二者的关系。

表6-3 常见弱电解质的电离常数(25℃)

电解质	电离方程式	电离常数 K_i
氢氰酸	$HCN \rightleftharpoons CN^- + H^+$	$K_a = 4.93 \times 10^{-10}$
醋酸	$CH_3COOH \rightleftharpoons CH_3COO^- + H^+$	$K_a = 1.76 \times 10^{-5}$
碳酸	$H_2CO_3 \rightleftharpoons HCO_3^- + H^+$	$K_{a1} = 4.30 \times 10^{-7}$
	$HCO_3^- \rightleftharpoons CO_3^{2-} + H^+$	$K_{a2} = 5.61 \times 10^{-11}$
磷酸	$H_3PO_4 \rightleftharpoons H_2PO_4^- + H^+$	$K_{a1} = 7.52 \times 10^{-3}$
	$H_2PO_4^- \rightleftharpoons HPO_4^{2-} + H^+$	$K_{a2} = 6.23 \times 10^{-8}$
	$HPO_4^{2-} \rightleftharpoons PO_4^{3-} + H^+$	$K_{a3} = 2.2 \times 10^{-13}$
氨水	$NH_3 \cdot H_2O \rightleftharpoons NH_4^+ + OH^-$	$K_b = 1.76 \times 10^{-5}$

设醋酸的浓度为 c，电离度为 α。

$$CH_3COOH \rightleftharpoons CH_3COO^- + H^+$$

开始浓度(mol/L)　　　　 c　　　　　　 0　　　　　 0

平衡浓度(mol/L)　　 $c - c\alpha$　　　　 $c\alpha$　　　 $c\alpha$

$$K_a = \frac{[H^+] \cdot [CH_3COO^-]}{[CH_3COOH]} = \frac{c\alpha \cdot c\alpha}{c - c\alpha} = \frac{c\alpha^2}{1 - \alpha}$$

推广到一般弱电解质：

$$K_i = \frac{c\alpha^2}{1 - \alpha}$$

当 K_i 很小时，α 很小，$1 - \alpha \approx 1$，上式可写成：

$$K_i \approx c\alpha^2 \quad \text{或} \quad \alpha \approx \sqrt{\frac{K_i}{c}} \tag{6-2}$$

公式6-2表示了弱电解质电离常数、电离度和溶液浓度之间的关系。对于同一弱电解质，溶液浓度越小，电离度越大；对于相同浓度的不同弱电解质，电离常数越大，电离度也越大。

(四)同离子效应

【课堂实践6-2】 试管内加入2ml 0.1mol/L 的醋酸溶液和1滴甲基橙指示剂，摇匀后溶液呈红色。将红色溶液分装在两支试管，其中一支加入少许醋酸钠晶体，振荡使之溶解，另一支留作对照实验。观察二支试管内溶液的颜色。

实验表明，加入醋酸钠晶体的试管，溶液颜色由红色转变为黄色，说明溶液的酸性减弱。因为加入醋酸钠后，溶液中醋酸根离子浓度增大，醋酸的电离平衡逆向移动，导致电离度降低，溶液中氢离子浓度随之减小。这一过程表示如下：

　　　　　　 ⟵ 平衡移动方向

$$CH_3COOH \rightleftharpoons \boxed{CH_3COO^-} + H^+$$
$$CH_3COONa \Longrightarrow \boxed{CH_3COO^-} + Na^+$$

同理，向氨水中加入氯化铵晶体，增加了 NH_4^+ 的浓度，也会导致氨水的电离度降低。

在弱电解质溶液中，加入和弱电解质具有相同离子的强电解质，使弱电解质电离度降低的现象称为同离子效应。

弱电解质的电离平衡由于同离子效应而发生移动，导致电离度减小，但弱电解质的电离常数不变。同离子效应在药物分析中用来控制溶液中某种离子的浓度，还可用于指导缓冲溶液的配制。

 课堂互动

向醋酸溶液中分别加入醋酸钠和醋酸，醋酸的电离度如何变化？为什么？

第二节　水的电离和溶液的 pH 值

一、水的电离

用精密仪器测定发现，纯水具有极弱的导电能力，说明纯水是弱的电解质，可以电离出少量的 H^+ 和 OH^-。电离方程式如下：

$$H_2O \rightleftharpoons H^+ + OH^-$$

水的电离平衡常数为：

$$K_i = \frac{[H^+] \cdot [OH^-]}{[H_2O]}$$

水的电离极弱，电离平衡时 $[H_2O]$ 近似为常数，一定温度下 K_i 是常数，则 K_i 与 $[H_2O]$ 的乘积仍是常数，用 K_w 表示。上式表示为：

$$K_w = K_i \cdot [H_2O] = [H^+][OH^-]$$

K_w 称作水的离子积常数，简称水的离子积。在25℃，水电离达到平衡时，实验测得 H^+、OH^- 浓度都为 1.0×10^{-7} mol/L，则：

$$K_w = [H^+][OH^-] = 10^{-7} \times 10^{-7} = 1.0 \times 10^{-14} \tag{6-3}$$

常温下，水的离子积 1.0×10^{-14} 适用于纯水和任何稀的水溶液。K_w 随温度升高而增大。

二、溶液酸碱性与 pH 值

(一)溶液的酸碱性与 H^+ 浓度的关系

常温下，纯水中 $[H^+]$ 和 $[OH^-]$ 相等，都是 1.0×10^{-7} mol/L，所以纯水是中性的。向纯水中加入酸，$[H^+]$ 增大，水的电离平衡向左移动，达到平衡时 $[H^+] > [OH^-]$，溶液呈酸性；向纯水中加入碱，由于 $[OH^-]$ 增大，水的电离平衡向左移动，达到平衡时$[OH^-]>[H^+]$，溶液呈碱性。

常温下，溶液的酸碱性与$[H^+]$、$[OH^-]$的关系表示为：

$$中性溶液[H^+]=[OH^-]=1.0\times10^{-7}mol/L$$
$$酸性溶液[H^+]>1.0\times10^{-7}mol/L>[OH^-]$$
$$碱性溶液[OH^-]>1.0\times10^{-7}mol/L>[H^+]$$

由此可见，由于水存在着电离平衡，不论是中性、酸性还是碱性溶液，溶液中均含有H^+和OH^-，只是二者浓度的大小不同。H^+浓度越大，溶液的酸性越强；OH^-浓度越大，溶液的碱性越强。

（二）溶液酸碱性与 pH 值的关系

溶液的酸碱性可以用$[H^+]$表示，当$[H^+]$很小时，一般用 pH 表示。pH 是氢离子浓度的负对数。

$$pH=-\lg[H^+] \tag{6-4}$$

常温下，溶液的酸碱性与 pH 值的关系是：

$$中性溶液 pH=7$$
$$酸性溶液 pH<7$$
$$碱性溶液 pH>7$$

从上面的关系式可知，溶液$[H^+]$越大，pH 值越小，酸性越强；溶液$[H^+]$越小，pH 值越大，碱性越强。pH 值每相差一个单位，$[H^+]$相差 10 倍。常温下，$[H^+]$与 pH 值的关系见表 6-4。

表 6-4　25℃时溶液酸碱性与$[H^+]$、$[OH^-]$和 pH 值的关系

$[H^+]$mol/L	1	10^{-1}	10^{-3}	10^{-5}	10^{-7}	10^{-9}	10^{-11}	10^{-13}	10^{-14}
$[OH^-]$mol/L	10^{-14}	10^{-13}	10^{-11}	10^{-9}	10^{-7}	10^{-5}	10^{-3}	10^{-1}	1
pH 值	0	1	3	5	7	9	11	13	14
溶液酸碱性		← 酸性增强				中性		碱性增强 →	

【例 6-1】　计算常温下，0.01mol/L HCl 溶液的 pH 值。

解：盐酸的电离方程为：

$$HCl =\!\!= H^+ + Cl^-$$

溶液中$[H^+]=[HCl]=0.01mol/L$

$pH=-\lg[H^+]=-\lg(0.01)=2$

答：常温下 0.01mol/L HCl 溶液的 pH 值是 2。

【例 6-2】　计算常温下，0.1mol/L NaOH 溶液的 pH 值。

解：氢氧化钠的电离方程为：

$$NaOH =\!\!= Na^+ + OH^-$$

溶液中$[OH^-]=[NaOH]=0.1mol/L$，

$$[H^+]=\frac{K_w}{[OH^-]}=\frac{10^{-14}}{10^{-1}}=1.0\times10^{-13}(mol/L)$$

$$pH = -\lg[H^+] = -\lg(1.0 \times 10^{-13}) = 13$$

答：常温下 0.1mol/L NaOH 溶液的 pH 是 13。

【例 6 - 3】 常温下，某溶液[OH⁻]为10^{-4}mol/L，求该溶液的 pH 值，并判断溶液的酸碱性。

解：常温下，$K_w = 1.0 \times 10^{-14}$

所以：$[H^+] = \dfrac{K_w}{[OH^-]} = \dfrac{10^{-14}}{10^{-4}} = 1.0 \times 10^{-10}(mol/L)$

$$pH = -\lg[H^+] = -\lg(1.0 \times 10^{-10}) = 10 > 7$$

答：该溶液的 pH 值是 10，该溶液显碱性。

知识链接

正常人体几种体液和代谢产物的 pH 值

	唾液	成人胃液	婴儿胃液	血液	小肠液	尿液	泪水
pH 值	6.6~7.1	0.9~1.5	5.0	7.35~7.45	≈7.6	4.7~8.4	≈7.4

正常人体血液 pH 值总是维持在 7.35~7.45 之间，临床上将人体血液 pH <7.35 称为酸中毒，pH >7.45 称为碱中毒。无论出现酸中毒或碱中毒，都可能引起机体许多功能失调，甚至危及生命。

三、酸碱指示剂

能借助自身颜色的改变来指示溶液 pH 值的物质称为酸碱指示剂。酸碱指示剂通常是有机弱酸或弱碱，其分子和电离产生的离子具有不同的颜色，可以粗略地测定溶液的酸碱性。

向含有酸碱指示剂的溶液中加入酸或碱时，指示剂由一种颜色过渡到另一种颜色，此时溶液 pH 值的变化范围称作指示剂的变色范围。例如，向含有甲基橙指示剂的溶液中加酸，溶液由黄色经橙色变为红色，溶液的 pH 值由 4.4 变化至 3.1，则甲基橙的 pH 值变色范围是 3.1~4.4。指示剂为红色，说明溶液的 pH <3.1；指示剂为黄色，说明溶液 pH >4.4；指示剂为橙色，说明溶液 pH 值在 3.1~4.4 之间。常见酸碱指示剂的变色范围及颜色变化见表 6 -5。

表 6 -5 常见酸碱指示剂的变色范围

指示剂	变色范围(pH)	颜色变化	配制方法
酚酞	8.0~10.0	无色~红色	0.1% 的 90% 酒精溶液
石蕊	5.0~8.0	红色~蓝色	一般做试纸，不做试液
甲基橙	3.1~4.4	红色~黄色	0.05% 的水溶液
甲基红	4.4~6.2	红色~黄色	0.1% 的 60% 酒精溶液

续表

指示剂	变色范围(pH)	颜色变化	配制方法
溴麝香草酚蓝	6.2~7.6	黄色~蓝色	0.1%的20%酒精溶液
溴酚蓝	3.0~4.6	黄色~蓝紫色	0.1%的20%酒精溶液
中性红	6.8~8.0	红色~黄色	0.1%的60%酒精溶液
麝香草酚蓝	9.4~10.6	无色~蓝色	0.1%的90%酒精溶液

实际工作中，将几种指示剂按一定的比例进行混合，制成混合指示剂。混合指示剂在不同 pH 溶液中呈现不同的颜色。混合指示剂制成的试纸称作 pH 试纸。使用时将被测液滴在试纸上，显示的颜色与标准比色卡对照，即可测出溶液的 pH 值。如果要准确测定溶液的 pH 值，必须使用酸度计。

第三节　离子反应

一、离子反应方程式

电解质溶于水电离成离子，因此电解质在溶液中的反应实质上就是离子间的反应。在溶液中，有离子参与的反应称作离子反应。如硝酸银溶液与氯化钠溶液的反应：

$$AgNO_3 + NaCl = AgCl\downarrow + NaNO_3$$

$AgNO_3$、$NaCl$ 和 $NaNO_3$ 都是强电解质，在溶液中以离子形式存在；$AgCl$ 是难溶于水的物质，在溶液中以分子形式存在。上述方程式可写为：

$$Ag^+ + NO_3^- + Na^+ + Cl^- = AgCl\downarrow + Na^+ + NO_3^-$$

可以看出，反应前后 NO_3^- 和 Na^+ 不参与反应，可以省略不写，上式写为：

$$Ag^+ + Cl^- = AgCl\downarrow$$

$AgNO_3$ 与 $NaCl$ 溶液的反应，实际参加反应的是 Ag^+ 和 Cl^-。用实际参加反应离子的符号表示反应的式子称作离子方程式。上述反应表示可溶性银盐与含可溶性 Cl^- 物质的反应。

下面以 $BaCl_2$ 与 Na_2SO_4 溶液反应为例，说明书写离子方程式的步骤。

第一步，写出反应的化学方程式：

$$BaCl_2 + Na_2SO_4 = BaSO_4\downarrow + 2NaCl$$

第二步，易溶强电解质写成离子形式，弱电解质、单质、气体等写成分子形式：

$$Ba^{2+} + 2Cl^- + 2Na^+ + SO_4^{2-} = BaSO_4\downarrow + 2Na^+ + 2Cl^-$$

第三步，删去式子两边不参加反应的离子：

$$Ba^{2+} + SO_4^{2-} = BaSO_4\downarrow$$

第四步，检查方程式两边元素的个数和电荷数是否相等。

离子方程式与化学方程式不同，化学方程式表示一个具体的化学反应，离子方程式可以表示所有同一类型的离子反应。

二、离子反应的条件

电解质在溶液中的反应实际上是离子间的反应。离子反应发生的条件是生成气体、难溶物质以及弱电解质。

(一)生成气体

如盐酸与碳酸钠溶液的反应。

化学方程式为：$2HCl + Na_2CO_3 = 2NaCl + H_2O + CO_2\uparrow$

离子方程式为：$2H^+ + CO_3^{2-} = H_2O + CO_2\uparrow$

该离子方程式说明，可溶性酸与可溶性碳酸盐反应生成水和二氧化碳。

(二)生成难溶物质

以硝酸银与溴化钠溶液的反应为例。

化学方程式为：$AgNO_3 + NaBr = AgBr\downarrow + NaNO_3$

离子方程式为：$Ag^+ + Br^- = AgBr\downarrow$

该离子方程式说明，可溶性银盐与可溶性溴化物反应生成溴化银沉淀。

(三)生成弱电解质

以盐酸与氢氧化钠溶液的反应为例。

化学方程式为：$HCl + NaOH = NaCl + H_2O$

离子方程式为：$H^+ + OH^- = H_2O$

该离子方程式说明，可溶性强酸与可溶性强碱反应的实质是 H^+ 和 OH^- 结合生成 H_2O。

课堂互动

1. 写出下列反应的离子方程式，结果说明什么？
(1)硝酸银溶液和氯化钾溶液反应
(2)硝酸银溶液和盐酸溶液反应
2. 将氯化钾和硝酸钠溶液混合是否发生了反应？为什么？

第四节　酸碱质子理论及酸碱反应

人类对酸碱的认识，经历了一个由浅入深、由低级到高级的过程。科学家们对物质性质及其组成、结构关系的研究，提出了一系列的酸碱理论，主要有酸碱电离理论、酸碱质子理论及酸碱电子理论。本节主要介绍酸碱质子理论。

一、酸碱质子理论

酸碱质子理论认为：凡能给出质子（H^+）的物质都是酸；凡能接受质子的物质都是碱。例如，H_2O、NH_4^+、HCO_3^-、$H_2PO_4^-$、H_3O^+ 等都是酸，它们都能给出质子；而 Cl^-、H_2O、NH_3、CO_3^{2-}、$H_2PO_4^-$、OH^- 等都是碱，它们都能接受质子。

按照酸碱质子理论，酸和碱不是彼此孤立的，它们通过给出或接受质子相互转化。酸给出质子后变成碱，碱接受质子后变成酸。酸碱的这种相互依存、相互转化的关系称为共轭关系。例如：

$$酸 \Longrightarrow 碱 + 质子$$
$$H_2O \Longrightarrow OH^- + H^+$$
$$NH_4^+ \Longrightarrow NH_3 + H^+$$
$$HCO_3^- \Longrightarrow CO_3^{2-} + H^+$$
$$HCl \Longrightarrow Cl^- + H^+$$
$$H_3PO_4 \Longrightarrow H_2PO_4^- + H^+$$
$$H_2PO_4^- \Longrightarrow HPO_4^{2-} + H^+$$

这种组成上只相差一个质子的酸与碱称为共轭酸碱对。如 $HCl - Cl^-$、$H_2PO_4^- - H_3PO_4$ 为共轭酸碱对。从上述关系式中还可以看出，在酸碱质子理论中，酸和碱可以是分子，也可以是离子。有些物质既能给出质子，又能接受质子，这样的物质称为两性物质。如 H_2O、$H_2PO_4^-$ 等。酸碱质子理论中没有盐的概念。

酸越强，给出质子能力越强，则其共轭碱接受质子的能力越弱；酸越弱，给出质子能力越弱，则其共轭碱接受质子的能力越强。例如：

$$HCl \Longrightarrow Cl^- + H^+$$
$$H_2O \Longrightarrow OH^- + H^+$$

在 $HCl - Cl^-$、$H_2O - H^+$ 两对共轭酸碱对中，HCl 的酸性大于 H_2O 的酸性，则 Cl^- 的碱性一定小于 OH^- 的碱性。

物质酸碱性的强弱，不仅与其本性有关，也与溶剂的性质有关。例如，NH_3 在水溶液中是弱碱，以冰醋酸做溶剂时碱性大大增强。因为冰醋酸供给质子的能力大于水，NH_3 在冰醋酸中更容易接受质子。在药物分析中，对一些弱酸或弱碱性药物进行含量测定时，可以选择适当的溶剂，增强被测药物的酸碱性，从而使测定更加容易和准确。

 课堂互动

根据酸碱质子理论，下列物质哪些是酸？哪些是碱？哪些既是酸又是碱？

$HCl \quad OH^- \quad H_2S \quad HS^- \quad NH_3 \quad CO_3^{2-} \quad H_2O$

二、酸碱反应

根据酸碱质子理论，酸碱反应的实质是共轭酸碱之间质子的传递。例如，HCl 与

NH$_3$ 反应，HCl 给出质子后成为共轭碱 Cl$^-$；NH$_3$ 接受质子形成共轭酸 NH$_4^+$。

$$HCl + NH_3 = Cl^- + NH_4^+$$
$$\text{酸}_1 \quad \text{碱}_2 \quad \text{碱}_1 \quad \text{酸}_2$$

HCl 给出质子的能力比 NH$_4^+$ 强，即酸$_1$ > 酸$_2$，NH$_3$ 接受质子的能力强于 Cl$^-$，即碱$_2$ > 碱$_1$。酸碱反应总是强酸与强碱反应向着生成弱酸和弱碱的方向进行，所以上述反应从左向右进行，即 HCl 传递质子给 NH$_3$。

酸碱电离理论通俗易懂，而酸碱质子理论扩大了酸碱的范畴。在质子理论中，酸和碱既可以是分子，也可以是离子，摆脱了酸碱反应必须在水溶液中进行的局限性，使一些非水反应现象得到了解释。但质子理论必须有质子的给出和接受，无法解释没有质子交换的一类物质的反应。所以，该理论具有一定的局限性。

第五节 盐类的水解

一、不同类型盐水溶液的酸碱性

【课堂实践 6-3】将少量的醋酸钠、氯化铵、氯化钠、碳酸钠晶体分别放入 4 支试管中，加适量蒸馏水溶解。然后用 pH 试纸分别测定溶液的 pH 值。

实验结果表明：氯化钠溶液呈中性，醋酸钠、碳酸钠溶液呈碱性，氯化铵溶液呈酸性。

盐溶液为什么会表现出不同的酸碱性呢？这是因为盐在水溶液中发生电离，电离出的离子与水电离产生的 H$^+$ 或 OH$^-$ 结合生成弱酸或弱碱，破坏了水的电离平衡，改变了溶液中 H$^+$ 和 OH$^-$ 的浓度。

盐在水溶液里电离出的离子与水电离产生的 H$^+$ 或 OH$^-$ 结合，生成弱电解质的过程称为盐类的水解。由于组成盐的酸和碱强弱不同，因此，盐类水解的情况各不相同。

(一) 强碱弱酸盐

以 CH$_3$COONa 溶液为例说明强碱弱酸盐的水解过程。醋酸钠是 CH$_3$COOH(弱酸)和 NaOH(强碱)生成的盐，水解过程为：

$$CH_3COONa \Longrightarrow Na^+ + CH_3COO^-$$
$$+$$
$$H_2O \Longrightarrow OH^- + H^+$$
$$\Updownarrow$$
$$CH_3COOH$$

CH$_3$COONa 在水中电离出 Na$^+$ 和 CH$_3$COO$^-$，水电离出 H$^+$ 和 OH$^-$。H$^+$ 与 CH$_3$COO$^-$ 结合生成弱电解质 CH$_3$COOH，导致水的电离平衡向右移动，而 Na$^+$ 和 OH$^-$ 在溶液中并不结合，因此溶液中[OH$^-$] > [H$^+$]，醋酸钠溶液显碱性。

CH_3COONa 水解反应如下：

$$CH_3COONa + H_2O \Longrightarrow NaOH + CH_3COOH$$

CH_3COONa 水解反应的离子方程式为：

$$CH_3COO^- + H_2O \Longrightarrow OH^- + CH_3COOH$$

强碱弱酸盐都能发生水解，溶液显碱性。其水解作用的实质是弱酸根离子和水电离的 H^+ 结合，生成弱酸的反应。

(二)强酸弱碱盐

NH_4Cl 是盐酸和氨水(弱碱)生成的盐，水解过程为：

$$NH_4Cl \Longrightarrow NH_4^+ + Cl^-$$
$$+$$
$$H_2O \Longrightarrow OH^- + H^+$$
$$\Updownarrow$$
$$NH_3 \cdot H_2O$$

NH_4Cl 在水中电离出 NH_4^+ 和 Cl^-，NH_4^+ 和水电离的 OH^- 结合生成弱电解质 $NH_3 \cdot H_2O$，导致水的电离平衡向右移动，而 Cl^- 和 H^+ 在溶液中并不结合，因此溶液中 $[H^+] > [OH^-]$，氯化铵溶液显酸性。

NH_4Cl 水解反应如下：

$$NH_4Cl + H_2O \Longrightarrow NH_3 \cdot H_2O + HCl$$

NH_4Cl 水解反应的离子方程式为：

$$NH_4^+ + H_2O \Longrightarrow NH_3 \cdot H_2O + H^+$$

强酸弱碱盐发生水解，溶液显酸性。其水解作用的实质是弱碱离子和水电离出的 OH^- 结合，生成弱碱的反应。

(三)弱酸弱碱盐

CH_3COONH_4 是醋酸(弱酸)和氨水(弱碱)生成的盐，其水解过程为：

$$CH_3COONH_4 \Longrightarrow CH_3COO^- + NH_4^+$$
$$+ \qquad\qquad +$$
$$H_2O \Longrightarrow \quad H^+ \quad + \quad OH^-$$
$$\Updownarrow \qquad\qquad \Updownarrow$$
$$CH_3COO \qquad NH_3 \cdot H_2O$$

CH_3COONH_4 在水中电离出 NH_4^+ 和 CH_3COO^-，他们分别与水电离的 H^+、OH^- 结合生成弱电解质 CH_3COOH 和 $NH_3 \cdot H_2O$，使水的电离平衡强烈向右移动。所以弱酸弱碱盐的水解程度要大于前两种盐的水解。

CH_3COONH_4 水解反应如下：

$$CH_3COONH_4 + H_2O \Longrightarrow CH_3COOH + NH_3 \cdot H_2O$$

CH_3COONH_4 水解反应的离子方程式为：

$$CH_3COO^- + NH_4^+ + H_2O \Longrightarrow CH_3COOH + NH_3 \cdot H_2O$$

此类盐溶液的酸碱性，由组成盐的弱酸（K_a）和弱碱（K_b）的相对强度所决定。

若 $K_a > K_b$ 时，溶液中 $[H^+] > [OH^-]$，溶液显酸性，如 NH_4SCN 的水解。

若 $K_a < K_b$ 时，溶液中 $[OH^-] > [H^+]$，溶液显碱性，如 $(NH_4)_2S$ 的水解。

若 $K_a = K_b$ 时，溶液中 $[H^+] = [OH^-]$，溶液显中性，如 CH_3COONH_4 的水解。

NaCl 是强酸强碱形成的盐，NaCl 电离产生的 Na^+、Cl^- 不能与水电离的 OH^-、H^+ 生成弱的电解质，不影响水的电离平衡，溶液显中性。因此，强酸强碱组成的盐，不发生水解。

 课堂互动

> 说出下列盐溶液的酸碱性：
> 硫酸钾、硝酸铵、硫化钠

三、影响盐类水解的因素

盐类水解程度的大小，主要由盐的本性决定，但温度、浓度等外界因素也有很大的影响。

（一）温度的影响

盐类水解反应是中和反应的逆反应。中和反应是放热的，则水解反应需吸收热量，因此，升高温度可以促进水解反应的进行。例如，热的纯碱溶液去油污的效果更好。

（二）浓度的影响

例如 CH_3COONa 的水解：

$$CH_3COO^- + H_2O \Longrightarrow OH^- + CH_3COOH$$

加水稀释，增大了 H_2O 的浓度，平衡向右移动，水解程度增大。所以稀释可促进水解。

（三）溶液酸碱度的影响

盐的水解能改变溶液的酸碱性，因此，调节溶液酸度可以控制水解。例如，$FeCl_3$ 的水解反应为：

$$FeCl_3 + 3H_2O \Longrightarrow Fe(OH)_3 + 3HCl$$

因此，实验室配制 $FeCl_3$ 溶液时，先用稀盐酸溶解晶体，然后加水稀释至所需浓度，这样可以阻止 $FeCl_3$ 的水解。

　　盐类水解在日常生活和医药卫生方面有着重要作用。例如，$KAl(SO_4)_2 \cdot 12H_2O$（明矾）可以净化水，由于明矾水解生成了 $Al(OH)_3$ 胶体能吸附杂质，从而使浑浊的水变澄清；临床上纠正酸中毒用乳酸钠、纠正碱中毒用氯化铵，因为他们水解后使溶液分别显碱性和酸性。

　　盐类水解也会带来不利影响。例如，一些药物受潮后容易发生水解，导致药物变质或失效，通常做成片剂或胶囊、制成粉针剂等，通过改变剂型以防止水解。保存易水解的药物应该注意密封和防潮。

知识链接

延缓药物水解的方法

　　(1)调 pH 值：药物一般具有一个最稳定的 pH 值，只要选用适当的缓冲液，使药液维持在最稳定的 pH 值范围内，就能延缓药物的水解。

　　(2)改变溶剂：在水中不稳定的药物，可采用乙醇、丙二醇、甘油等极性较小的溶剂，减缓药物的水解。

　　(3)制成干燥的固体制剂：能发生水解反应的药物，将药物制成粉针剂、干糖浆、颗粒剂、胶囊、片剂等干燥的固体制剂，则不易水解。

　　(4)防潮包装：包装与贮藏过程中，严密防水与防潮，可防止水解。

第六节　缓冲溶液

　　生物体在代谢过程中不断产生酸和碱，但是人体内各种体液仍能维持正常的 pH 在一定范围内。例如，人体血液的 pH 在 7.35~7.45 之间，如果长期偏离此范围，机体会出现酸中毒或碱中毒，导致许多功能失调，严重时还会危及生命。人体体液或血液 pH 能够恒定，因为存在着特殊的缓冲溶液。

　　像人体血液这样能抵抗外来少量的强酸、强碱或稍加稀释，而保持 pH 值基本不变的溶液称作缓冲溶液。缓冲溶液能抵抗少量强酸、强碱及稀释的作用称作缓冲作用。

一、缓冲溶液的组成及原理

(一)缓冲溶液的组成

　　缓冲溶液具有缓冲作用，因为溶液中含有抗酸和抗碱成分。抗酸成分与抗碱成分在组成上只相差一个质子，属于共轭酸碱对。抗酸成分与抗碱成分也被称为缓冲对或缓冲体系。缓冲溶液主要有以下三种类型：

1. 弱酸及其盐　例如 $CH_3COOH - CH_3COONa$、$H_2CO_3 - NaHCO_3$ 缓冲对。其中弱酸 CH_3COOH 和 H_2CO_3 是抗碱成分，CH_3COONa 和 $NaHCO_3$ 是抗酸成分。

2. 弱碱及其盐　例如 $NH_3 \cdot H_2O - NH_4Cl$ 缓冲对，弱碱 $NH_3 \cdot H_2O$ 是抗酸成分，NH_4Cl 是抗碱成分。

3. 多元酸的酸式盐及其次级盐　例如 $NaHCO_3 - Na_2CO_3$、$KH_2PO_4 - K_2HPO_4$、$Na_2HPO_4 - Na_3PO_4$ 缓冲对，多元酸的酸式盐 $NaHCO_3$、KH_2PO_4 和 Na_2HPO_4 是抗碱成分，多元酸的次级盐 Na_2CO_3、K_2HPO_4 及 Na_3PO_4 是抗酸成分。

（二）缓冲作用原理

以 $CH_3COOH - CH_3COONa$ 溶液为例，说明缓冲作用原理。醋酸与醋酸钠缓冲溶液的电离方程为：

$$CH_3COOH \Longrightarrow CH_3COO^- + H^+$$
$$CH_3COONa \Longrightarrow CH_3COO^- + Na^+$$

从电离方程式可以看出，溶液中存在大量的醋酸分子和醋酸根离子。

向溶液中加入少量强酸，CH_3COO^- 与外加的 H^+ 结合生成 CH_3COOH，醋酸电离平衡向左移动。达到平衡时，溶液中 CH_3COOH 浓度略有增加，CH_3COO^- 浓度略有减少，而 H^+ 浓度几乎没有增加，所以溶液的 pH 值几乎不变。

$$CH_3COO^- + H^+（外加）\Longrightarrow CH_3COOH$$

溶液中 CH_3COO^- 抵抗了外加的酸，而 CH_3COO^- 主要来源于 CH_3COONa，所以醋酸钠是抗酸成分。

同样，向溶液中加入少量的强碱时，溶液中 CH_3COOH 电离的 H^+ 与外加 OH^- 结合生成 H_2O，醋酸的电离平衡向右移动。达到平衡时，溶液中 CH_3COOH 浓度略有减少，CH_3COO^- 浓度略有增加，而 OH^- 浓度几乎没有增加。所以溶液的 pH 值几乎不变。

$$CH_3COOH + OH^-（外加）\Longrightarrow H_2O + CH_3COO^-$$

溶液中 CH_3COOH 起了抵抗外加强碱的作用，所以，醋酸是抗碱成分。

由此可见，由弱酸及其盐组成的混合溶液具有缓冲作用。其他缓冲溶液的作用与此类似。按照酸碱质子理论，缓冲溶液由共轭酸碱对组成，共轭酸是抗碱成分，共轭碱是抗酸成分。

必须指出，当加入大量的强酸或强碱时，缓冲溶液中的抗酸成分或抗碱成分耗尽，电离平衡被破坏，溶液将失去缓冲作用，pH 值发生变化。所以缓冲溶液的缓冲范围是有限度的。

知识链接

人体内的重要缓冲对

生命活动不断产生酸性和碱性物质，人体血液 pH 值却可保持在 7.35 ～ 7.45 之间，重要原因是人体内含有多种缓冲溶液。人体血液中存在的缓冲对主要有

$$H_2CO_3 - HCO_3^-、H_2PO_4^- - HPO_4^{2-}$$

当机体代谢产生的酸性物质进入血液时，HCO_3^- 与 H^+ 结合生成 H_2CO_3。H_2CO_3 不稳定，分解放出 CO_2 和 H_2O，CO_2 由肺排出；当代谢产生的碱性物质进入血液时，多余的 OH^- 与 H_2CO_3 电离出的 H^+ 结合生成 H_2O。所以，机体摄入少量酸碱后，血液的 pH 值不会发生改变。

机体通过肾脏调节血液中 HCO_3^- 的浓度，通过肺脏调节 H_2CO_3 的浓度。在血液中多种缓冲对的缓冲作用和肺、肾的生理调节下，正常人的血液 pH 值维持 7.35 ～ 7.45。

二、缓冲溶液的配制

实际工作中需要配制一定 pH 值的缓冲溶液，一般配制原则和步骤如下：

1. **组成的缓冲对性质稳定** 组成缓冲对的物质性质稳定，无毒，不参与化学反应。

2. **选择合适的缓冲对** 对配制缓冲溶液的 pH 值在所选缓冲对的缓冲范围（$pH = pK_a \pm 1$）内，并尽量接近 pK_a，这样配制的溶液具有较大的缓冲容量。如配制 pH=5 的缓冲溶液，可选择 $pK_a = 4.75$ 的 $CH_3COOH - CH_3COONa$ 缓冲对；配制 pH=7 的缓冲溶液时，可选择 $pK_a = 7.21$ 的 $KH_2PO_4 - K_2HPO_4$ 缓冲对。

3. **选择适当的浓度** 缓冲溶液的总浓度越大，抗酸抗碱成分越多，缓冲能力越强，但浓度过高会造成浪费。所以，实际工作中，总浓度一般控制在 0.05 ～ 0.50mol/L 之间。

4. **计算缓冲对共轭酸和共轭碱的量** 为了使计算和配制方便，使用相同浓度的共轭酸和共轭碱，按公式 $pH = pK_a + \lg \dfrac{V_{碱}}{V_{酸}}$ 进行计算。根据计算，取一定体积的共轭酸和共轭碱进行混合，即可得到所需的缓冲溶液。

上述方法计算和配制的缓冲溶液的 pH 值与实际测定值略有差异，因为计算公式忽略了溶液中离子、分子间的相互作用。需要准确配制缓冲溶液时，按上述步骤配好后，再用酸度计加以校正。

课堂互动

1. 分析组成为 $KH_2PO_4 - K_2HPO_4$ 的缓冲溶液的缓冲原理。

2. 缓冲溶液加入少量的水，为什么 pH 值几乎不变？

第七节 难溶强电解质的沉淀 – 溶解平衡

从前面学过的知识所知，溶解度和电离度是两个不同的概念。溶解度大的物质，电离度不一定大。如醋酸、氨水等物质的溶解度大，但电离度小，这类物质称为易溶的弱电解质，其溶液存在电离平衡；氯化钠、盐酸、氢氧化钠等物质溶解度、电离度都较大，这类物质称为易溶强电解质；氯化银、碳酸钙等物质的溶解度很小，但电离度很大，所溶解的部分完全电离，这类物质称为难溶的强电解质，溶液中存在沉淀 – 溶解平衡。

一、溶度积常数

在一定温度下，用难溶电解质 AgCl 配成饱和水溶液，少量溶解的 AgCl 电离生成了 Ag^+ 和 Cl^-，同时溶液中部分 Ag^+ 和 Cl^- 又结合生成 AgCl 沉淀析出。当沉淀溶解的速率和生成速率相等时，形成了 AgCl 饱和溶液，这种平衡称为沉淀 – 溶解平衡。

$$AgCl_{(固)} \rightleftharpoons Ag^+ + Cl^-$$

根据平衡原理，其平衡常数表达式为：

$$K = \frac{[Ag^+] \cdot [Cl^-]}{[AgCl_{(固)}]} \qquad 或 \qquad K \cdot [AgCl_{(固)}] = [Ag^+] \cdot [Cl^-]$$

一定温度下，K 是常数，AgCl 是固体，$[AgCl_{(固)}]$ 也可以看作常数。所以 K 与 $[AgCl_{(固)}]$ 的乘积也为常数，用 K_{sp} 表示。

$$K_{sp} = [Ag^+] \cdot [Cl^-]$$

K_{sp} 表示难溶强电解质饱和溶液中，一定温度下，离子浓度幂的乘积是一个常数，称为难溶强电解质的溶度积常数，简称溶度积。

如果难溶强电解质的沉淀 – 溶解平衡方程式中，离子前面有系数，则 K_{sp} 表达式中离子浓度的幂指数就是相应的系数。如：

$$Ag_2CrO_{4(固)} \rightleftharpoons 2Ag^+ + CrO_4^{2-} \qquad\qquad K_{sp\ Ag_2CrO_4} = [Ag^+]^2 \cdot [CrO_4^{2-}]$$

$$PbCl_{2\ (固)} \rightleftharpoons Pb^{2+} + 2Cl^- \qquad\qquad K_{sp\ PbCl_2} = [Pb^{2+}] \cdot [Cl^-]^2$$

$$Fe(OH)_{3\ (固)} \rightleftharpoons Fe^{3+} + 3OH^- \qquad\qquad K_{sp\ Fe(OH)_3} = [Fe^{3+}] \cdot [OH^-]^3$$

对于难溶电解质 A_mB_n 类型，沉淀 – 溶解平衡方程式为：

$$A_mB_{n(固)} \rightleftharpoons mA^{n+} + nB^{m-}$$

溶度积表达式为：$K_{sp\ A_mB_n} = [A^{n+}]^m \cdot [B^{m-}]^n$

一些常见难溶强电解质的溶度积常数见表 6 – 6。

表 6 – 6   一些常见难溶强电解质的溶度积常数(25℃)

名称	化学式	K_{sp}	名称	化学式	K_{sp}
氯化银	AgCl	1.77×10^{-10}	碳酸钙	$CaCO_3$	4.96×10^{-9}
溴化银	AgBr	5.35×10^{-13}	草酸钙	CaC_2O_4	1.46×10^{-10}
碘化银	AgI	8.51×10^{-17}	硫酸钡	$BaSO_4$	1.07×10^{-10}
铬酸银	Ag_2CrO_4	1.12×10^{-12}	碳酸钡	$BaCO_3$	2.58×10^{-9}

二、溶度积规则

难溶强电解质达到沉淀－溶解平衡时，溶液中离子浓度幂的乘积用溶度积 K_{sp} 表示；在任意状态下有关离子浓度幂的乘积用 Q 表示，称为离子积。例如，AgCl 溶液的离子积 $Q_{AgCl} = C_{Ag^+} \cdot C_{Cl^-}$。

溶度积 K_{sp} 与离子积 Q 的表达式相似，但二者的含义不同。K_{sp} 表示难溶强电解质溶液，达到沉淀－溶解平衡时，溶液中离子浓度幂的乘积，此时形成了饱和溶液。一定温度下 K_{sp} 是常数；Q 表示在任意状态下，溶液中离子浓度幂的乘积，它没有固定的值，随着溶液中离子浓度的变化而变化。K_{sp} 是 Q 的一个特例，当溶液处于饱和状态时，K_{sp} 与 Q 才相等。难溶强电解质溶液的 Q 与 K_{sp} 之间有以下三种关系。

$Q = K_{sp}$，无沉淀析出，溶液处于饱和状态，沉淀与溶解达到动态平衡。

$Q < K_{sp}$，无沉淀析出，溶液处于不饱和状态，可以继续溶解固体。

$Q > K_{sp}$，有沉淀析出，溶液处于过饱和状态，不稳定直至溶液达到饱和。

以上三条称为溶度积规则，它是难溶强电解质溶液平衡移动规律的总结，也是判断沉淀生成或溶解的依据。

特别指出，根据计算结果 $Q > K_{sp}$，理论上有沉淀析出，但实验时，因为有过饱和现象或沉淀极少，肉眼难以观察到沉淀。另外，过量的沉淀剂若能形成配合物，也没有沉淀生成。例如，在硝酸银溶液中加入过量的氨水，AgOH 沉淀溶解生成配合物：

$$AgNO_3 + 2NH_3 \cdot H_2O \Longrightarrow [Ag(NH_3)_2]NO_3 + 2H_2O$$

三、沉淀的生成与溶解

（一）沉淀的生成

根据溶度积规则，难溶强电解质溶液中，若满足 $Q > K_{sp}$ 的条件，则有沉淀生成。

【例6－4】 将 0.002mol/L 的 $BaCl_2$ 溶液和 0.0004mol/L 的 Na_2SO_4 溶液等体积混合，有无 $BaSO_4$ 沉淀？

解：两溶液等体积混合后，离子浓度均为原浓度的一半。

则：

$$C_{Ba^{2+}} = \frac{0.002}{2} = 0.001(mol/L)$$

$$C_{SO_4^{2-}} = \frac{0.0004}{2} = 0.0002(mol/L)$$

$$BaSO_{4(固)} \Longrightarrow Ba^{2+} + SO_4^{2-}$$

$$Q = C_{Ba^{2+}} \cdot C_{SO_4^{2-}} = 0.001 \times 0.0002 = 2.0 \times 10^{-7}$$

查表可知：$BaSO_4$ 的 $K_{sp} = 1.07 \times 10^{-10}$

因为 $Q > K_{sp}$，所以有 $BaSO_4$ 沉淀生成。

【例6－5】 在含有 0.1mol/L 的 Cl^-、Br^-、I^- 的混合液中，逐滴加入 $AgNO_3$ 溶液，哪种离子先沉淀析出？

解：查表可知 $K_{\text{sp AgCl}} = [Ag^+] \cdot [Cl^-] = 1.77 \times 10^{-10}$

$$K_{\text{sp AgBr}} = [Ag^+] \cdot [Br^-] = 5.35 \times 10^{-13}$$

$$K_{\text{sp AgI}} = [Ag^+] \cdot [I^-] = 8.51 \times 10^{-17}$$

则 Cl^- 析出沉淀所需银离子的最低浓度为：

$$[Ag^+_{(Cl^-)}] = \frac{K_{\text{sp AgCl}}}{[Cl^-]} = \frac{1.77 \times 10^{-10}}{0.1} = 1.77 \times 10^{-9}(\text{mol/L})$$

Br^- 析出沉淀所需银离子的最低浓度为：

$$[Ag^+_{(Br^-)}] = \frac{K_{\text{sp AgBr}}}{[Br^-]} = \frac{5.35 \times 10^{-13}}{0.1} = 5.35 \times 10^{-12}(\text{mol/L})$$

I^- 析出沉淀所需银离子的最低浓度为：

$$[Ag^+_{(I)}] = \frac{K_{\text{sp AgI}}}{[I^-]} = \frac{8.51 \times 10^{-17}}{0.1} = 8.51 \times 10^{-16}(\text{mol/L})$$

通过计算可知，生成 AgI 沉淀所需银离子浓度最低，所以 I^- 先沉淀析出，其次是 Br^-，最后是 Cl^-。这种加入同一种沉淀剂，离子先后沉淀的作用称为分步沉淀。

(二)沉淀的溶解

根据溶度积规则，使难溶强电解质沉淀溶解的条件是 $Q < K_{\text{sp}}$。因此，设法降低溶液中有关离子浓度使 $Q < K_{\text{sp}}$，反应向着沉淀溶解的方向进行。常用的方法有以下三种。

1. 生成弱电解质　在难溶强电解质溶液中，加入适当的物质，生成水、弱酸或弱碱等弱电解质，可以使沉淀溶解。例如 $Mg(OH)_2$ 沉淀可溶于盐酸或铵盐中。

$Mg(OH)_2$ 与盐酸的反应：

$$Mg(OH)_{2(\text{固})} \Longrightarrow Mg^{2+} + 2OH^-$$
$$+$$
$$2HCl \Longrightarrow 2Cl^- + 2H^+$$
$$\Updownarrow$$
$$2H_2O$$

氢氧化镁与氯化铵的反应：

$$Mg(OH)_{2(\text{固})} \Longrightarrow Mg^{2+} + 2OH^-$$
$$+$$
$$2NH_4Cl \Longrightarrow 2Cl^- + 2NH_4^+$$
$$\Updownarrow$$
$$2NH_3 \cdot H_2O$$

由于生成了弱电解质 $NH_3 \cdot N_2O$，降低了 OH^- 离子的浓度，使得 $Q < K_{\text{sp}}$，平衡向右移动。只要加入足够量的盐酸或铵盐，$Mg(OH)_2$ 沉淀就可以全部溶解。

2. 发生氧化还原反应　加入氧化剂或还原剂，与溶液中的离子发生氧化还原反应，降低了离子的浓度，使得 $Q < K_{\text{sp}}$，沉淀将溶解。如稀硝酸可溶解 CuS 沉淀。

$$3CuS + 8HNO_3 \Longrightarrow 3Cu(NO_3)_2 + 3S\downarrow + 2NO\uparrow + 4H_2O$$

3. 生成配合物 加入适当的物质，与溶液中的金属离子生成稳定配合物，降低离子的浓度，使得 $Q < K_{sp}$，沉淀将溶解。

$$AgCl_{(固)} \Longrightarrow Ag^+ + Cl^-$$
$$+$$
$$2NH_3$$
$$\Updownarrow$$
$$[Ag(NH_3)_2]^+$$

（三）沉淀的转化

向含有沉淀的溶液里加入适当的试剂，使原有的沉淀溶解，同时生成另一种更难溶的沉淀，这个过程称为沉淀的转化。例如，在含有 AgCl 沉淀的溶液中，逐滴加入 KI 溶液，可以观察到白色 AgCl 沉淀转化为黄色的 AgI 沉淀。

$$AgCl_{(固)} \Longrightarrow Ag^+ + Cl^-$$
$$+$$
$$KI \Longrightarrow I^- + K^+$$
$$\Updownarrow$$
$$AgI\downarrow$$

沉淀转化是有条件的，一般是溶解度大的沉淀转化为溶解度小的沉淀。

溶度积规则在物质的分离和药物分析中有着重要的用途。比如分析药物含量时，常常把药物配成溶液，再加适当的试剂使其有效成分产生沉淀，分离沉淀，称重，通过一定的方法换算，即可知道药物有效成分的含量。其操作原理和注意事项都与溶度积规则有关。

> **知识链接**
>
> ### 含氟牙膏可以预防龋齿
>
> 牙齿中的钙和磷以羟基磷酸钙 $Ca_5(PO_4)_3OH$ 的形式存在，其沉淀-溶解平衡为：
> $$Ca_5(PO_4)_3OH_{(s)} \Longrightarrow 5Ca^{2+} + 3PO_4^{3-} + OH^-$$
> 糖会使唾液显酸性，因此糖吃多了易患龋齿。使用含氟牙膏可有效预防龋齿，使牙齿更坚固。因为含氟牙膏能使 $Ca_5(PO_4)_3OH$ 转化为更难溶的氟磷灰石，增强了牙齿抵抗酸性食物侵蚀的能力。
> $$5Ca^{2+} + 3PO_4^{3-} + F^- \Longrightarrow Ca_5(PO_4)_3F\downarrow$$

本 章 小 结

弱电解质溶液

1. 电解质的分类：强电解质(强酸、强碱和大部分盐)和弱电解质(弱酸弱碱、水及少部分的盐)

2. 弱电解质的电离平衡：电离常数与电离度的关系为 $K_i \approx C_{a2}$。

3. 同离子效应：同离子效应使弱电解质电离度降低。

水的电离及溶液的 pH 值

1. 水的电离：常温下水的离子积 $K_w = [H^+][OH^-] = 1.0 \times 10^{-14}$。

2. 溶液的酸碱性与 pH 值：中性溶液 $[H^+] = [OH^-]$，pH = 7；酸性溶液，$[H^+] > [OH^-]$，pH < 7；碱性溶液，$[OH^-] > [H^+]$，pH > 7。

3. 酸碱指示剂通过自身颜色的改变来指示溶液的酸碱性。

离子反应

1. 离子方程式：用实际参加反应离子的符号来表示离子反应的式子。它表示一类物质的反应。

2. 离子反应的条件：有气体、难溶物质或弱电解质的生成。

酸碱质子理论

1. 酸碱质子理论：给出质子(H^+)的物质是酸；接受质子的物质是碱。

2. 酸碱反应：酸碱反应的实质是共轭酸碱之间质子的传递。

盐类的水解

1. 盐类水解：盐中的离子与水中 H^+ 或 OH^- 结合生成弱电解质的过程。

2. 影响盐类水解的因素：温度、浓度、溶液酸碱度都会影响盐类水解。

缓冲溶液

1. 缓冲溶液：能对抗少量强酸、强碱或水的稀释，而保持溶液 pH 值基本不变的溶液。

2. 缓冲溶液的类型：弱酸及其盐、弱碱及其盐、多元酸及次级盐。

3. 缓冲作用原理：缓冲溶液含有抗酸和抗碱成分，他们属于共轭酸碱对。

4. 缓冲溶液的配制：缓冲溶液的 pH 值在所选缓冲对的缓冲范围($pH = pK_a \pm 1$)内，浓度一般控制在 0.05 ~ 0.50mol/L；根据 $pH = pK_a + \lg \dfrac{V_{酸}}{V_{碱}}$ 计算所需共轭酸、碱的量。

沉淀 - 溶解平衡

1. 沉淀 - 溶解平衡：溶度积常数 K_{sp} 表示在难溶强电解质饱和溶液中，有关离子浓度幂的乘积在一定温度下是常数。

2. 溶度积规则：$Q = K_{sp}$，是饱和溶液，动态平衡；$Q < K_{sp}$，是不饱和溶液，无沉淀析出；$Q > K_{sp}$，是过饱和溶液，会有沉淀析出。

同 步 训 练

一、选择题

1. 下列各组物质中全部是弱电解质的是(　　)
   A. 盐酸、醋酸、氨水　　　　　　B. 碳酸、醋酸、氨水
   C. 氢氧化钠、氨水、氯化钠　　　D. 水、氢硫酸、硝酸银

2. $CH_3COOH - CH_3COONa$ 缓冲溶液中的抗碱成分是(　　)
   A. H^+　　　　　B. CH_3COOH　　　　　C. Na^+　　　　　D. CH_3COONa

3. 向醋酸溶液中加入(　　)能产生同离子效应
   A. Na_2CO_3　　　B. H_2S　　　　　C. CH_3COONa　　　D. $NaOH$

4. 在 $H_2CO_3 \rightleftharpoons H^+ + HCO_3^-$ 平衡体系中，能使电离平衡向左移动的条件是(　　)
   A. 加水　　　　　　　　　　　B. 升高温度
   C. 加碳酸氢钠　　　　　　　　D. 加氢氧化钠

5. 纯水中加入少量酸或碱后，水的离子积(　　)
   A. 增大　　　　　　　　　　　B. 减小
   C. 不变　　　　　　　　　　　D. 加酸变小，加碱变大

6. 甲溶液 $pH = 4$，乙溶液 $pH = 2$，则甲溶液的 $[H^+]$ 是乙溶液 $[H^+]$ 的(　　)
   A. 100 倍　　　B. 2 倍　　　　　C. 0.01 倍　　　D. 1/2 倍

7. 下列溶液酸性最强的是(　　)
   A. $pH = 5$　　　　　　　　　　B. $[H^+] = 10^{-4}$ mol/L
   C. $[OH^-] = 10^{-4}$ mol/L　　　D. $pH = 3$

8. 根据酸碱质子理论，下列物质中属于两性物质的是(　　)
   A. HCl　　　　　B. $NaOH$　　　　　C. H_2O　　　　　D. CH_3COOH

9. 下列盐不发生水解的是(　　)
   A. CH_3COONa　　B. KCN　　　　　C. $FeCl_3$　　　　　D. $NaNO_3$

10. 物质的量浓度相同的下列溶液，pH 值最大的是(　　)
    A. $NaNO_3$　　　B. KCN　　　　　C. HCl　　　　　D. NH_4Cl

11. 临床上纠正酸中毒，可以选用(　　)
    A. 乳酸钠　　　B. 氯化铵　　　　　C. 葡萄糖　　　　　D. 氯化钠

12. 向纯水中加入少量 Na_2CO_3，则溶液(　　)

A. pH > 7   B. 放出 CO_2

C. $[H^+][OH^-] > 10^{-14}$ D. $[Na^+]:[CO_3^{2-}] = 2:1$

13. 下列方程式中，属于水解反应的是（   ）

A. $H_2O + H_2O \Longrightarrow H_3O^+ + OH^-$ B. $OH^- + HCO_3^- \Longrightarrow H_2O + CO_3^{2-}$

C. $CO_2 + H_2O \Longrightarrow H_2CO_3$ D. $CO_3^{2-} + H_2O \Longrightarrow HCO_3^- + OH^-$

14. 下列各组物质可以形成缓冲对的是（   ）

A. $CH_3COOH - H_2CO_3$ B. $CH_3COOH - CH_3COONa$

C. $KOH - NaOH$ D. $NaCl - KCl$

15. 在含有 Cl^-、Br^-、I^- 的混合液中逐滴加入 $AgNO_3$ 溶液，先有黄色沉淀生成，后有浅黄色沉淀生成，最后有白色沉淀生成，这种现象称为（   ）

A. 沉淀的转化   B. 分步沉淀

C. 沉淀的生成   D. 沉淀的溶解

二、填空题

1. 化合物 H_2O、HCl、H_2SO_4、NH_4NO_3、CH_3COOH、$NH_3 \cdot H_2O$、H_2CO_3、HCN、Na_2CO_3、KOH 中，属于强电解质的是_____，属于弱电解质的是_____。

2. 对于同一弱电解质来说，溶液浓度越小，其电离度越_____，溶液温度越高，其电离度越_____。

3. 常温下，酸性溶液 $[H^+]$_____ $[OH^-]$，pH _____ 7；中性溶液 $[H^+]$_____ $[OH^-]$，pH _____ 7；碱性溶液 $[H^+]$_____ $[OH^-]$，pH _____ 7。

4. 某溶液的 pH = 5，则 $[H^+]$_____ mol/L，$[OH^-]$ = _____ mol/L。

5. 甲基橙的变色范围是_____，酚酞的变色范围是_____，石蕊的变色范围是_____。

6. 离子反应发生的条件是_____、_____和_____。

7. 根据酸碱质子理论，物质 H_2SO_4、OH^-、CH_3COO^-、NH_4^+、HCl、H_2O，属于酸的有_____，属于碱的有_____。

8. 物质的量浓度相同的 HCl、NH_4NO_3、KOH、Na_2SO_4 和 Na_2CO_3 溶液，pH 依次减小的顺序是：_____。

9. _____盐水解，溶液一定显酸性；_____盐水解，溶液一定显碱性；_____盐不水解，溶液显_____性。

10. 缓冲溶液的组成有三种类型：_____、_____、_____。

三、简答题

1. 氨水和醋酸的导电能力都比较弱，将二者等浓度、等体积混合后导电能力将大大增强，请解释原因。

2. 写出下列物质共轭碱的化学式：

$$NH_4^+ \quad H_2SO_4 \quad H_2O \quad H_2PO_4^- \quad H_2S$$

3. 写出下列反应的离子方程式：

（1）$NaBr + AgNO_3 \rightarrow$ （2）$CH_3COONa + H_2O \rightarrow$

（3）$NaHCO_3 + HCl \rightarrow$ （4）$NH_4NO_3 + H_2O \rightarrow$

4. 以 $NH_3 \cdot H_2O - NH_4Cl$ 缓冲对为例，说明缓冲作用原理。

四、计算题

1. 氟化氢溶液达电离平衡时，已电离的氟化氢为 0.02mol，未电离的氟化氢为 0.18mol，求此溶液中氟化氢的电离度是多少？

2. 25℃时 0.01mol/L 的醋酸溶液的电离度为 4.2%，求醋酸的电离常数。

3. 将 10ml 0.05mol/L 的 $MgCl_2$ 溶液和 10ml 0.001mol/L 的 NaOH 溶液混合，是否有 $Mg(OH)_2$ 沉淀生成？

4. 在含有 0.01mol/L KCl 和 K_2CrO_4 的混合溶液中，加入 $AgNO_3$ 溶液，哪种离子先沉淀析出？

第七章　氧化还原反应

知识要点

1. 氧化还原反应的特征、实质及概念。
2. 氧化剂和还原剂的概念，常见的氧化剂和还原剂。
3. 简单氧化还原反应方程式的配平方法及步骤。

氧化还原反应是一类重要的化学反应，在工农业生产、科学研究和日常生活中具有重要的意义，并且与医药卫生、生命活动密切相关。如药品生产、药物分析中维生素 C 的含量测定，卫生检验中化学耗氧量的测定，利用过氧化氢消毒杀菌，饮用水残留氯的监测及人体内的代谢过程等都离不开氧化还原反应。因此，氧化还原反应在药品生产、分析、经营及使用过程中非常重要。

第一节　氧化还原反应的基本概念

一、氧化还原反应的实质

人们对氧化还原反应的认识，经历了一个由浅入深、由表及里、由现象到本质的过程。我们已经学习的氧化还原反应是从得氧失氧的角度来定义，即物质得到氧的反应是氧化反应，物质失去氧的反应是还原反应。例如，氢气还原氧化铜的反应：

$$\overset{\text{失去氧，被还原}}{CuO + H_2 \xrightarrow{\quad\quad} Cu + H_2O}$$

得到氧，被氧化

在反应中氧化铜失去氧，生成单质铜发生还原反应，氢气得到氧生成水发生氧化反应。如果从元素化合价的升降分析上述反应：

$$\text{CuO} + \text{H}_2 === \text{Cu} + \text{H}_2\text{O}$$

化合价降低,被还原

化合价升高,被氧化

可以看出,反应中铜元素的化合价由 +2 价变为 0 价,化合价降低,铜被还原;氢元素的化合价由 0 价变为 +1 价,化合价升高,氢被氧化。

由此可知,物质所含元素化合价升高的反应是氧化反应,物质所含元素化合价降低的反应是还原反应。即凡是有化合价升降的反应,就是氧化还原反应。因此,氧化还原反应的特征是,反应前后元素化合价发生了变化。

课堂互动

下列反应是氧化还原反应吗?

$$\text{Zn} + 2\text{HCl} === \text{ZnCl}_2 + \text{H}_2 \uparrow$$

$$\text{CaCO}_3 + 2\text{HCl} === \text{CaCl}_2 + \text{H}_2\text{O} + \text{CO}_2 \uparrow$$

元素化合价的改变,是由于发生了电子的得失或电子对的偏移。为了进一步认识氧化还原反应的实质,下面分析金属钠和氯气的反应。

金属钠和氯气在加热条件下发生反应:

得到 1e × 2,被氧化

$$2\text{Na} + \text{Cl}_2 === 2\text{NaCl}$$

得到 1e × 2,被还原

钠原子最外电子层有一个电子,氯原子最外电子层有 7 个电子。当钠与氯气反应时,钠原子失去 1 个电子成为钠离子 Na^+,化合价由 0 升到 +1;氯原子得到 1 个电子成为 Cl^-,化合价由 0 降到 -1。反应过程中,发生了电子的转移,钠和氯的化合价发生了改变。

例如氢气与氯气的反应,生成的氯化氢是共价化合物,没有得失电子,而是共用电子对偏向氯原子,偏离氢原子,共用电子对的偏移也能引起元素化合价发生升降变化。这类反应同样属于氧化还原反应。

化合价升高,被氧化

$$\text{H}_2^0 + \text{Cl}_2^0 === 2\text{H}^+\text{Cl}^{-1}$$

化合价降低,被还原

化学反应方程式中,可以用箭头表明反应前后同一元素的原子得到或失去的电子,还可以用箭头表示不同元素的原子间电子转移(或偏移)的情况。

2e

$$2\text{Na} + \text{Cl}_2 === 2\text{NaCl}$$

从上面讨论可知，氧化还原反应的实质是，化学反应中发生了电子的得失或共用电子对的偏移。因此，凡有电子转移（或电子对偏移）的反应就是氧化还原反应。物质失去电子的反应是氧化反应；物质得到电子的反应是还原反应。

知识链接

生物体内的氧化反应

在生物体内，糖类和脂肪经过酶催化发生氧化反应，被分解为二氧化碳和水，同时释放出大量的能量。

$$C_6H_{12}O_6 + 6O_2 \longrightarrow 6CO_2 + 6H_2O$$

人和动物的呼吸，把葡萄糖氧化为二氧化碳和水。通过呼吸，把贮藏在食物分子内的能转变为存在于三磷酸腺苷（ATP）高能磷酸键的化学能，这种化学能供给人和动物进行机械运动、维持体温、合成代谢、细胞的主动运输等。

二、氧化剂和还原剂

在氧化还原反应中，一种物质失去电子，必定有另一种物质得到电子，这两个相反的过程，在一个反应里同时发生和相互依存。

（一）氧化剂和还原剂

氧化还原反应中，凡是能得到电子或化合价降低的物质称为氧化剂。氧化剂在氧化还原反应中本身被还原，使其他物质被氧化，具有氧化性。凡是失去电子或化合价升高的物质称为还原剂。还原剂在氧化还原反应中本身被氧化，而使其他物质被还原，具有还原性。

例如，在酸性溶液中，用 $KMnO_4$ 测定 H_2O_2 含量的反应：

$$2\overset{+7}{K}MnO_4 + 5\overset{-1}{H_2O_2} + 3H_2SO_4 =\!=\!= 2\overset{+2}{Mn}SO_4 + K_2SO_4 + 5\overset{0}{O_2}\uparrow + 8H_2O$$
氧化剂　　还原剂

上述反应中，Mn 的化合价从 +7 降到 +2，得到电子，被还原成 Mn^{2+}，所以 $KMnO_4$ 是氧化剂；H_2O_2 中的 O 的化合价由 -1 升高到 0，失去电子，被氧化成 O_2，故 H_2O_2 是还原剂。

氧化剂一般是具有较高化合价的某元素的化合物，该元素化合价有降低的趋势，易被还原。还原剂是具有较低化合价的某元素的化合物，其化合价有升高的趋势，易被氧化。某元素的化合价处于最低价，则该化合物只能作还原剂。因此，某元素的化合价处于其最高价和最低价之间时，该物质在反应中既可以作氧化剂，也可以作还原剂。

📖 **课堂互动**

指出下列物质哪些可以作氧化剂，哪些可以作还原剂，哪些既能做作氧化剂又能做还原剂：

H_2O_2　$KMnO_4$　$Na_2S_2O_3$　KI　Fe　$K_2Cr_2O_7$　H_2SO_4　H_2S

(二)常见的氧化剂和还原剂

1. **常用的氧化剂**　具有较高价态元素的化合物，反应过程中容易得到电子、化合价降低的物质常用作氧化剂。

(1)活泼的非金属单质。如 X_2、O_2 等。

(2)具有最高化合价元素的物质。如 $KMnO_4$、$K_2Cr_2O_7$、HNO_3、H_2SO_4(浓)等。

(3)高价金属离子。如 Fe^{3+}、Cu^{2+}、Sn^{4+} 离子等。

2. **常见的还原剂**　具有较低价态元素的化合物。还原剂一般是指价态较低，化合价容易升高的物质。

(1)金属及某些非金属的单质。如 Na、Mg、Zn、Fe、H_2、C 等。

(2)具有最低价态元素的物质。如 HCl(浓)、H_2S、CO、SO_2、H_2O_2、$Na_2S_2O_3$ 等。

(3)低价金属离子。如 Fe^{2+}、Sn^{2+} 离子等。

知识链接

医药上常见的氧化剂和还原剂

过氧化氢(H_2O_2)俗称双氧水。3%的 H_2O_2 水溶液是外用的消毒剂，可直接清洗创口。高锰酸钾($KMnO_4$)，医药上俗称 PP 粉或灰锰氧，其稀溶液作外用消毒剂，0.1%～0.5%的 $KMnO_4$ 溶液用于洗涤创伤；0.0125%的 $KMnO_4$ 溶液用于坐浴。

医药上用硫代硫酸钠($Na_2S_2O_3$)治疗慢性荨麻疹或作解毒剂；碘化钾(KI)用于配制碘酊、治疗甲状腺肿大，对慢性关节炎、动脉硬化等症也有疗效。

第二节　氧化还原反应方程式的配平

一、配平方法

我们已经学过用观察法、最小公倍数法和奇数配偶法配平化学反应方程式。一些简单的氧化还原反应，也可以用观察法配平。本节重点介绍用电子得失（或化合价升降）的方法配平氧化还原反应。配平的原则如下：

1. 还原剂失去电子的总数（或化合价升高的总数）与氧化剂得到电子的总数（或化合价降低的总数）相等。

2. 反应前后元素的种类和原子个数相等。

二、配平步骤

根据氧化还原反应的配平方法，以高锰酸钾和盐酸溶液的反应为例，讨论配平步骤。

1. 根据实验事实，正确书写化学反应方程式，反应物与生成物之间用"——"连接。

$$KMnO_4 + HCl —— MnCl_2 + Cl_2 \uparrow + KCl + H_2O$$

2. 标出氧化剂和还原剂中化合价发生变化元素的化合价。

$$\overset{+7}{K}MnO_4 + \overset{-1}{H}Cl —— \overset{+2}{Mn}Cl_2 + \overset{0}{Cl_2} \uparrow + KCl + H_2O$$

3. 用双桥表示法，标出每分子氧化剂和还原剂得失电子总数，失去电子用"－"表示，得到电子用"＋"表示。

$$\overset{+7}{K}MnO_4 + \overset{-1}{H}Cl —— \overset{+2}{Mn}Cl_2 + \overset{0}{Cl_2} \uparrow + KCl + H_2O$$

（$+5e$；$-1e \times 2$）

4. 氧化还原反应中，得电子总数和失电子总数相等，求出得失电子的最小公倍数，并将相应的系数写在箭头指向的化学式的前面。

$$\overset{+7}{K}MnO_4 + \overset{-1}{H}Cl —— 2\overset{+2}{Mn}Cl_2 + 5\overset{0}{Cl_2} \uparrow + KCl + H_2O$$

（$+5e \times 2$；$(-1e \times 2) \times 5$）

5. 用观察法确定反应式中其他物质的系数（先配平化合价有变化的元素，再配平其他元素，最后配平氢和氧），并将"—"改为"＝"。

$$2KMnO_4 + 16HCl ＝＝ 2MnCl_2 + 5Cl_2 \uparrow + 2KCl + 8H_2O$$

📖 **课堂互动**

用电子得失法配平下列化学反应方程式：

1. $Na + H_2O \longrightarrow NaOH + H_2\uparrow$

2. $Cu + HNO_3(稀) \longrightarrow Cu(NO_3)_2 + NO + H_2O$

本 章 小 节

氧化还原反应基本概念

1. 氧化还原反应的概念：凡发生电子转移（化合价升降）的反应就是氧化还原反应。物质失去电子（化合价升高）的反应是氧化反应；物质得到电子（化合价降低）的反应是还原反应。

2. 氧化还原反应的特征：反应前后，元素化合价发生改变。

3. 氧化还原反应的实质：反应中发生了电子的转移，或电子对的偏移。

4. 氧化剂→具有氧化性→得电子→化合价降低→发生还原反应→得到还原产物。

5. 还原剂→具有还原性→失电子→化合价升高→发生氧化反应→得到氧化产物。

氧化还原反应方程式的配平

氧化还原反应方程式的配平原则：

1. 还原剂失去电子总数（或化合价升高总数）与氧化剂得到电子数（或化合价降低总数）相等。

2. 反应前后元素的种类和原子个数相等。

同 步 训 练

一、选择题

1. 下列关于氧化还原反应的叙述错误的是（　　　）

　　A. 反应中元素化合价有升降变化　　B. 氧化还原反应中不一定有氧参加

　　C. 反应中发生了电子的转移　　D. 反应中一定有氧参加

2. 下列关于氧化剂的叙述错误的是（　　）

　　A. 在反应中被氧化　　B. 在反应中所含元素化合价降低

　　C. 在反应中被还原　　D. 在反应中得到电子

3. 下列物质中只能作氧化剂的是（　　）

　　A. S　　B. SO_2　　C. H_2S　　D. H_2SO_4

4. 下列物质中只能作还原剂的是(　　　)

   A. H_2O_2　　　　　　B. SO_3　　　　　　　C. H_2S　　　　　　　D. $KMnO_4$

5. 下列物质中既可作氧化剂又可作还原剂的是(　　　)

   A. $K_2Cr_2O_7$　　　　B. S　　　　　　　C. H_2S　　　　　　D. Fe

6. 对于 $Zn + CuSO_4 = Cu + ZnSO_4$ 的反应(　　　)

   A. 氧化剂是 $CuSO_4$　　　　　　　　B. 氧化剂是 Zn

   C. 还原剂是 $CuSO_4$　　　　　　　　D. 还原剂是 Cu

7. 有关 SO_2 叙述正确的是(　　　)

   A. 只能作氧化剂　　　　　　　　B. 既可以作氧化剂又可以作还原剂

   C. 只能作还原剂　　　　　　　　D. 不发生氧化还原反应

   E. 物质所含元素化合价升高的反应是还原反应

8. 下列反应中，同一种物质既作氧化剂又作还原剂的是(　　　)

   A. $SO_2 + H_2O = H_2SO_3$　　　　　　B. $Cl_2 + H_2O = HCl + HClO$

   C. $2F_2 + 2H_2O = 4HF + O_2 \uparrow$　　　　D. $2Na + 2H_2O = 2NaOH + H_2 \uparrow$

9. 某元素在化学反应中由化合态变为游离态，则该元素(　　　)

   A. 一定被氧化　　　　　　　　B. 既没有被氧化又没有被还原

   C. 既可能被氧化又可能被还原　　　　D. 一定被还原

10. 下列粒子不具有氧化性的是(　　　)

   A. Cl^-　　　　　　B. Cl_2　　　　　　C. H^+　　　　　　D. O_2

二、填空题

1. 氧化反应是指_____电子或_____的反应；还原反应是指_____电子或_____的反应，在一个氧化还原反应中得失电子的总数_____。

2. 在 $Cl_2 + H_2O = HCl + HClO$ 的反应中，_____是氧化剂，是还原剂，_____是氧化产物，_____是还原产物。

3. 在 $2H_2S + SO_2 = 2H_2O + 3S \downarrow$ 反应中，_____得到电子，化合价_____，是氧化剂；_____失去电子，化合价_____，是还原剂。

4. $KMnO_4$ 用作_____剂，$Na_2S_2O_3$ 用作_____剂。

5. 氧化还原反应方程式的配平原则是_____和_____。

三、简答题

1. 配平反应 $HClO \longrightarrow HCl + O_2 \uparrow$ 并指出反应中的氧化剂、还原剂、氧化产物、还原产物、被氧化的物质、被还原的物质。

2. 用电子得失法配平反应：$Fe + HCl \longrightarrow FeCl_2$

第八章　配位化合物

知识要点

---

1. 配合物的定义、组成、命名及分类；配合物的稳定常数。
2. 螯合物的定义、形成条件及常见的螯合剂。

　　配位化合物简称配合物，常称为络合物。输送氧气的血红蛋白中的亚铁血红素，是一种含铁的配合物；锌胰岛素（一种激素）是含锌的配合物；维生素 B_{12} 是含钴的配合物。在医药中，配合物作为药物排除体内过量或有害元素，可以治疗各种金属代谢障碍性疾病。许多金属配合物还具有杀菌、抗病毒和抗癌的生理作用。因此，配合物是一类较为复杂并且应用广泛的重要化合物。

第一节　配位化合物的基本概念

一、配合物的定义及组成

（一）配合物的定义

　　向 $CuSO_4$ 溶液中加入 NaOH 溶液，生成天蓝色 $Cu(OH)_2$ 沉淀，再滴加氨水天蓝色沉淀逐渐消失，得到深蓝色溶液。

　　实验证明，深蓝色溶液是 $[Cu(NH_3)_4]SO_4$。它是由 Cu^{2+} 和 4 个 NH_3 分子通过配位键，形成的较稳定的 $[Cu(NH_3)_4]^{2+}$ 离子称为配位离子，简称配离子，$[Cu(NH_3)_4]^{2+}$ 与 SO_4^{2-} 结合生成 $[Cu(NH_3)_4]SO_4$ 的化合物，称为配位化合物，简称配合物。上述反应如下：

$$Cu^{2+} + 2OH^- \rightleftharpoons Cu(OH)_2$$

$$Cu(OH)_2 + 4NH_3 \cdot H_2O \rightleftharpoons [Cu(NH_3)_4]^{2+} + 4H_2O$$

　　由金属阳离子（或原子）与一定数目中性分子或阴离子以配位键结合，形成的复杂离子称为配离子，含有配离子的化合物称为配合物。

特别指出，配合物和复盐组成上非常相似，但在水溶液中，复盐能完全电离成简单离子，配合物则不能完全电离成简单的离子。在水溶液中，水合硫酸铝钾 $KAl(SO_4)_2 \cdot 12H_2O$ 和硫酸四氨合铜（Ⅱ）$\{[Cu(NH_3)_4]SO_4\}$ 的电离方程式如下：

$$KAl(SO_4)_2 \rightleftharpoons K^+ + Al^{3+} + 2SO_4^{2-}$$

$$[Cu(NH_3)_4]SO_4 \rightleftharpoons [Cu(NH_3)_4]^{2+} + SO_4^{2-}$$

因此，$KAl(SO_4)_2 \cdot 12H_2O$ 是复盐，而 $[Cu(NH_3)_4]SO_4$ 是配合物。

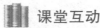 课堂互动

请你想一想：配合物和复盐有何区别？

（二）配合物的组成

配合物是结构复杂的化合物。一般由内界和外界两部分组成。内界是配离子，它是中心体（金属离子或原子）和配体通过配位键形成的，书写时加以方括号；外界是与内界带相反电荷的简单离子。当配合物内界是电中性时，此类配合物没有外界，例如 $[Fe(CO)_5]$。以硫酸四氨合铜（Ⅱ）为例说明配合物的组成。见图 8-1。

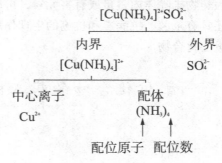

图 8-1 $[Cu(NH_3)_4]SO_4$ 的组成

1. 中心体　中心体也称配合物的形成体，位于配合物的中心，是电子对的接受体，一般是过渡元素的金属离子或原子，常见的有 Ag^+、Fe^{2+}、Fe^{3+}、Cu^{2+}、Hg^{2+} 等。

例如 $[Cu(NH_3)_4]SO_4$ 中，Cu^{2+} 是中心离子；$[Ni(CO)_4]$ 中，Ni 是中心原子。

2. 配位体　在配离子中，中心体以配位键结合的阴离子或中性分子称为配位体，简称配体。配体中能提供孤对电子的原子是配位原子，其孤对电子与中心体共用，以配位键结合形成配离子。常见的配体有 NH_3、F^-、Cl^-、I^-、H_2O、CN^-、SCN^- 等，其中 N、F、Cl、I、O、C、S 分别是这些配体所对应的配位原子。

3. 配位数　一个中心离子所能结合的配位原子的数目，称为该中心离子的配位数。一般中心离子的配位数为 2、4、6。常见中心离子的配位数见表 8-1。

表 8 - 1　常见中心离子的配位数

中心离子	配位数
Ag^+　Cu^+　Au^+	2
Cu^{2+}　Zu^{2+}　Hg^{2+}　Ni^{2+}　Co^{2+}　Pt^{2+}	4
Fe^{2+}　Fe^{3+}　Co^{2+}　Co^{3+}　Cr^{3+}　Al^{3+}　Ca^{2+}	6

二、配合物的命名

(一)配离子的命名

配离子的命名顺序为配位体数(中文小写数字表示)—配位体名称—合—中心离子及化合价(用罗马数字表示),有的配离子习惯用简称。例如:

$[Ag(NH_3)_2]^+$　　　二氨合银(I)配离子(银氨配离子)

$[Cu(NH_3)_4]^{2+}$　　四氨合铜(II)配离子(铜氨配离子)

$[Fe(CN)_6]^{3-}$　　　六氰合铁(III)配离子

$[Fe(CN)_6]^{4-}$　　　六氰合铁(II)离子

(二)配合物的命名

配合物的命名与无机化合物的命名原则基本相同,阴离子在前,阳离子在后,称"某化某"、"某酸某"或"氢氧化某"等。

配离子为阳离子时配合物命名顺序:外界离子名称(或加"化"字)—配离子名称。

$[Cu(NH_3)_4]SO_4$　　　硫酸四氨合铜(II)

$[Ag(NH_3)_2]OH$　　　氢氧化二氨合银(I)

$[Co(NH_3)_6]Cl_3$　　　氯化六氨合钴(III)

配离子为阴离子时配合物命名顺序:配离子名称—酸—外界离子名称,例如:

$K_3[Fe(CN)_6]$　　　六氰合铁(III)酸钾

$K_4[Fe(SCN)_6]$　　　六硫氰合铁(II)酸钾

$K_2[HgI_4]$　　　四碘合汞(II)酸钾

配合物的命名比较复杂,对于一些常见的配合物,习惯用简称。如$[Cu(NH_3)_4]SO_4$简称为硫酸铜氨;$K_3[Fe(CN)_6]$简称铁氰化钾;$K_4[Fe(SCN)_6]$简称亚铁氰化钾。

课堂互动

请命名下列配合物:

$[Co(NH_3)_6]Cl_3$　　$NH_4[SbCl_6]$　　$K_2[HgI_4]$　　$[Cu(NH_3)_4]SO_4$　　$K_3[Fe(SCN)_6]$

三、配合物的稳定常数

配合物分子中,内界和外界以离子键结合,在溶液中完全电离。对于配离子,中心离子和配位体之间以配位键相结合，比较稳定。在硫酸四氨合铜（Ⅱ）溶液中，加入硫化钠溶液，有黑色的硫化铜生成，说明溶液中还有少量的铜离子存在。由此可知，配离子的稳定性是相对的，配离子在溶液中可以微弱地解离出中心离子和配位体，同时中心离子和配位体又可以结合成配离子。例如，$[Cu(NH_3)_4]^{2+}$ 在溶液中的平衡关系如下：

$$Cu^{2+} + 4NH_3 \underset{解离}{\overset{配合}{\rightleftharpoons}} [Cu(NH_3)_4]^{2+}$$

在一定条件下，配合反应和解离反应的速率相等时的状态，称为配位平衡。上述平衡常数的表达式为：

$$K_稳 = \frac{[Cu(NH_3)_4]^{2+}}{[Cu^{2+}][NH_3]^4}$$

$K_稳$ 称为配离子的稳定常数。$K_稳$ 越大，说明生成配离子的倾向性越大，配离子解离的程度越小，配离子的稳定性也越大。

配合物的稳定常数通常都比较大，为了便于书写，常用其对数值 $\lg K_稳$ 来表示。表 8 – 2 列出了常见配离子的 $\lg K_稳$ 值。

表 8 –2　常见配离子的 $\lg K_稳$ 值

配离子	$[Fe(SCN)_6]^{3-}$	$[Ag(NH_3)_2]^+$	$[Zn(NH_3)_4]^{2+}$	$[Cu(NH_3)_4]^{2+}$
$\lg K_稳$	3. 36	7. 05	9. 46	13. 32

第二节　螯合物

一、配合物的分类

根据配体的特点，配合物分为简单配合物和螯合物两类。一个配体只提供一个配位原子称为单齿配体，如 NH_3、X^-、H_2O、CN^- 等，这类配体形成的配合物习惯称为简单配合物。一个配体能提供两个或两个以上配位原子称为多齿配体，此类配体形成的配合物称为螯合物。如乙二胺四乙酸（简称 EDTA）是常用的 2 齿配体，其结构如下：

二、螯合物的特点

螯合物是由多齿配体与中心离子结合，形成具有稳定环状结构的特殊配合物。形成螯合物的多齿配体称为螯合剂。例如，乙二胺与铜离子形成了五元环状结构的稳定配离子 $[Cu(EDTA)_2]^{2+}$，反应方程式如下：

$$Cu^{2+} + 2 \begin{matrix} CH_2-NH_2 \\ | \\ CH_2-NH_2 \end{matrix} \Longrightarrow$$

在螯合物的结构中，一定有 2 个或 2 个以上的配位原子提供多对孤对电子与中心离子形成配位键。"螯"像螃蟹一样用两只螯钳紧紧夹住中心离子。螯合物一般具有五元或六元环的结构，比一般配位化合物稳定。因此，螯合物具有较高的稳定常数。一些常见金属离子与乙二胺四乙酸所形成螯合物的 $\lg K_稳$ 值见表 8 - 3。

表 8 - 3　常见金属离子与 EDTA 形成螯合物的稳定常数

配离子	AgY^{3-}	AdY^{2-}	ZnY^{2-}	PbY^{2-}	CuY^{2-}	FeY^-
$\lg K_稳$	7.32	16.50	16.50	18.04	18.80	25.10

EDTA 和金属离子的螯合反应迅速，并且生成的螯合物结构稳定，易溶于水。因此，临床上常用 EDTA 作解毒剂，治疗机体重金属(Pb^{2+}、Pt^{2+}、Hg^{2+}、Cd^{2+})中毒。分析化学上，利用 EDTA 进行配位滴定，测定某些药物中金属离子的含量。在药物制剂工作中，使用螯合物掩蔽金属离子，消除金属离子对药物氧化的催化作用。目前，螯合物在医药上越来越受到重视。另外，在生化检验、药物分析、环境监测等方面也经常用到螯合物。

三、螯合物的形成

(一)形成螯合物的条件

1. 中心离子必须具有空轨道，能接受配位体提供的孤对电子。
2. 螯合剂必须含有 2 个或 2 个以上能给出孤对电子的配位原子。
3. 配位原子之间应间隔 2 个或 3 个其他原子，以便形成稳定的五元或六元环结构。

(二)常见的螯合剂

常见的螯合剂有乙二胺、氨基乙酸、乙二胺四乙酸等，其中应用最广的是乙二胺四乙酸(简写 EDTA)。EDTA 与铜离子螯合时，每分子 EDTA 上 2 个氨基的氮原子和 4 个羧基上的氧原子，都可以提供一对未共用的电子对和中心离子配位，因此，形成了由 5 个五元环组成的更复杂的多环螯合物。乙二胺四乙酸与铜离子螯合物的结构式如下：

螯合剂 EDTA 可以简写成 H_4Y，它在冷水中溶解度较小，常用其二钠盐 $Na_2H_2Y \cdot 2H_2O$ 作为配位滴定的标准溶液。

临床上螯合剂除用作解毒剂外，还可以利用螯合剂调节金属离子在体内的平衡。例如，维生素 B_{12} 是含钴的螯合物，对恶性贫血有防治作用；胰岛素是含锌的螯合物，对调节体内的物质代谢（尤其是糖类代谢）有重要作用。现已研发出结合锌的基质蛋白酶抑制剂，用于治疗癌症和炎症。

知识链接

人体中的配合物

螯合物在自然界广泛存在，并且对生命有着重要的作用。例如，血红素是含铁的螯合物，它在体内起着输送氧气的作用。微量元素氨基酸螯合物既是机体吸收金属离子的主要形式，又是动物体内合成蛋白质的中间物质，直接供给微量元素氨基酸螯合物，吸收速度比无机盐快 $2 \sim 6$ 倍。矿物质进入人体后，先与氨基酸结合，细胞才能加以吸收，这个过程称作螯合过程。矿物质和维生素密不可分，身体缺乏矿物质，维生素不能代谢；少了矿物质，吃再多的维生素也起不到作用。美国绿维他用螯合专利技术，将矿物质与氨基酸螯合，变成身体所能认同的有机液体状态营养素，吃一小袋就能达到 50% RDI（建议日摄取量），其吸收率达到 97% 以上。

本 章 小 结

配合物的基本概念

1. 配合物：由一个金属阳离子（或原子）与一定数目中性分子或阴离子以配位键结合而成的复杂离子叫配离子，含有配离子的化合物称为配合物。

2. 配离子的命名顺序为配位体数（中文小写数字表示）—配位体名称—合—中心离子及化合价（用罗马数字表示）。

3. 配合物的稳定常数 $K_{稳}$ 值越大，配合物越稳定，反之，配合物越易分解。

螯合物

1. 螯合物：由多齿配体与中心离子结合而成的具有稳定环状结构的配合物。形成螯合物的多齿配体称为螯合剂。

2. 螯合剂必须含有 2 个或 2 个以上能给出孤对电子的配位原子。

同 步 训 练

一、选择题

1. 下列离子属于复杂离子的是(　　)
   A. NH_4^+　　　　　B. SO_4^{2-}　　　　　C. $[Fe(CN)_6]^{4-}$　　　D. HSO_4^-

2. 配合物中特征的化学键是(　　)
   A. 离子键　　　B. 共价键　　　　C. 金属键　　　　D. 配位键

3. 下列物质不能作配体的是(　　)
   A. CN^-　　　　B. CH_4　　　　C. H_2O　　　　D. SCN^-

4. 下列化合物中属于配位化合物的是(　　)
   A. KSCN　　B. $NH_4Fe(SO_4)_2$　　C. EDTA　　　D. $K_3[Fe(CN)_6]$

5. 配合物 $K_4[Fe(CN)_6]$ 的中心离子是(　　)
   A. Fe^{2+}　　　B. Fe^{3+}　　　　C. $[Fe(CN)_6]^{3-}$　　D. CN^-

6. 可以作螯合剂的配体是(　　)
   A. SCN^-　　　B. Cl^-　　　　C. EDTA　　　　D. NH_3

7. 配合物 $[Cu(NH_3)_4]SO_4$ 的配位数是(　　)
   A. 2　　　　B. 4　　　　C. 3　　　　D. 8

8. 下列物质中，含有配位键的化合物是(　　)
   A. CO　　　B. $[HgI_4]^{2-}$　　C. CO_2　　　　D. O_2

9. 加入(　　)，能使 AgCl 沉淀溶解。
   A. NaOH　　　B. H_2SO_4　　　C. H_2O_2　　　D. $NH_3 \cdot H_2O$

10. 形成螯合物的是(　　)
    A. $[Cu(NH_3)_4]SO_4$　　　　B. $[Cu(EDTA)_2]^{2+}$
    C. $K_2[HgI_4]$　　　　D. $K_3[Fe(CN)_6]$

二、填空题

1. 在配离子中，作为中心离子必须具有_____。作为配位体的配位原子必须具有_____。

2. NH_3 分子作为配位体是因为 N 原子上有_____。

3. NH_3 分子中有_____个配位原子，乙二胺作为配位体，则有_____个配位原子。它们分别属于_____配体和_____配体。

4. 配合物一般分为_____和_____两个组成部分。

5. 由一个_____和一定数目的_____以_____键结合而成的复杂离子，称配离子，在配离子中，中心离子必须有_____。

6. 1 个 EDTA 分子中有_____配位原子。它属于_____配体。

7. 螯合剂必须有_____或_____能给出_____的原子，以便与中心离子配合成_____结构。

8. 具有_____结构的配合物称为螯合物，螯合物的配体属于_____。

9. 螯合物的稳定性_____简单的配合物。

10. 向 $CuSO_4$ 溶液中加入 NaOH 溶液，生成_____沉淀，再滴加氨水沉淀逐渐消失，得到深蓝色透明的溶液是_____。

三、简答题

1. 命名下列配合物，指出配合物的内界、外界、中心离子、配体及配位原子和配位数。

$K_4[Fe(SCN)_6]$ $K_2[PtCl_6]$ $K_3[FeF_6]$ $(NH_4)_2[Hg(SCN)_4]$

2. 根据下列化合物的名称写出配合物的化学式。

（1）氢氧化二氨合银（Ⅰ）　　　（2）四碘合汞（Ⅱ）酸钾

（3）硫酸四氨合铜（Ⅱ）　　　　（4）六硫氰合铁（Ⅲ）酸钾

模块四 元素及其化合物

五彩缤纷的大千世界，千姿百态的万物是由 100 多种元素组成。各种元素分布于地表的上层岩石、土壤、水、生物体中，元素化合物知识与日常生活、生产实际密切联系。了解自然，认识元素及其化合物与医药的关系，才能更好地服务于社会，服务于人类。

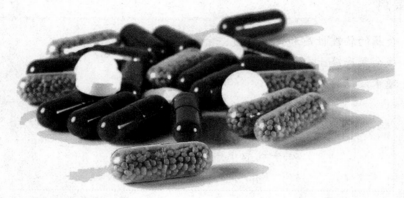

第九章　碱金属和碱土金属

知识要点

1. 金属的物理性质和化学性质，金属的活动顺序。
2. 碱金属和碱土金属的重要化合物。
3. 硬水及其软化。

第一节　金属的通性

一、金属的物理性质

1. **金属的颜色**　当可见光照射在金属表面时，自由电子吸收光波，放射出大部分的光，金属原子的结构不同，它们的光泽和颜色也不相同。金为黄色，铜为赤红色，大多数金属呈银白色。金属的光泽和颜色，形成晶体时才能表现出来，当金属为粉末时，呈暗灰色或黑色。

2. **导电性和导热性**　金属含有大量的自由电子，因此，大多数金属具有良好的导电性和导热性。其中银和铜的导电性、导热性最好，铝次之。

3. **延展性**　大多数金属具有延展性。当受到外力作用时，可以被抽成丝或压成片、膜。少数金属如锑、铋、锰等，性质较脆，没有延展性。

4. **密度、硬度、熔点**　金属的结构不同，他们在密度、硬度、熔点等性质方面也有较大的差异。例如，大部分金属的密度较大，但锂、钠、钾的密度小于水；钾、钠硬度较小，可以用小刀切割，钨和铬却非常坚硬；钨的熔点较高，而常温下汞是液体。

二、金属的化学性质

多数金属元素的原子价电子数小于 4，一般金属原子半径较大，核对价电子的引力较小。因此，发生化学反应时，容易失去价电子形成阳离子，表现出还原性。金属活动顺序如下：

$$K > Ca > Na > Mg > Al > Zn > Fe > Ni > Sn > Pb > (H) > Cu > Hg > Ag > Pt > Au$$

金属活动性由强逐渐减弱

1. **与氧气的反应**　金属与氧气反应的难易与其活泼性有关。金属越活泼，反应越容易进行。例如，常温下，钠在空气中燃烧，生成过氧化钠：

$$2Na + O_2 == Na_2O_2$$

镁带在空气中剧烈燃烧，发出耀眼的白光：

$$2Mg + O_2 \xrightarrow{\text{点燃}} 2MgO$$

铝箔在氧气中剧烈燃烧，发出耀眼的白光，并放出大量的热。

$$4Al + 3O_2 \xrightarrow{\text{点燃}} 2Al_2O_3$$

镁、铝在空气中表面发生缓慢的反应，形成氧化膜而失去金属光泽。由于氧化膜阻止金属内部继续氧化，所以镁和铝都有抗腐蚀性。

金、铂等金属在较高温度下不与氧气反应。

2. **与水、酸的反应**　金属活动顺序中，排在氢以前的金属大多能与水、酸反应，排在氢以后的金属则不能反应。金属的活泼性不同，反应的难易、剧烈程度有较大的差异。

3. **与金属化合物溶液的反应**　金属活动顺序中，排在前面的活泼金属能把它后面的金属从其盐溶液中置换出来。如：

$$Fe + CuSO_4 == FeSO_4 + Cu \downarrow$$

$$2Al + 3CuSO_4 == Al_2(SO_4)_3 + 3Cu \downarrow$$

$$Cu + 2AgNO_3 == Cu(NO_3)_2 + 2Ag \downarrow$$

第二节　碱金属和碱土金属的性质

元素周期表中 IA 族元素（除氢外），包括锂（Li）、钠（Na）、钾（K）、铷（Rb）、铯（Cs）、钫（Fr）六种元素，他们氧化物的水化物都是强碱，故称为碱金属。IIA 族元素包括铍（Be）、镁（Me）、钙（Ca）、锶（Sr）、钡（Ba）、镭（Ra）六种元素，钙、锶、钡的氧化物在性质上介于碱性的碱金属氧化物和"土性"（化学上把难溶于水，难熔融的性质称为"土性"）氧化物（如 Al_2O_3）之间，故 IIA 族元素常称为碱土金属。锂、铍、铷、铯是稀有金属，钫和镭是放射性元素，在此不做讨论。

一、碱金属和碱土金属的通性

碱金属和碱土金属的次外层均为 8 电子的稳定结构，价电子构型为 ns^1 和 ns^2，他们是活泼的金属，在自然界以化合态的形式存在。

碱金属和碱土金属具有银白色（铍为灰色）的金属光泽，密度小，硬度和熔点低，均能导热和导电。碱土金属的密度、硬度和熔点高于碱金属。

碱金属和碱土金属元素，从上至下，随着核电荷数增多，原子半径增大，失电子能力逐渐增强，金属性逐渐增强。碱金属元素的金属性大于碱土金属。

碱金属和碱土金属元素容易失去价电子，形成 +1 价和 +2 价的阳离子，表现出很强的还原性。能与非金属、空气中的氧气、水等发生反应。因此，K、Na、Ca 必须保存在中性干燥的煤油中，锂保存在液体石蜡中。

碱金属元素的主要性质列于表9-1，碱土金属元素的主要性质列于表9-2。

表9-1 碱金属元素的主要性质

元 素 名 称	锂	钠	钾	铷	铯
元素符号	Li	Na	K	Rb	Cs
原子序数	3	11	19	37	55
熔点(℃)	180.5	97.81	63.65	38.89	28.84
沸点(℃)	1347	822.9	774	688	678.4
密度(g/cm³)	0.534	0.971	0.856	1.532	1.8785
导电性	导体	导体	导体	导体	导体
颜色	银白色	银白色	银白色	银白色	略带黄色
形态	固体	固体	固体	固体	固体
价态	+1	+1	+1	+1	+1
氧化物对应的水化物	LiOH	NaOH	KOH	RbOH	CsOH
气态氢化物	LiH	NaH	KH	RbH	CsH

表9-2 碱土金属元素的主要性质

元 素 名 称	铍	镁	钙	锶	钡
元素符号	Be	Mg	Ca	Sr	Ba
原子序数	4	12	20	38	56
原子半径(nm)	0.105	0.150	0.180	0.200	0.215
主要化合价	+2	+2	+2	+2	+2
状态(标况)	固体	固体	固体	固体	固体
密度(g/cm³)	1.848	1.738	1.55	2.63	3.510
熔点(℃)	1278	650	842	777	727
沸点(℃)	2970	1090	1484	1382	1870
焰色试验	—	—	砖红色	红色	苹果绿

二、碱金属和碱土金属的重要化合物

(一)氧化物

1. 普通氧化物　碱金属在空气中燃烧时，只有锂生成普通氧化物 Li_2O，钠生成过氧化物 Na_2O_2，钾生成超氧化物 KO_2。

碱金属的氧化物与水反应，生成强碱 MOH(M 代表碱金属)：

$$M_2O + H_2O = 2MOH$$

碱土金属在空气中燃烧时，生成普通氧化物 MO。例如：

$$2Mg + O_2 = 2MgO$$

碱土金属的氧化物与水反应也能生成强碱 $M(OH)_2$。(M 代表碱土金属)

$$MO + H_2O =\!=\!= M(OH)_2$$

2. 过氧化物　过氧化物是含有过氧基(—O—O—)的化合物。除铍外，碱金属、碱土金属在一定条件下都能形成过氧化物。

常见的过氧化物是过氧化钠(Na_2O_2)，与水作用生成 H_2O_2。H_2O_2 不稳定，立即分解放出氧气。

$$Na_2O_2 + 2H_2O =\!=\!= H_2O_2 + 2NaOH$$

$$2H_2O_2 =\!=\!= 2H_2O + O_2$$

因此，过氧化钠常用作纺织品、麦秆、羽毛等的漂白剂，还可以作为氧气的发生剂。

在潮湿的空气中，过氧化钠吸收二氧化碳并放出氧气。所以，过氧化钠被广泛用作防毒面具、高空飞行和潜水艇里的供氧剂。

$$2Na_2O_2 + 2CO_2 =\!=\!= 2Na_2CO_3 + O_2$$

(二)氢氧化物

碱金属的氧化物与水反应生成氢氧化物。碱金属的氢氧化物都是强碱，称为苛性碱，对皮肤和纤维有强烈的腐蚀作用，使用时要特别小心。

苛性碱易溶于水，并放出大量热，在空气中易潮解，与空气中的二氧化碳反应生成碳酸盐，所以要密闭保存。苛性碱的水溶液或在熔融状态下能溶解许多金属、非金属及其氧化物。

$$Al_2O_3 + 2NaOH \xrightarrow{\text{熔融}} 2Na\,AlO_2 + H_2O$$

$$SiO_2 + 2NaOH \xrightarrow{\text{熔融}} 2Na_2SiO_3 + H_2O$$

利用这一性质，工业上常用 NaOH 或 KOH 分解矿石。

氢氧化钠能与玻璃中的 SiO_2 反应，生成带有黏性的 Na_2SiO_3。因此，盛放 NaOH 溶液的试剂瓶要用橡皮塞，最好用耐腐蚀的塑料试剂瓶。

氢氧化钠俗称烧碱，碳酸钠俗称纯碱，烧碱和纯碱统称为两碱。两碱的用途很广，造纸工业需要大量的烧碱，轻纺工业使用大量的纯碱，因此，它们是现代工业的重要化工原料。

碱土金属的氢氧化物溶解度比碱金属的氢氧化物小，碱性也稍弱。氢氧化铍为两性，氢氧化镁为中强碱，其余是强碱，以氢氧化钡碱性最强。氢氧化镁在医学上制成乳剂称为"镁乳"，用作泻药，也有抑制胃酸的作用。氢氧化钙俗称熟石灰，是重要的建筑材料，也用于制取漂白粉。将二氧化碳气体通入饱和的氢氧化钙溶液，会使澄清的石灰水变浑浊。实验室常用这一反应鉴别二氧化碳气体。

$$Ca(OH)_2 + CO_2 =\!=\!= CaCO_3 + H_2O$$

(三)常用碱金属和碱土金属的盐类

1. 氯化钠(NaCl)　氯化钠俗称食盐，主要存在于海水中，是重要的调味剂。临床上 0.9% 的氯化钠溶液称为生理盐水。大量的生理盐水用于出血过多或补充因腹泻引起的缺血症，还可以洗涤伤口。

2. 氯化钾（KCl） 氯化钾是临床上常用的一种利尿药。多用于心脏性或肾脏性水肿，还可用于治疗各种原因引起的缺钾症。

3. 碘化钠（NaI）和碘化钾（KI） 可用于配制碘酊，能增大碘的溶解度。碘化钾还用于配制造影剂。

4. 硫代硫酸钠（$Na_2S_2O_3$） 市售硫代硫酸钠俗称海波或大苏打，常含有 5 分子结晶水（$Na_2S_2O_3 \cdot 5H_2O$），是很强的还原剂，在化学分析中常作滴定剂；在纺织、造纸工业上用作脱氯剂。$Na_2S_2O_3$ 是常用的配位剂，能与银离子形成配离子，利用此性质作为定影剂，除去胶片上未曝光的溴化银。

20% $Na_2S_2O_3$ 制剂内服用于治疗重金属中毒，外用可治疗慢性皮炎等皮肤病。10% $Na_2S_2O_3$ 注射剂用于氯化物、汞、铅、铋、碘中毒的治疗。

5. 碳酸锂（Li_2CO_3） 有明显抑制躁狂症作用，可以改善精神分裂症的情感障碍，治疗量时对正常人精神活动无影响。

6. 硫酸镁（$MgSO_4 \cdot 7H_2O$） 硫酸镁晶体易溶于水，溶液带有苦味。常温下从水溶液中析出 7 分子结晶水，在医学上用作轻泻剂。硫酸镁与甘油调和作外用消炎药。

7. 硫酸钡（$BaSO_4$） 硫酸钡不溶于水，也不溶于酸，具有强烈吸收 X 射线的能力。硫酸钡在胃肠道中不溶解，不被吸收，能完全排出体外，对人体无害。因此，医院用作"钡餐"，进行胃肠透视的内服剂，用以检查诊断疾病。

钡盐中除硫酸钡外，其他大多数钡盐都有毒性。硫酸钡还可用作白色颜料。

8. 氯化钙（$CaCl_2$） 无水 $CaCl_2$ 有很强的吸水性，吸水后可生成一水、二水、四水或六水合物，是常用的干燥剂，但不能用于干燥氨气和乙醇，因为他们会形成加合物。

三、水的软化

（一）软水和硬水

水是日常生活中不可缺少的物质。水质的好坏直接影响生产和生活。天然水长期与空气、岩石和土壤等接触，溶解了许多无机盐、有机物等物质，因此，天然水一般均含有杂质。天然水中通常含有 Ca^{2+}、Mg^{2+} 等阳离子和 HCO_3^-、CO_3^{2-}、SO_4^{2-}、NO_3^- 等阴离子。工业上把含有较多 Ca^{2+}、Mg^{2+} 离子的水称为硬水；含有较少或不含 Ca^{2+}、Mg^{2+} 离子的水称为软水。一般来说，地下水、泉水中含 Ca^{2+}、Mg^{2+} 较多，而雨水、河水、湖水中含得较少。

各种天然水里所含离子的种类和数量不同，如果水的硬度是由碳酸氢钙或碳酸氢镁所引起的称为暂时硬水。暂时硬水经过煮沸以后，水中所含的碳酸氢盐就会分解成不溶性的碳酸盐。

$$Ca(HCO_3)_2 \xrightarrow{\triangle} CaCO_3 \downarrow + CO_2 \uparrow + H_2O$$

$$Mg(HCO_3)_2 \xrightarrow{\triangle} MgCO_3 \downarrow + CO_2 \uparrow + H_2O$$

继续加热煮沸时，$MgCO_3$ 逐渐转化成更难溶的 $Mg(OH)_2$。这样，水里溶解的 Ca^{2+} 和 Mg^{2+} 成为 $CaCO_3$ 和 $Mg(OH)_2$ 沉淀从水里析出。因此，水垢的主要成分是 $CaCO_3$ 和 $Mg(OH)_2$。

如果水的硬度是由钙和镁的硫酸盐或氯化物等所引起的称为永久硬度。永久硬度不能用加热的方法软化。天然水大多数同时具有暂时硬度和永久硬度。因此，一般来说水的硬度泛指上述两种硬度的总和。

📚 课堂互动

水的硬度是怎样形成的？家中的水壶如果有了水垢，你知道是何成分？能想办法除去吗？

(二)硬水的软化

水的硬度高对生活和生产都有危害。洗涤用水硬度太高，不仅浪费肥皂，而且衣物也清洗不干净。锅炉用水硬度太高，长期烧煮后，钙盐和镁盐形成水垢后，造成金属管道的导热能力大大降低。管道局部过热，时间久了管道将变形或损毁，严重时会引起锅炉爆炸。如纺织、印染、造纸、化工等行业都要求应用软水。因此，对天然水进行处理，以降低或消除它的硬度很重要。长期饮用硬度很高或过低的水，都不利于人体的健康。

降低水中钙、镁离子的含量称为硬水的软化。硬水经过处理后可以转化为软水。硬水软化的方法主要有下面两种。

1. 药剂软化法(石灰纯碱法) 利用加入药剂(纯碱及石灰)的方法降低水中钙、镁离子的含量。用这种方法，暂时硬度加入石灰就可以完全消除 HCO_3^- 而转化成 CO_3^{2-}；镁的永久硬度在石灰的作用下转化为等物质量的钙的硬度，最后被除去。反应过程中，镁以氢氧化镁的形式沉淀，而钙以碳酸钙的形式沉淀。

$$Ca^{2+} + CO_3^{2-} \longrightarrow CaCO_3 \downarrow$$

$$2Mg^{2+} + CO_3^{2-} + 2OH^- \longrightarrow Mg_2(OH)_2CO_3 \downarrow$$

2. 离子交换法 是用离子交换剂软化硬水的方法。离子交换剂是一种难溶于水的固体物质，自身所含有的阴阳离子与水中的阴阳离子进行交换，从而除去水中的杂质离子。在工业上常用磺化煤(NaR)做离子交换剂。磺化煤是黑色颗粒状物质，不溶于酸和碱，这种物质的阳离子与溶液里其他物质的阳离子发生离子交换作用。

在离子交换柱里装有磺化煤，把硬水从离子交换柱的上口注入，让水慢慢地流经磺化煤，硬水里的 Ca^{2+} 和 Mg^{2+} 与磺化煤的 Na^+ 离子发生交换作用，使硬水得到软化。反应方程式如下：

$$2NaR + Ca^{2+} \Longrightarrow CaR_2 + 2Na^+$$

$$2NaR + Mg^{2+} \Longrightarrow MgR_2 + 2Na^+$$

离子交换树脂法是一类具有离子交换功能的高分子材料。在溶液中将自身的离子与溶液中的同号离子进行交换。按交换基团性质的不同，离子交换树脂可分为阳离子交换树脂和阴离子交换树脂两类。

离子交换作用是可逆的，用过的离子交换树脂一般用适当浓度的无机酸或碱进行洗涤，可恢复到原来状态而重复使用，这一过程称为再生。阳离子交换树脂可用稀盐酸、稀硫酸等酸性溶液淋洗；阴离子交换树脂可用氢氧化钠等碱性溶液处理再生。

离子交换树脂法的用途很广，主要用于分离和提纯物质。例如，用于硬水软化得到去离子水、回收工业废水中的金属、分离稀有金属和贵金属以及抗生素的分离和提纯等。

知识链接

硬水与生活

硬水对健康不会造成直接危害，但给生活带来很多麻烦。例如：不经常饮用硬水的人偶尔饮用，会造成肠胃功能紊乱，即所谓的"水土不服"；用硬水烹调鱼肉、蔬菜，会因不易煮熟而破坏或降低食物的营养价值；硬水泡茶能改变茶的色香味而降低其饮用价值；用硬水做豆腐使产量降低，并且影响豆腐的营养成分。

科学家调查发现，人的某些心血管疾病，如高血压和动脉硬化性心脏病的死亡率，与饮水的硬度成反比，水质硬度低，死亡率反而高。其实，长期饮用过硬或者过软的水都不利于人体健康。我国规定：饮用水的硬度不得超过25度。

本 章 小 节

金属的通性

1. 物理性质：大部分金属具有光泽和颜色，导电性和导热性较好，一些金属密度小，具有很好的延展性，硬度、熔点差异较大。

2. 化学性质：能与氧气反应，能与稀酸反应，能发生置换反应(前金换后金)。

碱金属和碱土金属

1. 物理性质：碱金属银白色(除铍外)光泽，密度小，硬度小，熔点低；碱土金属的熔点、沸点比碱金属高，硬度较大，导电性低于碱金属。

2. 化学性质：能与水、氧气、氢气及非金属等反应。碱金属比碱土金属反应剧烈。

3. 重要的化合物：①碱金属盐：$NaCl$、NaI、KI、Li_2CO_3；②碱土金属盐：$MgSO_4$、$BaSO_4$、$CaCl_2$

水的软化

1. 软水和硬水：含有较多 Ca^{2+}、Mg^{2+} 的水称作硬水；含有较少或不含 Ca^{2+}、Mg^{2+} 离子的水称为软水。

2. 硬水的软化：降低水中钙、镁离子的含量。

3. 硬水软化的方法：①加热煮沸法：加热使 $Ca(HCO_3)_2$、$Mg(HCO_3)_2$ 转化为 $CaCO_3$ 和 $Mg(OH)_2$。②药剂软化法(石灰纯碱法)：用加入药剂的方法降低水中钙、镁离子的含量。③离子交换法：是用离子交换剂软化硬水的方法。常用的离子交换剂是磺化煤(NaR)。

同 步 训 练

一、选择题

1. 下列叙述中所描述的物质一定是金属元素的是(　　)
   A. 易失去电子的物质　　　　B. 原子最外层只有一个电子的元素
   C. 单质具有金属光泽的元素　D. 第三周期中，原子的最外层只有 2 个电子
2. 金属材料在人类活动中得到广泛的应用。下列性质属于金属共性的是(　　)
   A. 硬度都很大　　　　　　　B. 有良好的导电性和导热性
   C. 是银白色的固体　　　　　D. 熔点很高
3. 下列金属，常温下呈液态的是(　　)
   A. 钠　　　　　B. 汞　　　　　C. 钾　　　　　D. 铁水
4. "真金不怕火炼"这句广为流传的话是说明(　　)
   A. 金的硬度大　　　　　　　B. 金的性质不活泼，在高温时也不与氧气反应
   C. 金的熔点高，可以用火烧　D. 金在常温下能与氧气反应，高温下不反应
5. 下列金属与氧气在一定条件下反应，化学方程式错误的是(　　)
   A. $2Cu + O_2 =\!=\!= 2CuO$　　　　　B. $4Al + 3O_2 =\!=\!= 2Al_2O_3$
   C. $4Fe + 3O_2 =\!=\!= 2Fe_2O_3$　　　　D. $2Mg + O_2 =\!=\!= 2MgO$
6. 把一支洁净的铁钉放入稀硫酸中，下列说法错误的是(　　)
   A. 铁钉表面产生气泡　　　　B. 溶液由无色变成浅绿色
   C. 铁钉质量变轻　　　　　　D. 液体质量变轻
7. 锰(Mn)和镍(Ni)都是金属，现将镍丝插入硫酸锰溶液中，无变化，插入硫酸铜溶液中，镍丝上有铜析出，三种金属的活动性由大到小的顺序是(　　)
   A. Mn　Ni　Cu　　　　　　B. Cu　Ni　Mn
   C. Cu　Mn　Ni　　　　　　D. Ni　Mn　Cu
8. 质量相同的下列金属，与足量的稀盐酸充分反应，放出氢气最多的是(　　)
   A. Mg　　　　　B. Al　　　　　C. Cu　　　　　D. Zn
9. 能使石灰水变浑浊的气体是(　　)
   A. O_2　　　　　B. CO_2　　　　　C. CO　　　　　D. N_2
10. 相同质量的镁和铝分别跟足量的稀盐酸反应，生成氢气的体积比是(　　)
    A. 1:1　　　　　B. 1:2　　　　　C. 2:3　　　　　D. 3:4

二、填空题

1. 铝有很好的抗腐蚀性，因为常温下铝在空气中_____，从而阻止了铝的进一步氧化，反应方程式为_____。
2. 根据金属活动性顺序，金属的位置越靠前，金属性就_____；位于

_____的金属能置换出盐酸、稀硫酸中的氢；位于_____的金属能把位于_____的金属从它们的溶液里置换出来。

3. 家庭中除去水中可溶性的钙、镁等化合物常用的方法是_____。

4. 化学工业上，人们常说"三酸二碱"。其中"三酸"是指盐酸、硝酸和硫酸，"二碱"是指_____和_____。

5. 金属钠、钾等应该保存在_____里，因为他们在空气中与二氧化碳和水发生下面的反应：_____、_____。

三、简答题

1. 什么是硬水？硬水软化处理的方法有几种？

2. 医院用 X 射线作胃肠造影，检查者先饮入"钡餐"，为什么？

3. 过氧化钠为什么可以作"供氧剂"？

4. 黄金和白银（金属铂）为什么能制作各种形状的首饰，利用了金属的何种性质？

四、计算题

质量分数为 4% 的氢氧化钠溶液，吸收了 11g 二氧化碳后恰好完全反应，求氢氧化钠溶液的质量？

第十章 卤族元素

■ 知识要点

1. 卤族元素的通性。
2. 卤族元素的重要化合物：卤化氢和氢卤酸、卤素的含氧酸。

卤族元素包括氟(F)、氯(Cl)、溴(Br)、碘(I)、砹(At)5 种元素，习惯简称"卤素"。"卤素"希腊原文是"成盐元素"的意思。卤素在自然界中无游离态，一般以卤化物的形式存在。常见的是氯化物，如 NaCl、KCl、$MgCl_2$ 等存在于海水或岩盐中；溴化物较少，常与氯化物共存；碘富积于海带、海藻中；砹是放射性元素，自然界含量极少，在此不作介绍。

第一节 卤素的通性

一、卤素的物理性质

卤族元素是周期表第ⅦA 族元素。价电子构型是 ns^2np^5，最外层有 7 个电子，发生化学反应时容易得到一个电子，形成稀有气体的稳定电子层结构，是同周期中最活泼的非金属元素。因此，卤素单质具有强的氧化性。

从氟到碘原子半径依次增大，得电子的能力依次减弱，单质的非金属性逐渐减弱。卤族的单质是非极性双原子分子(X_2)，易溶于极性较小的有机溶剂。单质分子间仅靠色散力结合，所以卤族的熔点、沸点较低，从氟到碘随着分子量的增大而升高。常温下，卤素单质的主要物理性质见表 10 – 1。

表 10 – 1 卤族单质的主要物理性质

性质	氟	氯	溴	碘
状态	气	气	液	固
颜色	浅黄	黄绿	红棕	紫黑
熔点(℃)	53.56	172.16	265.96	386.86
沸点(℃)	84.96	238.46	331.16	456.16
溶解度	—	0.090(气)	0.21	1.3×10^{-3}
离解能	154.8	246.7	193.2	150.9

知识链接

了解氯气

　　氯气有毒，人吸入后可迅速附着于呼吸道黏膜，导致人体支气管痉挛，支气管炎，支气管周围水肿、充血和坏死。空气中氯气的浓度达到 $2.5mg/m^3$ 时，人就会死亡。一旦发生氯气泄漏应立即用湿毛巾捂住嘴、鼻，背风快速跑到空气新鲜处。因此，对氯气的操作一定要在通风条件好的环境下进行。

　　氯气的水溶液称为氯水，含有次氯酸，具有消毒杀菌作用。自来水中散发的就是消毒剂次氯酸的气味。

二、卤素的化学性质

　　卤族元素最外层 7 个电子，容易得到 1 个电子形成 8 电子的稳定结构，通常显示 -1 价。氟没有正价，氯、溴、碘除 -1 价化合物外，还有 $+1$、$+3$、$+5$、$+7$ 价的化合物。

　　卤素单质性质活泼，与许多金属、非金属单质及还原性物质发生反应，是强的氧化剂。

　　1. 与 H_2 反应　卤素与 H_2 反应生成卤化氢 HX。反应的难易与卤素单质的活性一致。氟反应非常激烈，低温时发生爆炸；氯与氢在光照或高温时会发生爆炸，暗处反应缓慢；溴和碘只有在高温时才能发生反应，并且 HI 的反应是可逆反应。X_2 与 H_2 反应方程式表示为：

$$H_2 + X_2 = 2HX$$

　　卤化氢均能溶于水，形成溶液氢卤酸。氢氟酸的 pK_a 是 3.20，因此，是一种弱酸。氢氯酸（即盐酸）、氢溴酸、氢碘酸都是典型的强酸，酸性从 HCl 到 HI 依次增强。

表 10 - 2　卤素单质与氢气反应

卤素	条件	产物稳定性	化学方程式
F_2	暗处	很稳定	$H_2(g) + F_2(g) = 2HF(g)$
Cl_2	光照或点燃	较稳定	$H_2(g) + Cl_2(g) = 2HCl(g)$
Br_2	加热	稳定性差	$H_2(g) + Br_2(g) = 2HBr(g)$
I_2	不断加热	不稳定	$H_2(g) + I_2(g) = 2HI(g)$

　　2. 与水反应　由于氟的非金属性强于氧，F_2 与 H_2O 发生置换反应：

$$2F_2 + 2H_2O = 4HF + O_2$$

氯气的水溶液称为"氯水"。Cl_2 与 H_2O 反应如下：

$$Cl_2 + H_2O = HClO + HCl$$

Cl_2 既是氧化剂又是还原剂，属于自身氧化还原反应，又称作歧化反应。

HClO 不稳定，易分解放出氧气，受热或光照时分解速度加快。

$$2HClO = 2HCl + O_2 \uparrow$$

常温下，1 体积水能溶解约 2 体积的氯气，新制的氯水因为氯气浓度大而显黄绿色。氯水中含有 HClO，具有杀菌、漂白作用，常用于消毒自来水，用于纸张和纺织品的漂白。

溴和水反应与氯气相似，但反应的活性程度要小得多，碘和水几乎不发生反应。

3. 与金属单质的反应 氟、氯能与所有金属直接化合，溴和碘能与大部分金属(除 Pt、Au 外)化合，但反应缓慢。

金属钠在氯气中剧烈燃烧，并产生白烟：

$$2Na + Cl_2 = 2NaCl$$

灼热的细铜丝在氯气中燃烧，产生棕黄色的烟：

$$Cu + Cl_2 = CuCl_2$$

4. 与非金属单质的反应 磷与氯气反应，氯气充足时生成五氯化磷，氯气不足时产物是三氯化磷：

$$2P + 5Cl_2 \xrightarrow{点燃} 2PCl_5$$

$$2P + 3Cl_2 \xrightarrow{点燃} 2PCl_3（白雾）$$

5. 与碱反应 卤素单质与碱溶液反应，生成次卤酸盐。次卤酸盐具有氧化性。

$$X_2 + 2NaOH = NaX + NaXO + H_2O$$

氯气与氢氧化钠溶液的反应，用于实验室制备 Cl_2 时多余 Cl_2 的吸收。

$$Cl_2 + 2NaOH = NaCl + NaClO + H_2O$$

Cl_2 与石灰乳[$Ca(OH)_2$]的反应，是工业上生产漂白粉的主要方法。

$$2Cl_2 + 2Ca(OH)_2 = Ca(ClO)_2 + CaCl_2 + 2H_2O$$

漂白粉是混合物，有效成分是 $Ca(ClO)_2$。$Ca(ClO)_2$ 不稳定，露置于潮湿的空气中易变质，所以必须密闭保存。

$$Ca(ClO)_2 + CO_2 + H_2O = CaCO_3 \downarrow + 2HClO$$

6. 卤素单质间的置换反应 卤素单质分子的氧化能力从 F_2 到 I_2 依次降低($F_2 > Cl_2 > Br_2 > I_2$)，而相应离子的还原能力则依次增强。氧化能力强的卤素单质可以把弱的卤离子从其盐溶液中置换出来。

【课堂实践 10-1】 两支试管中分别注入 1ml 0.1mol/L NaBr 和 NaI 溶液，各加入新制的饱和氯水 1ml，再加入少量四氯化碳溶液，振荡试管。观察现象。

实验显示，NaBr 溶液试管的 CCl_4 层显橙色；NaI 溶液试管的 CCl_4 层显紫红色。说明反应分别生成了单质 Br_2 和 I_2。

$$2Br^- + Cl_2 \xlongequal{\quad} 2Cl^- + Br_2$$

$$2I^- + Cl_2 \xlongequal{\quad} 2Cl^- + I_2$$

【课堂实践 10 –2】 试管中加入 0.1mol/L NaI 溶液 1ml，再滴入 1ml 溴水，加入少量四氯化碳，振荡试管。观察现象。

实验显示，试管中 CCl_4 层显紫红色，说明反应生成了单质 I_2。

$$2I^- + Br_2 \xlongequal{\quad} 2Br^- + I_2$$

I_2 与淀粉溶液显蓝色，利用这一特性，可作为 I_2 和淀粉的检验方法。

 课堂互动

为什么氯气可以使湿润的淀粉–碘化钾试纸变蓝？

第二节 卤素的重要化合物

一、卤化氢

1. 卤化氢 卤素单质与氢气直接反应生成卤化氢。卤化氢是无色具有刺激性气味的气体。卤化氢的主要物理性质见表 10 –3。

表 10 –3 卤化氢的物理性质

卤化氢	HF	HCl	HBr	HI
熔点(℃)	189.9	158.2	184.5	222.2
沸点(℃)	292.54	188.1	206	237.62
生成热(kJ/mol)	–268.8	–92.3	–36.25	+25.95
水中溶解度(100g 水)	35.3	42	49	57
键能(kJ/mol)	565	431	362	299

由表可知，卤化氢的熔点、沸点除 HF 外，按 HCl、HBr、HI 的顺序依次增大。因为随着分子量的增加，分子间作用力逐渐增大。HF 分子间存在着氢键，性质表现"异常"。

实验室常用浓硫酸与氯化钠共热，制备 HCl 气体。因为 Br^- 和 I^- 易被浓硫酸氧化为 Br_2 和 I_2。因此，用非氧化性酸(如浓磷酸)代替浓硫酸制取 HBr 与 HI。

$$2NaCl + H_2SO_4(浓) \xlongequal{\quad} Na_2SO_4 + 2HCl\uparrow$$

$$NaBr + H_3PO_4(浓) \xlongequal{\quad} NaH_2PO_4 + HBr\uparrow$$

$$NaI + H_3PO_4(浓) === NaH_2PO_4 + HI\uparrow$$

2. 卤素离子（X⁻）的检验　硝酸银溶液与卤素离子（除 F⁻ 外）反应，产生沉淀。此沉淀在稀硝酸中不溶，即证明溶液中存在 X⁻ 离子。

$$Ag^+ + Cl^- === AgCl\downarrow（白色）$$
$$Ag^+ + Br^- === AgBr\downarrow（浅黄色）$$
$$Ag^+ + I^- === AgI\downarrow（黄色）$$

除此之外，还可以用置换法检验 Br⁻、I⁻。在溶液中加入氯水，溶液变为橙色，证明是 Br⁻；溶液变为黄色，再加入少量淀粉溶液，变蓝色证明有 I⁻ 存在。

$$2Br^- + Cl_2 === 2Cl^- + Br_2$$
$$2I^- + Cl_2 === 2Cl^- + I_2$$

二、氯的含氧酸及其盐

氯可以生成化合价为 +1、+3、+5 和 +7 的四种含氧酸，即 HClO（次氯酸）、$HClO_2$（亚氯酸）、$HClO_3$（氯酸）和 $HClO_4$（高氯酸）。常用的有次氯酸、氯酸及其他们的盐。

1. 次氯酸（HClO）及其盐　次氯酸仅存在于溶液中，浓溶液呈黄色（溶有氯气），稀溶液无色。有刺鼻的气味，不稳定，酸性很弱（与氢硫酸相当）。次氯酸具有很强的氧化性和漂白作用，其盐类可用作漂白剂和消毒剂，能使有色布条、品红溶液褪色。

漂白粉是次氯酸钙和碱式氯化钙的混合物，其有效成分是复盐中的次氯酸钙 $Ca(ClO)_2$。使用时，加酸可使 $Ca(ClO)_2$ 转变成 HClO，发挥其漂白和消毒作用。例如，先将棉织物浸入漂白粉溶液中，然后再用稀酸溶液处理。二氧化碳能从漂白粉中将弱酸 HClO 置换出来，所以浸泡过漂白粉的织物，在空气中晾晒也能产生漂白作用。

2. 氯酸（HClO₃）及其盐　氯酸仅存在于溶液中。浓度达到 40% 含量即分解，含量更高时，迅速分解并发生爆炸。

$$3HClO_3 === 2O_2\uparrow + Cl_2\uparrow + HClO_4 + H_2O$$

氯酸是强酸，其强度接近于盐酸和硝酸。氯酸是强氧化剂。

$$2HClO_3 + I_2 === 2HIO_3 + Cl_2\uparrow$$

氯酸钾和氯酸钠是重要的氯酸盐。在催化剂存在时，$KClO_3$ 加热分解产生氧气，这是实验室制备氧气的一种方法。

$$2KClO_3 \xrightarrow[\triangle]{MnO_2} 2KCl + 3O_2$$

$KClO_3$ 是强氧化剂，与易燃物质（如硫、磷、碳等）混合后，经摩擦或撞击会发生爆炸，利用这一性质，可以制造炸药、烟火及火柴等。

碘与人体的健康

　　碘是人体内必需的微量元素，是甲状腺激素的重要组成部分。正常人体内含碘 25～50mg，其中 70%～80% 在甲状腺内。人体内的碘以化合物的形式存在，其主要生理作用通过形成甲状腺激素而发生，正常人体一般每日摄入量 0.15mg。

　　人体缺乏碘会导致一系列生化紊乱及生理功能异常，如引起地方性甲状腺肿大，导致婴幼儿生长发育停滞、智力低下等。科学合理地补充碘可防止碘缺乏病。补碘以食用含碘盐最为方便。碘酸钾（KIO_3）是国家规定的食盐加碘剂，它是白色晶体，易溶于水。

本 章 小 节

卤素的通性

　　1. 卤素通性：第ⅦA族元素包括氟（F）、氯（Cl）、溴（Br）、碘（I）、砹（At）5 种元素。价电子构型是 ns^2np^5，最外层有 7 个电子，是活泼的非金属元素。

　　2. 卤素单质的化学性质：与金属单质化合；与 H_2 的化合；与水的反应；与碱溶液的反应；卤素单质的置换反应。

卤化氢及卤化物

　　1. 卤化氢：HX 制备、稳定性及氢卤酸。

　　2. 卤化物：金属卤化物、非金属卤化物。

　　3. 卤离子的鉴别：与硝酸银－硝酸溶液反应；卤离子间的置换反应。

卤素含氧酸及其盐

　　1. 次氯酸（HClO）及其盐：HClO 不稳定、易分解，有很强的氧化性和漂白作用。次氯酸钠（NaClO）和次氯酸钙[$Ca(ClO)_2$]是常见的次氯酸盐。

　　2. 氯酸（$HClO_3$）及其盐：氯酸是强酸，仅存在于溶液中，有强的氧化性，酸性近于盐酸和硫酸。氯酸钾和氯酸钠是重要的氯酸盐。

　　3. 高氯酸（$HClO_4$）及其盐：浓 $HClO_4$ 不稳定，受热易分解，遇易燃物爆炸，在无机酸中酸性最强。高氯酸盐有很强的水合作用，可做干燥剂。

同 步 训 练

一、选择题

1. 下列各组元素中属于同一主族的是(　　)
    A. 氧 氟 氯　　　B. 镁 铁 铅　　　C. 碳 硅 碘　　　D. 氯 溴 碘
2. 常温下，下列物质是红棕色液体的是(　　)
    A. F_2　　　　　　B. Cl_2　　　　　　C. Br_2　　　　　　D. I_2
3. 相同条件下，下列气态氢化物最稳定的是(　　)
    A. HCl　　　　　　B. HF　　　　　　C. HBr　　　　　　D. HI
4. 下列单质中，与氢气发生反应最剧烈的是(　　)
    A. F_2　　　　　　B. Cl_2　　　　　　C. Br_2　　　　　　D. I_2
5. 下列卤素单质的氧化性最强的是(　　)
    A. F_2　　　　　　B. Cl_2　　　　　　C. Br_2　　　　　　D. I_2
6. 卤素单质熔点、沸点最高的是(　　)
    A. F_2　　　　　　B. Cl_2　　　　　　C. Br_2　　　　　　D. I_2
7. 下列说法中，不符合ⅦA族元素性质特征的是(　　)
    A. 从上到下原子半径逐渐减小　　　B. 易形成 -1 价离子
    C. 从上到下得电子能力逐渐减弱　　　D. 从上到下氢化物的稳定性依次减弱
8. 卤素单质具有相似的化学性质，这是由于卤素(　　)
    A. 最外层电子数相同　　　　　　B. 单质的熔沸点逐渐降低
    C. 单质的密度逐渐增大　　　　　　D. 单质在水中的溶解度逐渐减小
9. 下列各组药品中用一种试剂就能将它们鉴别的是(　　)
    A. Na_2CO_3　Na_2SO_4　NaCl　　　　　　B. NaCl　NaBr　NaI
    C. H_2SO_4　HCl　HNO_3　　　　　　D. HCl　NaCl　NaBr
10. 次氯酸的化学式是(　　)
    A. HCl　　　　　　B. HClO　　　　　　C. $HClO_3$　　　　　　D. $HClO_4$
11. 下列性质不属于次氯酸性质的是(　　)
    A. 不稳定性　　　B. 强酸性　　　C. 氧化性　　　D. 还原性
12. 氯气在常温下通入水中产物是(　　)
    A. HCl　　　　　　B. HClO　　　　　　C. HCl　HClO　　　D. HCl　HClO、H_2O
13. 人体甲状腺中含有(　　)
    A. NaCl　　　　　　B. I_2　　　　　　C. NaIO　　　　　　D. KCl
14. 漂白粉的有效成分是(　　)
    A. 氯化钙　　　　　　　　　　B. 次氯酸钙
    C. 氢氧化钙　　　　　　　　　　D. 三者的混合物

15. 对次氯酸的分解反应叙述错误的是（　　）

    A. 歧化反应　　　　　　　　B. 自身氧化还原反应

    C. 非氧化还原反应　　　　　D. 复分解反应

二、填空题

1. 常温下，氯气是一种_____色、_____气味的气体。氯气溶于水称为_____。氯水能使有色布条褪色，是因为_____。

2. 把 Cl_2 通入含有 I^-、Br^-、S^{2-} 的溶液中，首先析出的是_____，其次是_____，最后是_____。

3. 金属锌、金属铝分别与足量的 HCl 反应后，若生成的气体的质量相同，则 Zn 与 Al 的质量比为_____。

4. 卤族元素包括_____等元素，_____是放射性元素。卤族元素（除砹外）氧化性最强的是_____，还原性最强的阴离子是_____。

5. 要从碘化钠溶液中制取固体碘单质，可向盛有 NaI 溶液的烧瓶中通入适量 Cl_2，此反应属于_____；反应方程式为_____。然后向烧瓶里注入适量 CCl_4 充分振荡后，静置，液体分层，上层的颜色为_____，下层的颜色为_____。

三、计算题

1. 一定量的氢气在氯气中燃烧，所得混合物用 100ml 3.0mol/L 的 NaOH 溶液（密度 1.12g/ml）恰好完全吸收，测得溶液中含有 NaClO 的物质的量为 0.05mol。计算：

    （1）NaOH 溶液的质量分数为多少？

    （2）所得溶液中 Cl^- 的物质的量为多少摩尔？

2. 将 2.2gNaCl 和 NaBr 的混合物溶于水配成溶液，向溶液中加入足量的 $AgNO_3$ 溶液产生沉淀 4.75g，混合物中 NaCl 和 NaBr 各多少克？

四、简答题

1. 将浓盐酸与大理石作用，生成的气体通入石灰水没有沉淀，再通过浓度为 5% 的 $Ba(OH)_2$ 溶液中出现沉淀，其原因是什么？

2. 为什么工业上不保留次氯酸而保存漂白粉？漂白粉漂白作用的原理是什么？

第十一章　氧族元素

📖 **知识要点**

1. 氧族元素通性。
2. 重要的化合物：过氧化氢、硫及硫化物、硫的含氧化合物。
3. 过氧化氢、硫离子、硫酸根离子的检验。

氧族元素包括氧(O)、硫(S)、硒(Se)、碲(Te)、钋(Po)五种元素。氧元素在地壳中分布最广，广泛分布于大气、海洋和岩石层中。海洋中，主要以水的形式存在；大气层中，以单质的状态存在；岩石层中，主要以氧化物和含氧酸盐的形式存在。硫元素在自然界中的含量较少，主要以硫化物和硫酸盐的形式存在。

本章主要讨论氧和硫及其典型化合物的性质。

第一节　氧族元素的通性

一、氧族元素的物理性质

氧族元素属元素周期表中ⅥA族，价电子层结构为 ns^2np^4，最外层 6 个电子。氧族元素的物理性质随着原子序数的递增而呈现规律性变化。从上到下，氧族元素的密度逐渐增大，熔点、沸点逐渐升高。氧、硫是典型的非金属元素，不导电；硒、碲的非金属性较弱，是准金属元素，可以导电；钋是放射性金属元素，导电能力较强。

氧族元素还具有较强的配位能力，O 和 S 是常见的配位原子。

氧单质有氧气(O_2)和臭氧(O_3)两种同素异形体。常温常压下，氧气是一种无色无味的气体，在 $-183℃$ 时可冷凝成淡蓝色的液体，冷却至 $-218.4℃$ 时，凝结成淡蓝色的固体；O_2 是非极性分子，难溶于水。臭氧(O_3)是无色带鱼腥味的气体，能吸收太阳光的紫外辐射，成为保护地球生命免受太阳强辐射的天然屏障。

氧气在医学上用于缺氧的预防和治疗，用于维持正常的呼吸。如治疗肺炎、肺水肿及一氧化碳中毒，吸入的氧气先通过水洗，使其略带湿气，以防止支气管炎。

氧族元素的主要性质见表 11 - 1。

表 11 - 1　氧族元素的主要性质

元素名称	氧	硫	硒	碲
元素符号	O	S	Se	Te
原子序数	8	16	34	52
相对原子量	16.0	32.06	78.96	127.6
最外层电子构型	$2s^2 2p^4$	$3s^2 31p^4$	$4s^2 4p^4$	$5s^2 5p^4$
主要化合价	-2, 0	-2, 0, +4, +6	-2, 0, +4, +6	-2, 0, +4, +6
原子半径(10^{-10} m)	0.66	1.04	1.17	1.37
颜色和状态	无色气体	黄色固体	灰色固体	银白色固体
密度(g/m³)	1.14	2.07	4.79	6.24
熔点(℃)	-218.8	119.0	217	449.5
氢化物	H_2O	H_2S	H_2Se	H_2Te
氧化物		SO_2, SO_3	SeO_2, SeO_3	TeO_2, TeO_3
氧化物的水化物		H_2SO_3, H_2SO_4	H_2SeO_3, H_2SeO_4	H_2TeO_3, H_2TeO_4

知识链接

硒与人类的健康

　　硒元素是人体必需的微量元素，硒元素的某些化合物具有保护细胞的作用。硒是微量元素中的"抗癌之王"，既能抑制多种致癌物质的作用，又能及时清理自由基，起着"清道夫"的作用。假若人体内出现癌细胞，硒是癌细胞的杀伤剂，在体内形成抑制细胞分裂和增殖的外环境。硒还能减低放、化疗的毒副作用，明显缓解晚期癌症病人的剧痛。硒在生物学方面具有保心脑、护肝肾、防癌变、恢复胰岛功能、延缓衰老等神奇的作用。肝病、心脑血管病、糖尿病、癌症等久治不愈的患者体内的血硒水平都很低，在治疗的同时适量补硒能增强自愈力。

二、氧族元素的化学性质

　　氧族元素最外层有 6 个电子，容易得到两个共用电子达到 8 个电子的稳定结构，表现出较强的非金属性，但弱于卤族元素。氧族元素化学反应中易得到电子，主要表现出氧化性，大多数含氧化合物显示 -2 价，在过氧化合物中显 -1 价。氧族元素与非金属性较强的元素化合时，表现出 $+2$、$+4$ 或 $+6$ 价。

1. 与大多数金属反应 氧族元素单质可以和大多数金属直接反应。例如：

$$3Fe + 2O_2 \xrightarrow{\text{点燃}} Fe_3O_4$$

$$Fe + S \xrightarrow{\triangle} FeS$$

氧族元素的单质和金属反应表现出氧化性，其氧化性从上至下逐渐减弱，反应的活性为：$O > S > Se > Te$。

2. 与氢气化合 氧族元素单质（除碲、钋外）都可以和氢气直接化合，生成气态氢化物 H_2A。例如：

$$2H_2 + O_2 \xrightarrow{\text{点燃}} 2H_2O$$

$$S + H_2 \xrightarrow{\text{点燃}} H_2S$$

氢化物的稳定性从氧至碲逐渐减弱，其水溶液均显酸性（H_2O 除外）。

3. 与氧气反应 氧族元素可以和空气中的氧气反应，生成 RO_2 或 RO_3。例如：

$$S + O_2(\text{不足}) \xrightarrow{\text{点燃}} SO_2$$

$$2SO_2 + O_2(\text{充足}) \xrightarrow{\text{点燃}} 2SO_3$$

4. 氧化物对应的水化物是酸 氧族元素的氧化物有 RO_2 和 RO_3 两种，对应的水化物 H_2RO_3 和 H_2RO_4 都显酸性。最高正价氧化物的水化物酸性变化是：$H_2SO_4 > H_2SeO_4 > H_2TeO_4$。

第二节 氧族元素的重要化合物

一、过氧化氢

过氧化氢（H_2O_2）是氧与氢结合生成水以外的另一种化合物，自然界中较少，微量存在于雨雪和植物的汁液中。纯 H_2O_2 是淡蓝色的黏稠液体，熔点 $-0.89℃$，沸点 $151.4℃$，能溶于水、醇、醚中，但不溶于石油醚。过氧化氢与水以任意比例混溶，其水溶液俗称双氧水。市售过氧化氢的浓度是 30%，医药和实验室常用 3% 的过氧化氢。过氧化氢的主要化学性质如下：

1. 不稳定性 纯净的过氧化氢通常比较稳定，分解较缓慢。当受热、光照或加入少量碱或重金属（如 Fe 粉、MnO_2 等）时，分解速度大大加快：

$$2H_2O_2 \xrightarrow{\quad} 2H_2O + O_2 \uparrow$$

因此，过氧化氢应避光、低温保存在棕色试剂瓶中，有时加入微量的锡酸钠（Na_2SnO_3）或焦磷酸钠（$Na_4P_2O_7$）稳定剂，抑制过氧化氢的分解。

2. 氧化还原性 在 H_2O_2 中，O 的化合价为 -1，因此，H_2O_2 既有氧化性也有还原性。

H_2O_2 在酸性或碱性溶液中，一般表现出强氧化性。例如：

$$H_2O_2 + 2KI + 2HCl =\!=\!= I_2 + 2KCl + 2H_2O$$

H_2O_2 与强氧化剂作用时，表现出还原性。例如：

$$2KMnO_4 + 5H_2O_2 + 3H_2SO_4 =\!=\!= K_2SO_4 + 2MnSO_4 + 8H_2O + 5O_2\uparrow$$

3. 弱酸性　H_2O_2 是二元弱酸，能与某些氢氧化物反应，生成过氧化物和水。

$$H_2O_2 + Ba(OH)_2 =\!=\!= BaO_2 + 2H_2O$$

4. 过氧化氢的检验　鉴别过氧化氢的方法是：在酸性溶液中加入重铬酸钾（$K_2Cr_2O_7$）溶液，生成蓝色过氧化铬（CrO_5）。过氧化铬在水中不稳定，在乙醚中较稳定，故先加入一些乙醚，反应完成后，乙醚层显蓝色。

$$4H_2O_2 + K_2Cr_2O_7 + H_2SO_4 =\!=\!= K_2SO_4 + 2CrO_5 + 5H_2O$$

过氧化氢主要用作氧化剂，其还原产物是水，不会引入其他杂质。纯的过氧化氢可以作为火箭燃料的氧化剂。医药上常用作杀菌剂，临床上用 3% 的过氧化氢溶液洗涤化脓性伤口、漱口和洗耳，浓度大于 30% 的过氧化氢溶液会灼伤皮肤。过氧化氢还可用于漂白、消毒及用作防毒面具中的氧源等。

二、硫及硫化物

（一）硫

硫单质俗称硫黄，是淡黄色晶体，松脆，不溶于水，微溶于酒精，易溶于 CS_2；密度为 $2g/cm^3$，熔点、沸点低。硫的导电性和导热性很差。

单质硫的化学性质比较活泼，其化合价为 0，既可以作氧化剂也可以作还原剂。

1. 氧化性　硫与金属、氢气、碳等还原性较强的物质作用时，直接化合生成相应的硫化物，表现出氧化性。

（1）与非金属反应　单质 S 与氢气燃烧生成硫化氢气体。

$$S + H_2 \xrightarrow{\text{点燃}} H_2S$$

（2）与金属反应　S 可以与大部分金属反应生成硫化物。

$$2Cu + S \xrightarrow{\triangle} Cu_2S（硫化亚铜）$$

$$Fe + S \xrightarrow{\triangle} FeS（硫化亚铁）$$

当金属汞不慎散落，大量地进行收集残留的汞用硫黄粉覆盖，生成不挥发的 HgS。

$$Hg + S =\!=\!= HgS$$

2. 还原性　硫可以作还原剂，能与氧气、卤素（除碘外）及氧化性的酸作用。

（1）与氧气反应　硫在空气或纯氧中可以燃烧。在空气中燃烧发出淡蓝色的火焰；在纯氧中燃烧发出明亮的蓝紫色火焰。

$$S + O_2 \xrightarrow{\text{点燃}} SO_2$$

（2）与强氧化剂的反应　单质硫可以与强氧化剂发生反应，表现出 +4 和 +6 价。例如：

$$S + 2H_2SO_4(浓) \xrightarrow{\triangle} 3SO_2\uparrow + 2H_2O$$

$$S + 6HNO_3(浓) \xrightarrow{\triangle} H_2SO_4 + 6NO_2\uparrow + 2H_2O$$

单质硫主要用于制造硫酸、硫酸盐、硫化物，用于橡胶工业、造纸工业，用于制造火柴和焰火等产品。

(二)硫化物

1. 硫化氢(H_2S)　硫化氢是无色、有臭鸡蛋气味的气体，比空气重。硫化氢有剧毒，不仅刺激眼膜及呼吸道，还能麻醉人的中枢神经系统。当空气中含有微量硫化氢时，会使人感到头晕、恶心或头疼，长时间大量吸入 H_2S 会引起严重中毒，导致昏迷甚至死亡。所以制备或使用硫化氢时，应在通风橱中进行。硫化氢的化学性质主要有：

(1)弱酸性　硫化氢气体能溶于水，在常温常压下，1L 水能溶解 2.6L 的硫化氢，其水溶液称作氢硫酸。氢硫酸是一种挥发性二元弱酸，具有酸的通性，能使紫色石蕊试液变红。

(2)不稳定性　较高温度下，硫化氢分解生成氢气和单质硫。

$$H_2S \xrightarrow{\triangle} H_2 + S$$

(3)还原性　H_2S 分子中，S 为 – 2 价，是硫的最低化合价。因此，S^{2-} 容易失去电子表现出还原性。室温下，干燥的硫化氢不与空气中的氧气发生反应，但能够在空气中燃烧，生成二氧化硫和水；若空气量不足，生成单质硫和水。

$$2H_2S + 3O_2(充足) \xrightarrow{点燃} 2SO_2 + 2H_2O$$

$$2H_2S + O_2(不足) \xrightarrow{点燃} 2S\downarrow + 2H_2O$$

氢硫酸的还原性比硫化氢气体强，氢硫酸溶液在空气中氧化析出单质硫，使溶液呈现浑浊。因此，氢硫酸溶液不能长期存放，一般现用现制。

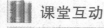 课堂互动

　　硫化氢和氢硫酸的化学式都是 H_2S，它们的性质有什么不同？

2. 金属硫化物　金属硫化物大多数有颜色且难溶于水，只有碱金属的硫化物易溶，碱土金属的硫化物如 CaS、BaS 等微溶(见表 11 – 2)。金属硫化物在水中的溶解性和特征颜色用于物质的分离和鉴别。所有硫化物都能发生水解，水解后溶液显碱性。常见硫化物的颜色和溶解性见表 11 – 2。

表11-2　常见硫化物的颜色和溶解性

名称	化学式	颜色	水中溶解性	稀酸中溶解性
硫化钠	Na_2S	白色	易溶	易溶
硫化锌	ZnS	白色	难溶	易溶
硫化锰	MnS	肉色	难溶	易溶
硫化亚铁	FeS	黑色	难溶	易溶
硫化铅	PbS	黑色	难溶	难溶
硫化银	Ag_2S	黑色	难溶	难溶
硫化铜	CuS	黑色	难溶	难溶

三、硫的含氧化合物

（一）二氧化硫（SO_2）

二氧化硫是无色、有强烈刺激性气味的气体，长期吸入会造成慢性中毒，引起食欲丧失、大便不通和器官炎症。常温常压下，二氧化硫易溶于水，1体积水能溶解40体积SO_2。

SO_2中S显示+4价，所以SO_2既有氧化性，也有还原性，但以还原性为主。

$$2SO_2 + O_2 \xrightarrow[\triangle]{催化剂} 2SO_3$$

SO_2与水反应生成亚硫酸：

$$SO_2 + H_2O = H_2SO_3$$

二氧化硫主要用于生产硫酸和亚硫酸盐。SO_2能与某些有机色素结合生成无色化合物，可以漂白纸张、草编制品等。SO_2还具有杀菌作用，用作空气消毒剂和食品防腐剂。大量的SO_2用于化工行业制造合成洗涤剂。

知识链接

二氧化硫的特殊作用

二氧化硫的漂白作用是因为其能与某些有色物质结合生成不稳定的无色物质。这种无色物质容易分解，使之恢复原来的颜色。所以，用二氧化硫漂白过的草帽，天长日久又渐渐变成黄色。利用二氧化硫的漂白作用可制取希夫试剂。品红是红色染料，其水溶液显紫红色。SO_2通入到品红溶液中，则红色褪去，形成无色溶液。这种无色的品红亚硫酸溶液即为希夫试剂。它可以用来鉴别有机化合物的醛类物质。

亚硫酸可形成正盐和酸式盐两类。所有酸式盐易溶于水，正盐中除碱金属和铵盐外均不溶于水，但能溶于强酸。在亚硫酸盐中，硫为 +4 价，所以亚硫酸盐既有氧化性又有还原性，以还原性为主。亚硫酸盐不稳定，受热容易分解。

$$4Na_2SO_3 \stackrel{\triangle}{=\!=\!=} 3Na_2SO_4 + Na_2S$$

亚硫酸盐有很多用途，如亚硫酸氢钙大量用于造纸工业，亚硫酸钠和亚硫酸氢钠大量用于染料工业，也用作漂白织物时的去氯剂。

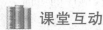 课堂互动

　　SO_2 和 Cl_2 都具有漂白的作用，它们漂白原理相同吗？

（二）三氧化硫（SO_3）

通常情况下，三氧化硫是一种无色易挥发的固体，熔点为 16.8℃，沸点为 44.8℃。SO_3 与水以任意比例混合，溶于水生成硫酸并放出大量的热。

$$SO_3 + H_2O =\!=\!= H_2SO_4$$

SO_3 中 S 为 +6 价，因此具有较强的氧化性。

（三）浓硫酸（H_2SO_4）

纯硫酸是无色无臭的油状液体，市售浓硫酸的质量分数为 98.3%，密度 1.84kg/L。硫酸是一种高沸点难挥发性的强酸，易溶于水，能与水以任意比例混溶，溶解时放出大量的热。因此，浓硫酸稀释时应该把酸倒入水中，不能把水倒入酸中，并不断搅拌。

浓硫酸的化学性质主要表现为：

1. **吸水性**　浓硫酸具有强烈的水合倾向，与水作用形成一系列水合物，常被用作干燥剂。因此，浓硫酸必须密闭保存。

2. **脱水性**　浓硫酸能将有机物脱去水发生"炭化"现象。例如蔗糖、木屑、纸屑和棉花等遇浓硫酸会变黑。

$$C_{12}H_{22}O_{11} \xrightarrow{浓硫酸} 12C + 11H_2O$$

浓硫酸有很强的腐蚀性，能严重破坏动植物的组织。如果皮肤沾上浓硫酸，应立即用干布拭去，再用大量的水冲洗，最后涂上 $NaHCO_3$ 稀溶液。

3. **强氧化性**　浓硫酸是强的氧化剂，加热时氧化许多金属和非金属，一般被还原为 SO_2。

（1）与金属反应　常温下，浓硫酸能使铁、铝表面生成一层保护膜阻止内部金属继续反应，该现象称作金属的"钝化"。利用此性质，可以用铁罐或铝罐储运浓硫酸。

浓硫酸加热时，几乎与所有的金属（除金、铂外）都能发生反应，生成高价金属硫酸盐。

$$Cu + 2H_2SO_4(浓) \xrightarrow{\triangle} CuSO_4 + SO_2 \uparrow + 2H_2O$$

$$2Fe + 6H_2SO_4(浓) \xrightarrow{\triangle} Fe_2(SO_4)_3 + 3SO_2 \uparrow + 6H_2O$$

（2）与非金属反应 热的浓硫酸可将碳、硫、磷等非金属单质氧化，生成高价态的氧化物或含氧酸。

$$C + 2H_2SO_4(浓) \xrightarrow{\triangle} CO_2 \uparrow + 2SO_2 \uparrow + 2H_2O$$

稀硫酸没有氧化性，只有一般酸的通性。因此，稀硫酸能与金属活动顺序的氢前金属（如 Zn、Mg、Fe 等）反应放出氢气。

硫酸是重要的化工产品，用来制备盐酸、硝酸、化肥及各种硫酸盐，还可用于生产农药、炸药和燃料等。

四、重要的硫酸盐

硫酸是二元强酸，能形成正盐和酸式盐。酸式盐易溶于水。常见的硫酸盐中，硫酸钙、硫酸银微溶于水；硫酸钡、硫酸铅、硫酸锶难溶于水；其他硫酸盐都能溶于水。大部分硫酸盐是离子型化合物，水溶液能导电。

可溶性的硫酸盐结晶时，常含有一定的结晶水。带结晶水的硫酸盐通常称为矾，如胆矾（$CuSO_4 \cdot 5H_2O$）、绿矾（$FeSO_4 \cdot 7H_2O$）、皓矾（$ZnSO_4 \cdot 7H_2O$）等。而 $CaSO_4 \cdot 2H_2O$ 习惯称为石膏。

1. 硫酸钠（Na_2SO_4） 一般含 10 个结晶水（$Na_2SO_4 \cdot 10H_2O$），称为芒硝，中药称朴硝。芒硝无臭，味咸苦，在空气中风化或加热失去结晶水，中药称玄明粉，可作缓泻剂。无水硫酸钠极易结合水生成结晶硫酸钠，常用作脱水剂。

2. 硫酸锌（$ZnSO_4$） 含 7 个结晶水的硫酸锌（$ZnSO_4 \cdot 7H_2O$）称作皓矾，它是无色晶体，能使有机组织收缩，减少腺体分泌，临床上用作收敛剂。此外，明矾对木材具有防腐作用，用于浸泡铁轨枕木，也可作为白色颜料。

3. 硫酸亚铁（$FeSO_4 \cdot 7H_2O$） 为淡绿色晶体，俗称绿矾。在空气中不稳定，易氧化为硫酸铁。临床上用作补血剂，治疗缺铁性贫血；工业上用来制造蓝黑墨水。

4. 硫酸铝钾［$KAl(SO_4)_2 \cdot 12H_2O$］ 俗称明矾，为无色透明晶体。无臭，味甜而涩，可用于水的净化。

5. 硫酸根离子的检验 在被检测溶液中加入可溶性钡盐（如 $BaCl_2$），有白色沉淀生成，此沉淀加入稀盐酸或稀硝酸不溶解，证明有 SO_4^{2-} 存在。

$$Na_2SO_4 + BaCl_2 =\!=\!= 2NaCl + BaSO_4 \downarrow （白色）$$

同样条件下，碳酸根离子（CO_3^{2-}）或亚硫酸根离子（SO_3^{2-}）与氯化钡（$BaCl_2$）溶液也能生成白色沉淀。但沉淀能溶于稀盐酸或稀硝酸，并放出气体。例如：

$$Na_2CO_3 + BaCl_2 =\!=\!= 2NaCl + BaCO_3 \downarrow （白色）$$

$$BaCO_3 + 2HCl =\!=\!= BaCl_2 + H_2O + CO_2 \uparrow$$

本 章 小 节

氧族元素通性

1. 氧族元素通性：位于周期表Ⅶ A。包括氧（O）、硫（S）、硒（Se）、碲（Te）、钋（Po），最外层有 6 个电子，表现出较强的非金属性。

2. 氧族元素的化学性质：与大多数金属反应；与氢气反应生成气态氢化物；与氧气反应；氧化物对应的水化物都是酸。

重要化合物

1. 过氧化氢（H_2O_2）：不稳定，易分解；具有氧化性和还原性。医药上主要作消毒剂。

2. 单质硫：化学性质比较活泼，既有氧化性又有还原性，可以与非金属、金属、氧气及强氧化剂反应。

3. 硫化氢：为具有臭鸡蛋气味的有毒气体。主要表现出还原性。

4. 金属硫化物：大多数有颜色且难溶于水，利用其溶解性和颜色鉴别和分离金属硫化物。

硫的含氧化合物

1. SO_2 和 SO_3：常温下均为气体，溶于水后分别生成 H_2SO_3 和 H_2SO_3。

2. 浓硫酸：具有吸水性、脱水性和强氧化性。

3. 重要的硫酸盐：硫酸钠、硫酸锌、硫酸亚铁、硫酸铝钾。

4. 硫酸根离子的检验：用可溶性钡盐和稀硝（盐）酸。

同 步 训 练

一、选择题

1. 氧族元素的性质随原子序数增加而依次减小（弱）的是（　　　）

　　A. 单质的熔点　　　B. 原子得电子能力　　C. 金属性　　　　　　D. 原子半径

2. 氧族元素形成的氢化物其稳定性的排列顺序是（　　　）

　　A. $H_2Se > H_2S > H_2O > H_2Te$　　　　　　　　B. $H_2O > H_2S > H_2Se > H_2Te$

　　C. $H_2S > H_2Se > H_2Te > H_2O$　　　　　　　　D. $H_2Se > H_2Te > H_2O > H_2S$

3. 下列说法不正确的是（　　　）

　　A. 硫化氢比碲化氢稳定

　　B. H_2SeO_3 中的 Se 既有氧化性，又有还原性

　　C. 硒酸钠的分子式是 Na_2SeO_3

　　D. 硫不能导电，而碲却能够导电

4. 下列物质中酸性最强的是（　　　）

A. H_2SO_4 B. H_2SO_3 C. H_2S D. H_2Te

5. 下面对氧、硫、硒、碲的叙述中正确的是（　　）

    A. 均可显 -2、$+4$、$+6$ 价   B. 能跟大多数金属直接化合

    C. 都能跟氢气直接化合   D. 固体单质都不导电

6. 将 H_2O_2 加入 H_2SO_4 酸化的 $KMnO_4$ 溶液中，H_2O_2 起的作用是（　　）

    A. 氧化剂   B. 还原剂   C. 分解成氢和氧   D. 还原硫酸

7. 下列有关硫的叙述中，不正确的是（　　）

    A. 黏附在试管壁上的硫可用 CS_2 清洗

    B. 硫粉和铜粉混合共热生成黑色的 CuS

    C. 硫在自然界中主要以化合态形式存在

    D. 硫很难与氢气化合且生成的硫化氢也不稳定

8. 下列对 SO_2 和 SO_3 的叙述正确的是（　　）

    A. 常温下是无色气体，都易溶于水

    B. 都是酸性氧化物，其水溶液都是强酸

    C. 都可使品红溶液褪色

    D. 都能与碱溶液反应

9. 下列说法中不正确的是（　　）

    A. SO_2 既有氧化性又有还原性   B. SO_2 可溶于水制得 H_2SO_3

    C. H_2SO_3 可使品红褪色   D. H_2SO_3 既有氧化性又有还原性

10. 下列关于浓 H_2SO_4 的叙述中，错误的是（　　）

    A. 常温下，可使某些金属钝化   B. 具有脱水性，故能作干燥剂

    C. 稀释时需将水倒入浓硫酸中   D. 溶于水放出大量的热

二、填空题

1. 氧族元素原子的最外电子层都有_____个电子。在化学反应中，氧族元素的原子容易从其他原子_____电子，生成_____价的化合物，表现出_____性。

2. 将双氧水加入酸化的 $KMnO_4$ 溶液中，溶液紫红色消失，双氧水表现出_____性。

3. 写出下列物质的分子式：

石膏_____ 胆矾_____ 明矾_____ 芒硝_____

4. 少量 Na_2CO_3 溶液中加入少量 $BaCl_2$ 溶液，振荡，有_____沉淀生成，加稀盐酸沉淀_____，同时有_____气体产生。

5. 浓硫酸可将_____脱水，称为_____。

三、简答题

1. 硫化氢水溶液可以长期放置吗？为什么？

2. 为什么可以用硫粉处理洒落的残留金属汞？

3. 大气臭氧层对地球有什么作用？哪些物质会破坏臭氧层？

第十二章　氮族元素

知识要点

1. 氮族元素的通性。
2. 氮气、氨气、铵盐的性质；铵根离子的检验。
3. 硝酸、磷酸及磷酸盐的性质及用途。

氮族元素包括氮（N）、磷（P）、砷（As）、锑（Sb）、铋（Bi）五种元素。氮主要存在于大气和少数盐中。磷在自然界主要以磷酸盐的形式分布在地壳中。氮和磷是构成动物和植物组织的基本和必要元素。砷、锑、铋在地壳中含量较少。

本章主要讨论氮和磷及其重要的化合物。

第一节　氮族元素的通性

一、氮族元素的物理性质

氮族元素位于元素周期表第ⅤA族，价电子层结构为 $ns^2 np^3$，最外层 5 个电子。氮族元素从上到下，密度逐渐增大，熔、沸点先升高再降低。氮和磷是非金属元素，不能导电；砷和锑是准金属元素，铋是金属元素，它们都能导电。氮族元素的主要物理性质见表 12-1。

表 12-1　氮族元素的主要物理性质

元素名称	氮	磷	砷	锑	铋
元素符号	N	P	As	Sb	Bi
原子序数	7	15	33	51	83
相对原子量	14.01	30.97	74.97	121.7	209.0
原子半径(10^{-3}m)	0.70	1.10	1.21	1.41	1.46
密度(g/cm^3)	0.81	1.82	5.72	6.08	9.8
熔点(℃)	-210	44.2(白)	817	630.5	271.3
沸点(℃)	-195.8	280.5	613	1750	1560

二、氮族元素的化学性质

氮族元素最外层 5 个电子，得到或失去电子的倾向都不大。因此，氮族元素主要形成共价化合物。常见的化合价有 -3、$+3$、$+5$。氮族元素与非金属性较强的元素化合时，主要形成 $+3$ 价和 $+5$ 价的化合物。

1. 气态氢化物　氮族元素气态氢化物的通式为 RH_3，稳定性：$NH_3 > PH_3 > AsH_3 > SbH_3$（$BiH_3$ 为固态）。氢化物的水溶液碱性减弱、酸性增强。

2. 最高价氧化物的水化物　氮族元素最高价氧化物的通式为 R_2O_5，对应的水化物的酸性依次减弱，即：$HNO_3 > H_3PO_4 > H_3AsO_4 > H_3SbO_4$。

 课堂互动

氮族元素有哪些？说出氮族元素的电子层结构及常见的化合价。

第二节　氮族元素的重要化合物

一、氮及氮的化合物

（一）氮气

氮气是无色、无臭、无味的气体，难溶于水，1 体积水能溶解 0.02 体积的氮气。密度比空气略小，空气中约占 78%。氮气不能助燃。

氮气的化学性质不活泼，常温下不与其他物质反应。温度升高，氮气的反应活性增大。

1. 与氢气的反应　高温、高压和催化剂的存在下，氮气与氢气化合生成氨气。

$$N_2 + 3H_2 \xrightarrow[\text{高温高压}]{\text{催化剂}} 2NH_3$$

2. 与金属反应　氮气与锂、钙、镁等活泼金属加热反应，生成离子型氮化物。

$$3Mg + N_2 \xrightarrow{\text{点燃}} Mg_3N_2$$

$$6Na + N_2 \xrightarrow{\text{点燃}} 2Na_3N$$

3. 与氧气反应　氮气在高温下能与氧气化合生成一氧化氮。

$$N_2 + O_2 \xrightarrow{\text{高温}} 2NO$$

氮气表现出很高的化学惰性，常被用作保护气体。氮气主要用于制取硝酸、氨及各种铵盐，许多铵盐广泛用作化肥。

知识链接

氮气的应用

氮气具有化学惰性，常被用作保护气体。如包装食品时填充氮气，可延长食品保质期；灯泡内填充氮气防止灯丝被氧化；用氮气填充粮仓，可使粮食不霉烂、不发芽，延长保存期。此外，液氮还用作深度冷冻剂，医院里用液氮将斑、痘等冻掉(但是容易出现疤痕，建议尽量少用)。高纯氮气用于色谱仪的载气、铜管的光亮退火保护气体；与高纯氩气、高纯二氧化碳混合，作为激光切割机中的激光气体等。

(二)氨及其铵盐

1. 氨(NH_3) 为无色、有刺激性臭味的气体。常温常压下熔点是 $-77.7℃$，沸点为 $-33.35℃$。氨极容易液化，常用作制冷剂。

氨的化学性质主要有以下三方面。

(1)**与水反应** 氨极易溶于水，1 体积水能溶解约 700 体积的氨气，氨的水溶液称为氨水。市售氨水的浓度约为 28%。氨水显弱碱性，遇酚酞变红色。

$$NH_3 + H_2O \rightleftharpoons NH_3 \cdot H_2O \rightleftharpoons NH_4^+ + OH^-$$

(2)**与酸反应** 氨水有弱碱性，与酸反应生成铵盐。

$$NH_3 + HCl === NH_4Cl$$

(3)**还原性** 氨气在纯氧中燃烧生成氮气。常温下能与强氧化剂(如 $KMnO_4$、Cl_2 等)发生反应。例如：

$$4NH_3 + 3O_2 \xrightarrow{\text{点燃}} 2N_2 + 6H_2O$$

$$2NH_3 + 3Cl_2 === N_2 + 6HCl$$

$$8NH_3(\text{过量}) + 3Cl_2 === N_2 + 6NH_4Cl$$

在催化剂 Pt 的作用下，NH_3 被氧化成 NO，它是工业上接触法制备硝酸的主要反应。

$$4NH_3 + 5O_2 \xrightarrow[\text{高温}]{\text{Pt}} 4NO + 6H_2O$$

2. 铵盐 NH_4^+ 的离子半径与碱金属离子半径相近，因此，铵盐的性质类似于碱金属盐类(特别是钾盐)。铵盐一般为无色晶体(除非阴离子本身有颜色)，大多数易溶于水。

铵盐的主要化学性质有：

(1)**热稳定性** 大多数铵盐受热易分解，一般分解为氨和相应的酸。挥发性酸的铵盐，加热分解，放出氨气和挥发性酸。

$$NH_4Cl \xrightarrow{\triangle} NH_3 \uparrow + HCl \uparrow$$

不挥发性酸的铵盐，加热分解为氨气和不挥发性酸或酸式盐。

$$(NH_4)_2SO_4 \xrightarrow{\triangle} NH_3\uparrow + NH_4HSO_4$$

氧化性酸的铵盐，分解后的氨气立即被氧化为 N_2O。

$$NH_4NO_3 \xrightarrow{\triangle} N_2O\uparrow + 2H_2O\uparrow$$

（2）易水解　　氨是弱碱，因此铵盐都易水解。

$$NH_4Cl + H_2O \Longleftrightarrow NH_3 \cdot H_2O + HCl$$

硝酸铵和硫酸铵是重要的铵盐，主要用作肥料。硝酸铵还用于制造炸药。在医药上氯化铵用于纠正碱中毒，也可用作祛痰剂和利尿剂。

3. NH_4^+ 的检验方法　　在溶液中加入强碱，生成的气体可使湿润的红色石蕊试纸变蓝，证明未知物中含有 NH_4^+。

$$NH_4Cl + NaOH \xrightarrow{\triangle} NH_3\uparrow + H_2O + NaCl$$

（三）氮的氧化物

氮可以形成多种氧化物，常见的氧化物有 N_2O、NO、NO_2。

1. 一氧化二氮（N_2O）　　为无色有臭甜味的气体，能助燃，俗称"笑气"，医学上与氧气混合用作麻醉剂，溶于水但不与水反应。

2. 一氧化氮（NO）　　为无色气体，微溶于水但不与水作用，热稳定性高，反应活性较高。常温下可与氧气反应。

$$2NO + O_2 \Longrightarrow 2NO_2$$

生物化学家和药物化学家近期研究发现，NO 在血管内皮细胞中可舒张血管，调节血压，硝酸甘油治疗心脏病可能与此有关。

3. 二氧化氮（NO_2）　　NO_2 是红棕色有刺激性气味的气体，低温下聚合生成无色的 N_2O_4。

$$2NO_2 \underset{低温}{\Longleftrightarrow} N_2O_4$$

NO_2 溶于水生成硝酸：

$$3NO_2 + H_2O \Longrightarrow 2HNO_3 + NO\uparrow$$

（四）氮的含氧酸及其盐

1. 亚硝酸（HNO_2）及其盐　　HNO_2 是一种弱酸，酸性比醋酸稍强。亚硝酸不稳定，只存在于冷的稀溶液中，微热即发生分解：

$$2HNO_2 \Longrightarrow NO_2\uparrow + NO\uparrow + H_2O$$

亚硝酸盐很稳定，一般为无色晶体，除部分重金属盐（如黄色 $AgNO_2$）难溶于水外，一般易溶于水。亚硝酸盐具有毒性，易转化为致癌物质亚硝胺，过多食用亚硝酸盐会引起中毒。腌咸菜、酸菜、泡菜的容器下层，因长期处于缺氧状态，有利于细菌繁殖，会自行产生亚硝酸盐；鱼、肉在加工制作过程中，常加入亚硝酸盐起到防腐保鲜的作用。

知识链接

你了解亚硝酸盐吗?

亚硝酸盐有毒性,是公认的致癌物。亚硝酸盐能将血红蛋白中的 Fe^{2+} 氧化成 Fe^{3+} 而失去载氧能力,发展为高铁血红蛋白症。纯亚硝酸盐中毒时,会出现四肢发冷、心跳加快和血压下降,严重的发生循环衰竭和水肿现象。医学研究表明,环境中约有 300 种亚硝基化合物,其中 90% 可诱发癌症(如肝癌、胃癌、食道癌等)。误食亚硝酸盐引起的中毒,可引起胃肠道内硝酸盐还原菌大量繁殖,造成胃肠功能紊乱。亚硝酸盐中毒量为 0.2 ~ 0.5g,致死量为 3g,中毒的特效解毒剂为美蓝。

2. 硝酸(HNO_3)及其盐　纯硝酸是无色液体,易挥发,与水以可以互溶。市售浓硝酸浓度为 65% ~ 68%。HNO_3 不稳定,受热或光照时分解。

$$4HNO_3 =\!=\!= 4NO_2\uparrow + O_2\uparrow + 2H_2O$$

分解的 NO_2 溶于硝酸溶液中,使溶液呈黄色或红棕色。因此,硝酸应储存在棕色试剂瓶并低温存放。

硝酸具有强的氧化性,能与金属、非金属反应。反应产物与硝酸浓度及金属活泼性有关。

(1)与非金属反应　浓硝酸与非金属反应,产物主要是 NO_2,而稀硝酸主要是 NO。

$$6HNO_3(浓) + S \overset{\triangle}{=\!=\!=} H_2SO_4 + 6NO_2\uparrow + 2H_2O$$

$$4HNO_3(稀) + 3C \overset{\triangle}{=\!=\!=} 3CO_2\uparrow + 4NO\uparrow + 2H_2O$$

$$2HNO_3(稀) + 3H_2S \overset{\triangle}{=\!=\!=} 3S\downarrow + 2NO\uparrow + 4H_2O$$

(2)与金属反应　除少数不活泼金属(金、铂)外,其他所有的金属都能与 HNO_3 反应。一般来说,浓 HNO_3 与金属作用时,还原为 NO_2;稀 HNO_3 与活泼金属作用时,还原为 N_2O,与不活泼金属反应则还原为 NO;极稀的 HNO_3 与活泼金属作用时,可被还原为 NH_4^+。

$$Cu + 4HNO_3(浓) =\!=\!= Cu(NO_3)_2 + 2NO_2\uparrow + 2H_2O$$

$$3Cu + 8HNO_3(稀) =\!=\!= 3Cu(NO_3)_2 + 2NO\uparrow + 4H_2O$$

$$4Zn + 10HNO_3(稀) =\!=\!= 4Zn(NO_3)_2 + N_2O\uparrow + 5H_2O$$

$$4Zn + 10HNO_3(极稀) =\!=\!= 4Zn(NO_3)_2 + NH_4NO_3 + 3H_2O$$

HNO_3 溶液的浓度越低,被还原的程度越大;金属越活泼,HNO_3 被还原的程度也越大。

浓盐酸和浓硝酸(1:3)混合液称为王水,氧化性很强。可以溶解金、铂等不活泼金属。

$$Au + HNO_3 + 4HCl =\!=\!= HAuCl_4 + NO\uparrow + 2H_2O$$

硝酸盐大多数是无色晶体,易溶于水,常温下比较稳定,但高温时发生分解而具有氧化性。金属硝酸盐加热分解时,产物与金属的活泼性有关。

（1）金属活性顺序中位于 Mg 之前的金属硝酸盐，分解生成亚硝酸盐和 O_2。

$$2NaNO_3 === 2NaNO_2 + O_2 \uparrow$$

（2）活泼性位于 Mg ~ Cu 之间的金属硝酸盐，分解生成金属氧化物、NO_2 和 O_2。

$$2Pb(NO_3)_2 === 2PbO + 4NO_2 \uparrow + O_2 \uparrow$$

（3）活泼性在 Cu 之后的金属硝酸盐，分解生成金属、NO_2 和 O_2。

$$2AgNO_3 === 2Ag + 2NO_2 \uparrow + O_2 \uparrow$$

硝酸盐的用途很广，主要用作氧化剂。高温时分解放出氧气，所以硝酸盐用于制造烟火及黑火药。

▮ 课堂互动

比较盐酸、硫酸、硝酸三大强酸的性质。

二、磷及磷的化合物

单质磷有三种同素异形体：白磷、红磷和黑磷。白磷和红磷在一定条件下可以互相转化。在隔绝空气条件下，白磷加热至 260℃ 转化为红磷，红磷加热至 416℃ 时升华，其蒸气冷却后变成白磷。磷的三种同素异形体性质比较见表 12 - 2。

表 12 - 2　磷的三种同素异形体性质比较

物质	熔点（℃）	沸点（℃）	燃点（℃）	密度（g/cm³）	CS_2 中的溶解情况
白磷	44.1	280.5	34	1.82	易溶
红磷	590	升华	260	2.20	不溶
黑磷	589	升华	265	2.69	不溶

（一）白磷的性质

白磷结构是正四面体，分子式为 P_4。白磷不溶于水，易溶于二硫化碳（CS_2）、苯（C_6H_6）等非极性溶剂中。白磷剧毒，人的致死量是 0.1g，误服少量白磷可用硫酸铜溶液解毒。

1. 自燃　白磷在空气中缓慢氧化，表面积聚的热量达到 313K 时，发生自燃，产生绿光称为磷光。

$$P_4 + 5O_2 === P_4O_{10}$$

因此，白磷一般储存在水中以隔绝空气。白磷自燃生成三氧化二磷（P_2O_3）或五氧化二磷（P_2O_5），它们都以二聚分子的形式存在，即 P_4O_6 或 P_4O_{10}（O_2 充分时以 P_4O_{10} 为主）。P_4O_{10} 具有较强的吸水性，常用于干燥气体或液体；能使硫酸、硝酸等脱水，生成相应的氧化物。

2. 与卤素化合　白磷和卤素可以直接化合，生成相应的化合物。

$$P_4 + 6Cl_2(少量) \xrightarrow{\triangle} 4PCl_3$$

$$P_4 + 10Cl_2(足量) \xrightarrow{\triangle} 4PCl_5$$

3. 与浓碱反应 白磷与热的碱溶液发生反应，生成磷化氢和次磷酸盐。

$$P_4 + 3NaOH + 3H_2O \xrightarrow{\triangle} PH_3 + 3NaH_2PO_2$$

（二）磷酸

磷酸（H_3PO_4）也称为正磷酸，为无色晶体，是一种难挥发性酸，能与水以任何比例混溶。市售磷酸是黏稠状的液体，浓度约为83%。磷酸是三元中强酸，没有氧化性，具有酸的通性。

磷酸是化肥工业生产中的重要中间产品，用于生产高浓度磷肥和复合肥料。磷酸还是肥皂、洗涤剂、金属表面处理剂、食品添加剂、饲料添加剂和水处理剂等所用的各种磷酸盐、磷酸酯的原料。

（三）磷酸盐

磷酸是三元酸，其盐分为三种。碱金属的磷酸盐表示为磷酸盐（M_3PO_4）、磷酸二氢盐（MH_2PO_4）和磷酸氢二盐（M_2HPO_4）。MH_2PO_4易溶于水；而M_3PO_4和M_2HPO_4中，除钠、钾及铵盐外其余都难溶于水。

磷酸盐比较稳定，一般不易分解。磷酸盐中最重要的是钙盐。工业上利用天然磷酸钙与浓硫酸反应生产磷肥：

$$Ca_3(PO_4)_2 + 2H_2SO_4 + 4H_2O \xrightarrow{\quad} Ca(H_2PO_4)_2 + 2CaSO_4 \cdot 2H_2O$$

$Ca(H_2PO_4)_2$和$2CaSO_4 \cdot 2H_2O$的混合物称为"过磷酸钙"，用作化肥施用。

碱金属的磷酸盐和酸式盐都易发生水解。例如，Na_3PO_4溶液水解显碱性；Na_2HPO_4溶液水解显弱碱性；NaH_2PO_4溶液水解而显弱酸性。

PO_4^{3-}具有较强的配位能力，能与许多金属离子形成可溶性的配位离子，如$[Fe(PO_4)_2]^{3-}$、$[Fe(HPO_4)_2]^-$等，在分析化学上常用PO_4^{3-}掩蔽Fe^{3+}。

知识链接

补钙剂——磷酸氢钙

二水合磷酸氢钙（$CaHPO_4 \cdot 2H_2O$）为白色粉末，无臭，无味，难溶于水和乙醇，易溶于稀盐酸、稀硝酸。磷酸氢钙为补钙药，内服可治疗钙缺乏症，常与维生素D共同服用，以增强相互的吸收作用，尤其适用于钙质不足的孕妇及幼儿服用。磷酸氢钙制剂为磷酸氢钙片。水合磷酸二氢钠（$NaH_2PO_4 \cdot 2H_2O$）为无色晶体或白色结晶性粉末，无臭，味咸，略酸，具有弱的潮解性，易溶于水，难溶于乙醇。常被用作酸碱度调节的药。

本 章 小 结

氮族元素通性

1. 氮族元素：包括氮（N）、磷（P）、砷（As）、锑（Sb）、铋（Bi）五种元素，最外层 5 个电子，主要化合价：-3、$+3$、$+5$。

2. 气态氢化物的稳定性：$NH_3 > PH_3 > AsH_3$。

3. 最高氧化物水化物的酸性：$HNO_3 > H_3PO_4 > H_3AsO_4 > H_3SbO_4$。

氮的重要化合物

1. 氮气：化学性质极不活泼，一定条件下可以与氢气、金属和氧气反应。

2. 氨气性质：可以与水、酸及氧气反应。

3. 铵盐：热稳定性低，易水解。

4. 氮的氧化物：N_2O、NO、NO_2。

5. 亚硝酸和亚硝酸盐：亚硝酸是弱酸，不稳定，有毒；亚硝酸盐既有氧化性又有还原性。

6. 硝酸：强氧化性，能与非金属、金属反应。

7. 硝酸盐：受热易分解，分解产物与金属的活泼性有关。

8. NH_4^+ 的检验：用强碱和湿润的红色石蕊试纸。

磷的重要化合物

1. 磷的同素异形体：白磷、红磷和黑磷，白磷有剧毒。

2. 磷酸及磷酸盐：磷酸是三元中强酸，没有氧化性，具有酸的通性；磷酸盐有三种类型：M_3PO_4、MH_2PO_4 和 M_2HPO_4。

同 步 训 练

一、选择题

1. 关于氮族元素的说法正确的是（　　　）

   A. 最高正价都是 $+5$ 价，最低负价都是 -3 价。

   B. 随着原子序数的增大，原子半径逐渐增大。

   C. 单质的熔点、沸点随着原子序数的增大而升高。

   D. 气态氢化物中 BiH_3 最不稳定。

2. 氮气不活泼，主要因素是（　　　）

   A. 氮元素的非金属性较弱　　　　　　B. 核对外层电子吸引力较强

C. 氮气为双原子分子   D. 使 N≡N 键断裂需要很高的能量

3. 下列氢化物中，稳定性最差的是(   )

    A. NH_3 B. PH_3 C. AsH_3 D. SbH_3

4. 氨气用作致冷剂，因为(   )

    A. 常温下氨是气体   B. 氨极易溶于水

    C. 液氨汽化时吸收大量的热   D. 氮的化合价为 −3 价

5. 在氨水中不可能存在的物质是(   )

    A. NH_3 B. NH_4OH C. OH^- D. NH_4^+

6. 将浓 HNO_3 滴在石蕊试纸上，产生的现象为(   )

    A. 变为红色   B. 不变颜色

    C. 先变红后褪色   D. 变为黑色

7. 浓硝酸久置后常显黄色，消除其黄色最好的方法是(   )

    A. 在光亮处放置   B. 通入适量的空气

    C. 加入足量水   D. 加入漂白粉

8. 下列说法中，关于白磷和红磷不正确的是(   )

    A. 一定条件下相互转化   B. 燃烧产物相同

    C. 均溶于二硫化碳   D. 保存方法不同

9. NH_4NO_3 受热分解的产物是(   )

    A. $NH_3 + HNO_2$ B. $N_2 + H_2O$

    C. $NO + H_2O$ D. $N_2O + H_2O$

10. 保存白磷的方法是保存在(   )

    A. 煤油中   B. 水中   C. 液体石蜡中   D. 二硫化碳中

二、填空题

1. 磷在自然界主要以_____的形式存在于矿石中。磷的单质有多种同素异形体，常见的有_____、_____、_____；其中最活泼的是_____，其分子式是_____。

2. 王水中浓硝酸和浓盐酸的体积之比为_____。

3. 白磷与氯气反应生成_____或_____。

4. NaH_2PO_4 显_____性，Na_2HPO_4 显_____性，NH_3 显_____性。

5. 铵盐不稳定，受热分解。NH_4NO_3 的分解反应是_____。

三、简答题

1. 在化合物分类中，为什么把铵盐和碱金属盐列在一起？

2. 写出钠、铅、银金属硝酸盐热分解反应方程式。

3. 金属钠和白磷如何保存，为什么？

4. 为什么工业生产的浓硝酸通常显黄色？

第十三章　碳族元素和硼族元素

 知识要点

1. 碳族、硼族元素的通性。碳的两种同素异形体。
2. 碳、硅、硼、铅、铝的主要化合物。
3. 二氧化碳、碳酸根离子、铅离子的鉴别。

第一节　碳族元素和硼族元素的通性

一、碳族元素的通性

碳族元素包括碳（C）、硅（Si）、锗（Ge）、锡（Sn）、铅（Pb）五种元素。本族元素从非金属（C、Si）经准金属元素（Ge）过渡到金属元素（Sn、Pb）。碳族元素的性质各异，显示出多样性。碳族元素及单质的主要性质列于表 13 – 1。

表 13 – 1　碳族元素及单质的主要性质

性质	碳	硅	锗	锡	铅
元素符号	C	Si	Ge	Sn	Pb
原子序数	6	14	32	50	82
相对原子质量	12.01	28.09	72.61	118.7	207.2
原子半径(10^{-10}m)	0.77	1.17	1.225	1.405	1.750
价电子层结构	$2s^2 2p^2$	$3s^2 3p^2$	$4s^2 4p^2$	$5s^2 5p^2$	$6s^2 6p^2$
主要化合价	+2，+4	+2，+4	+2，+4	+2，+4	+2，+4
单质颜色	无色或黑色	从无色到棕色	灰白色	银白色	银青色
状态	固体	固体	固体	固体	固体
熔点(℃)	3550	1410	937	232	327.7
沸点(℃)	4827	2355	2830	2260	1740
密度(g/cm³)	2.25	2.33	5.35	7.28	11.34

　　碳族元素属于周期表第ⅣA族，价电子层结构为 ns^2np^2，因此，本族元素得到4个电子或失去4个电子都很困难。除金属性较强的锡和铅能形成 +2 价的离子外，其余元素主要形成 +4 价的共价型化合物。

　　碳和硅都有自相结合成键的特性，碳自相成键的能力很强。碳、硅与氢元素成键能力大于自身成键的能力，因而都有一系列的氢化物。例如，有机化学中的烃、硅烷等。碳、硅、锗、锡主要形成 +4 价的化合物，铅以 +2 价的化合物最稳定。

二、硼族元素的通性

　　硼族元素包括硼(B)、铝(Al)、镓(Ga)、铟(In)、铊(Tl)5 种元素。铝在地壳中的含量仅次于氧和硅，金属元素中铝的含量居于首位；硼和铝有富集矿藏，而镓、铟、铊是分散的稀有元素，常与其他矿物共生。本节重点讨论硼、铝及其化合物。硼族元素的主要性质列于表 13 - 2。

表 13 - 2　硼族元素的主要性质

性质	硼	铝	镓	铟	铊
元素符号	B	Al	Ga	In	Tl
原子序数	5	13	31	49	81
相对原子质量	10. 81	26. 98	69. 72	114. 8	204. 4
原子半径(10^{-10}m)	0. 88	1. 43	1. 25	1. 66	1. 70
价电子层结构	$2s^22p^1$	$3s^23p^1$	$4s^24p^1$	$5s^25p^1$	$6s^26p^1$
主要化合价	+3	+3	+3	+3	+3

　　硼族元素属于周期表第ⅢA族，价电子层结构为 ns^2np^1，最外层 3 个电子，一般易失去电子，表现出一定的金属性，并且随着原子序数增大金属性逐渐增强，形成共价键的趋势减弱。硼与其他原子之间主要以共价键结合，硼族的其他 4 种元素均可形成 +3 价的离子。

　　由于硼和铝的原子半径差异较大，因而在性质上有明显的差别。硼显示非金属性，铝以金属性为主；硼主要以共价键结合，而铝既能生成共价化合物，也能形成离子型的化合物。

第二节　碳及其化合物

一、碳

　　碳在地壳里含量仅约 0.027%，但碳是地球上化合物最多的元素。例如，大气中的二氧化碳，地壳中的碳酸盐、煤和石油，动植物体内的脂肪、蛋白质和糖类等，他们都是碳的化合物。

　　碳有金刚石和石墨两种同素异形体。金刚石是典型的原子晶体，晶体中没有自由移动的电子，不能导电。单质中金刚石硬度最大、熔点最高，可以用来切割金属或玻璃，主要用作钻头和磨削工具。石墨晶体是层状结构，层与层之间相邻的碳原子以范德华力相结合。石墨能导电，并且具有很好的导热性。石墨的硬度小，质柔软，有滑腻感，是很好的润滑剂。将石墨在纸上划一下，它的片状结晶能黏附在纸上而留下灰黑色痕迹，所以用来制造铅笔。

📚 课堂互动

1. 用墨汁书写的字多年不褪色，因为墨汁中的主要成分碳在常温下（　　　）
   A. 具有氧化性　　　　　　　　　B. 具有还原性
   C. 化学性质不活泼　　　　　　　D. 以上说法都不对
2. 制造普通铅笔芯的物质是（　　　）
   A. 铅　　　　　　　　　　　　　B. 铅粉和石墨粉的混合物
   C. 石墨　　　　　　　　　　　　D. 石墨粉和黏土粉的混合物

二、碳的化合物

（一）碳的氧化物

1. **一氧化碳（CO）**　含碳燃料不完全燃烧生成一氧化碳，它是无色、无臭、无味的气体，比空气略轻，难溶于水。CO 有毒，吸入人体很快与血红蛋白结合成碳氧血红蛋白，导致血红蛋白丧失输氧能力，从而使人窒息死亡。一般燃气中毒即指一氧化碳中毒。

（1）可燃性　CO 可以作为气体燃料，燃烧时发出浅蓝色火焰并放出大量的热。

$$2CO + O_2 \xrightarrow{\text{点燃}} 2CO_2$$

许多城市居民管道的煤气就是一氧化碳。

（2）还原性　高温下，一氧化碳将一些金属氧化物还原成单质，是很好的还原剂。

$$Fe_2O_3 + 3CO \xrightarrow{\triangle} 2Fe + 3CO_2\uparrow$$

常常利用一氧化碳的还原性进行金属的冶炼。

2. **二氧化碳（CO$_2$）**　二氧化碳是无色、无味、无毒的气体，易液化，固体状态称为"干冰"。CO$_2$不能燃烧，也不助燃，常用作灭火剂。空气中含量过高会造成人缺氧而窒息。CO$_2$微溶于水，加压将增大其溶解度，食品工业将二氧化碳溶于饮料制备出"汽水"。

（1）与水反应　常温下，1 体积水仅溶解 1 体积的 CO$_2$，溶于水生成碳酸（H$_2$CO$_3$）。H$_2$CO$_3$是二元弱酸，不稳定，容易分解成二氧化碳和水。

$$CO_2 + H_2O \rightleftharpoons H_2CO_3$$

（2）与碱性氧化物及碱的反应　二氧化碳是酸性氧化物，能与碱性氧化物或碱作用，生成碳酸盐。例如：

$$CO_2 + CaO \Longrightarrow CaCO_3 \downarrow$$

$$CO_2 + 2NaOH \Longrightarrow Na_2CO_3 + H_2O$$

$$CO_2 + Ca(OH)_2 \Longrightarrow CaCO_3 \downarrow + H_2O$$

二氧化碳通入石灰水，生成碳酸钙白色沉淀，此反应可以用来检验二氧化碳。若继续通入二氧化碳，碳酸钙沉淀将溶解生成碳酸氢钙。

$$CaCO_3 \downarrow + CO_2 + H_2O \Longrightarrow Ca(HCO_3)_2$$

知识链接

温室效应

"温室效应"主要是由于现代化工业社会过多地燃烧煤炭、石油和天然气，放出大量二氧化碳气体进入大气造成的。

"温室效应"加剧地球表面温度上升，造成地球两极冰山和冰川开始融化，海平面上升，最终上涨的海洋可能会淹没沿海城市和农田。气候变暖也会引起海洋温度升高，促使强烈的热带风暴形成。全球气候的变化，必将破坏生态平衡，给人类带来灾难。

因此，减少碳排放有利于改善温室效应。

（二）碳酸盐

碳酸是二元弱酸，可以形成正盐和酸式盐两种，它们的主要性质有：

1. **溶解性**　碳酸的酸式盐都易溶于水，正盐中只有钾、钠和铵的碳酸盐易溶于水，其余均不溶。在含氧酸盐中，一般都是酸式盐较相应的正盐易溶，但碱金属酸式碳酸盐的溶解性小于正盐。例如，在水溶液中，$NaHCO_3$ 的溶解性小于 Na_2CO_3，$KHCO_3$ 小于 K_2CO_3。

2. **水解性**　碳酸是一种弱酸，可溶性的碳酸盐、酸式盐易水解，水解后溶液显碱性。

$$CO_3^{2-} + H_2O \Longrightarrow HCO_3^- + OH^-$$

$$HCO_3^- + H_2O \Longrightarrow H_2CO_3 + OH^-$$

由电离方程式可知，可溶性正盐水解分两步，而酸式盐只有一步。因此，碳酸盐的水解程度大于酸式盐。

一般来说，含有 Al^{3+}、Cr^{3+}、Fe^{3+} 等离子的溶液中，加入可溶性碳酸盐时，由于双水解作用，生成氢氧化物沉淀并产生 CO_2 气体。这些金属离子的氢氧化物和碳酸盐的溶解性相近，也能生成碱式碳酸盐。因此，产物比较复杂。

$$2Fe^{3+} + 3CO_3^{2-} + 3H_2O \Longrightarrow 2Fe(OH)_3 \downarrow + 3CO_2 \uparrow$$

$$2Cu^{2+} + 2CO_3^{2-} + H_2O \Longrightarrow Cu_2(OH)_2CO_3 \downarrow + CO_2 \uparrow$$

金属离子 Ca^{2+}、Ba^{2+}、Ag^+ 等碳酸盐溶解性远小于氢氧化物，它们与可溶性碳酸盐作用，生成碳酸盐沉淀。例如：

$$Ca^{2+} + CO_3^{2-} = CaCO_3 \downarrow$$

3. 热稳定性　碳酸盐及酸式盐均不稳定，加热发生分解。酸式盐的热稳定性小于相应的正盐。例如：

$$2NaHCO_3 \xrightarrow{\triangle} Na_2CO_3 + CO_2 + H_2O$$

但是，Na_2CO_3 很稳定，加热也不发生分解。

4. 与酸反应　碳酸盐和酸式盐遇强酸都能发生反应，产生 CO_2 气体。

$$CaCO_3 + 2HCl = CaCl_2 + H_2O + CO_2 \uparrow$$

$$NaHCO_3 + HCl = NaCl + H_2O + CO_2 \uparrow$$

5. 正盐和酸式盐的转化　CO_2 通入澄清的石灰水中产生白色的碳酸钙沉淀，当二氧化碳过量时，沉淀溶解，生成碳酸氢钙。

$$CaCO_3 + H_2O + CO_2 = Ca(HCO_3)_2$$

将生成的碳酸氢钙溶液进行加热，则溶液中又将出现沉淀：

$$Ca(HCO_3)_2 \xrightarrow{\triangle} CaCO_3 \downarrow + CO_2 \uparrow + H_2O$$

自然界溶有二氧化碳的水流经碳酸盐岩石时，不溶性的碳酸盐转化成可溶性酸式盐而被侵蚀，天长日久逐渐形成了"溶洞"。当溶有碳酸氢盐的水流经二氧化碳含量较少的地方时，会放出二氧化碳，使碳酸盐沉淀下来，慢慢便形成了钟乳石、石笋等景观。如果溶液中含有重金属离子，钟乳石、石笋等呈现出不同美丽的颜色。

第三节　硅、硼的重要化合物

一、硅的重要化合物

硅在地壳中的含量仅次于氧，丰度位居第二。主要化合物有二氧化硅、硅酸及其盐。

1. 二氧化硅(SiO_2)　二氧化硅称为硅石，自然界分布广泛。天然的二氧化硅有晶体和无定形两大类。晶体二氧化硅主要存在于石英矿中。纯净无色透明的石英称为水晶，可用于制造精密光学仪器部件；含有少量杂质的石英晶体如紫水晶、烟水晶可用作饰品；含有较多杂质的石英细粒即通常所说的沙子。无定形二氧化硅如硅藻土，其颗粒小，表面积大，可用作吸附剂。

（1）与氢氟酸反应　二氧化硅性质不活泼，一般不与酸作用，但能与氢氟酸发生反应。

$$SiO_2 + 4HF = SiF_4 \uparrow + 2H_2O$$

（2）与碱、碱性氧化物的反应　二氧化硅不溶于水，也不与水反应。二氧化硅是酸性氧化物，能与碱、碱性氧化物反应生成相应的硅酸盐。

$$SiO_2 + CaO \xrightarrow{\quad} CaSiO_3$$
$$SiO_2 + 2NaOH \xrightarrow{\quad} Na_2SiO_3 + H_2O$$

实验室里，带玻璃塞的试剂瓶或酸式滴定管不能盛放碱液，否则玻璃中的二氧化硅与碱性物质发生反应，使仪器黏合在一起。

2. 硅酸（H_2SiO_3） 硅酸难溶于水，其酸性弱于碳酸，可以形成胶体溶液，常称为硅酸溶胶。将硅酸干燥脱水得到多孔性的硅胶。硅胶有很强的吸水性，用作干燥剂、吸附剂、催化剂和载体。例如，硅胶中加入无水二氯化钴，是实验室常用的干燥剂。根据硅胶颜色（无水二氯化钴呈蓝色，水合二氯化钴呈粉红色）的变化，可以判断硅胶吸水的程度。吸水后的粉红色硅胶经加热脱水后可以重复使用。

3. 硅酸盐 自然界存在大量的硅酸盐，地壳95%为硅酸盐矿，如长石、云母、石棉等等。大部分硅酸盐不溶于水，只有钾、钠的硅酸盐能溶于水。硅酸钠为白色晶体，易水解。水溶液呈碱性，俗称"泡花碱"，是无色或灰白色的浓稠液体，可用作黏合剂；纺织物或木材经硅酸钠的水溶液浸泡后，具有耐火防腐作用。

知识链接

重要的硅酸盐产品

普通陶瓷是以黏土为主要原料烧制而成的硅酸盐制品。主要用于餐具、绝缘瓷、坩埚、蒸发皿等的制作。

玻璃的主要成分是二氧化硅。没有固定的熔点，某个温度范围内可以软化，软化时被吹制成各种形状。玻璃用来制作化学仪器、光学仪器、建筑材料等。

水泥是由石灰石、黏土、铁矿石等磨成粉料，加热烧结后生成的硅酸盐，再加适量石膏磨成细粉状制得。水泥是一种非常重要的建筑材料，与沙子、水混合得到的水泥砂浆是建筑用黏合剂；与沙子、碎石的混合物称作混凝土。

二、硼的重要化合物

1. 硼酸（H_3BO_3） 硼酸是一元弱酸，冷水中溶解度较小，沸水中较大，能溶于酒精或甘油中。硼酸盐溶液中加入酸，可以析出硼酸。例如，用硼砂与盐酸反应可以制备硼酸。

$$Na_2B_4O_7 + 2HCl + 5H_2O \xrightarrow{\quad} 2NaCl + 4H_3BO_3$$

硼酸是白色片状晶体，有滑腻感，医药上用途广泛，用于伤口消毒、清洗眼睛或溃疡伤口；口腔内感染时用作漱口消毒液。硼酸甘油用来治疗中耳炎；硼酸软膏可以治疗皮肤溃疡、烧伤和褥疮等。硼酸具有收敛作用，能减少排汗，是痱子粉的主要成分；硼酸还用作食品防腐剂。大量硼酸则用于玻璃工业和搪瓷工业。

2. 硼砂（$Na_2B_4O_7 \cdot 10H_2O$） 四硼酸钠（$Na_2B_4O_7 \cdot 10H_2O$）俗称硼砂，是无色、无

臭的透明晶体或白色结晶性粉末，在干燥空气中易风化。硼砂发生水解而使溶液显碱性：

$$B_4O_7^{2-} + 7H_2O \longrightarrow 4H_3BO_3 + 2OH^-$$

硼砂具有消毒、杀菌、防腐作用，医药上用作消毒剂和防腐剂。复方硼砂漱口片用于治疗口腔炎、咽喉炎和扁桃体炎。

第四节　铝、铅的重要化合物

一、铝的重要化合物

1. 氧化铝（Al_2O_3）　氧化铝为白色粉末，不溶于水。它有两种变体，$\alpha - Al_2O_3$（俗称刚玉）和 $\gamma - Al_2O_3$（活性氧化铝）。

刚玉熔点高，硬度大，仅次于金刚石，用作硬度材料、研磨材料和耐火材料等。刚玉有天然和人造的两种，他们常含有不同的杂质，可以呈现各种鲜明的颜色，称为宝石。如含铬的称为红宝石，含铁或钛的称为蓝宝石。人造宝石用于钟表轴承。刚玉性质很稳定，不溶于水、酸和碱溶液。

$\gamma -$ 氧化铝是无定形白色粉末，不溶于水，但溶于酸和碱溶液，是典型的两性氧化物：

$$Al_2O_3 + 6H^+ \longrightarrow 2Al^{3+} + 3H_2O$$

$$Al_2O_3 + 2OH^- \longrightarrow 2AlO_2^- + H_2O$$

2. 氢氧化铝［$Al(OH)_3$］　氢氧化铝具有两性，既能与酸反应，也能与碱反应，其碱性略强于酸性：

$$Al(OH)_3 + 3HCl \longrightarrow AlCl_3 + 3H_2O$$

$$Al(OH)_3 + NaOH \longrightarrow NaAlO_2 + 2H_2O$$

氢氧化铝碱性较弱，临床上可以治疗胃酸过多。氢氧化铝中和胃酸后生成的氯化铝具有收敛、止血的作用。因此，医药上常用作抗酸药。

📚 课堂互动

据媒体报道：市场上的膨化食品中有三成以上铝严重超标，长期食用铝含量过高的膨化食品，会干扰人的思维、意识与记忆功能，引起神经系统病变，摄入过量的铝，还能引起软骨症等。下列有关说法正确的是：

（1）因为铝对人体有害，故不能使用铝锅等作炊具。

（2）治疗胃酸过多的药物的主要成分是氢氧化铝，因此铝元素超标对人体无影响。

（3）膨化食品中的铝元素超标可能来自发酵剂明矾。

（4）饮料能够溶解铝质易拉罐中的铝，所以，铝质易拉罐中的饮料不可以饮用。

二、铅的重要化合物

1. 铅的氧化物　铅的氧化物有氧化铅（PbO）、二氧化铅（PbO_2）和四氧化三铅（Pb_3O_4）。铅氧化物的主要性质列于表 13 – 3。

表 13 – 3　铅氧化物的主要性质

铅的主要氧化物	PbO	PbO_2	Pb_3O_4
状态	黄色粉末，有毒	棕色粉末	红色粉末
溶解度	不溶于水，易溶于硝酸和醋酸溶液	不溶于水，易溶于碱生成铅酸盐	不溶于水，易溶于热碱液、稀硝酸、乙酸、盐酸
用途	主要用于生产铅蓄电池及铅的化合物，少量用于制造防辐射橡胶制品	用于染料、火柴、焰火及合成橡胶的制造。二氧化铅电极是良好的阳极材料，可代替铂阳极	有杀死细菌和寄生虫的作用，医药上用作外用药膏，具有杀菌、收敛、止痛功能。工业上用作涂料，涂在钢材表面防锈，还可用作颜料

2. 铅盐　铅能形成许多化合物，其特点是大多数难溶于水，有颜色，有毒性。铅盐中只有醋酸铅和硝酸铅溶于水。

醋酸铅有甜味，俗称"铅糖"，也称"铅霜"，有剧毒。铅的化合物与蛋白质分子中的半胱氨酸反应生成难溶物，可以导致蛋白质变性而中毒。

Pb^{2+} 与铬酸钾溶液反应生成黄色沉淀，此反应用作 Pb^{2+} 的鉴别。

$$Pb^{2+} + CrO_4^{2-} === PbCrO_4 \downarrow （黄色）$$

$PbCrO_4$ 沉淀溶于强酸或强碱溶液中，因此，上述反应必须在中性或弱碱性溶液中进行。

$$2PbCrO_4 + 2HNO_3 === Pb(NO_3)_2 + PbCr_2O_7 + H_2O$$
$$PbCrO_4 + 4NaOH === Na_2[Pb(OH)_4] + Na_2CrO_4$$

本 章 小 结

碳族元素通性及碳、硅、铅重要化合物

碳族元素的通性：价电子构型为 ns^2np^2，常见的化合价为 +2、+4，与其他元素的原子化合时，主要形成共价型化合物。

1. 碳：有两种同素异形体：金刚石、石墨。
2. 常见的碳的化合物：一氧化碳、二氧化碳、碳酸及碳酸盐。
3. 硅的重要化合物：二氧化硅、硅酸、硅酸盐。
4. 铅的重要化合物：氧化物、铅盐，铅和一切铅的化合物都有毒。

硼族元素通性及硼、铝的重要化合物

硼族元素的通性：价电子构型为 ns^2np^1，并且随着原子序数增大金属性增强。硼与其他原子之间主要以共价键结合，硼族的其他 4 种元素均可形成 +3 价的离子。

1. 硼的重要化合物：硼酸及硼砂。
2. 铝的重要化合物：氧化铝、氢氧化铝，它们都是两性化合物。

同 步 训 练

一、选择题

1. 近年来，科学家发现一种新分子，它具有空心的类似足球状结构，化学式为 C_{60}，下列说法正确的是（　　　）
   A. C_{60} 是一种新型化合物　　　　　　B. C_{60} 和石墨都是碳的同素异形体
   C. C_{60} 在纯氧中充分燃烧只生成 CO_2　　D. C_{60} 的摩尔质量为 720

2. 向碳酸钠的浓溶液中逐滴加入稀盐酸，直到没有二氧化碳气体产生为止。在此过程中，溶液的碳酸氢根离子浓度变化趋势可能是（　　　）
   A. 逐渐减小　　　　　　　　　　　B. 逐渐增大
   C. 先逐渐增大，而后减小　　　　　　D. 先逐渐减小，而后增大

3. 变色硅胶中加入的物质是（　　　）
   A. Fe　　　　　　　B. Cr　　　　　　　C. Ti　　　　　　　D. Co

4. 下列物质属于同素异形体的是（　　　）
   A. ^{12}C 和 ^{14}C　　　　B. O_2 和 O_3　　　　C. H_2O 和 H_2O_2　　　　D. I_2 和 I_3^-

5. 下列物质不与水反应的是（　　　）
   A. CO_2　　　　　　B. SiO_2　　　　　　C. NO_2　　　　　　D. SO_2

6. 下列元素具有两性的是（　　　）
   A. 硅　　　　　　　B. 铝　　　　　　　C. 锗　　　　　　　D. 铅

7. 下列物质硬度最小的是（　　　）
   A. 金刚石　　　　　B. 石墨　　　　　　C. 铅　　　　　　　D. 二氧化硅

8. 造成大气污染并形成酸雨的气体是（　　　）
   A. CO 和 CO_2　　　　　　　　　　B. CO_2 和水蒸气
   C. SO_2 和 NO_2　　　　　　　　　D. N_2 和 CO_2

9. 对于 Na_2CO_3 和 $NaHCO_3$ 的叙述，错误的是（　　　）
   A. 都是强碱弱酸盐　　　　　　　　B. 水溶液都显碱性
   C. 能相互转化　　　　　　　　　　D. 不能组成缓冲溶液

10. 硼砂的水溶液呈（　　　）
    A. 碱性　　　　　　B. 中性　　　　　　C. 酸性　　　　　　D. 弱酸性

二、填空题

1. 碳族元素包括＿＿＿＿＿＿＿＿＿＿（写元素名称）。它们与其他元素化合时，易形成＿＿＿＿键，其原因是＿＿＿＿＿＿＿＿＿＿＿。

2. 由_____形成的_____的单质，称为同种元素的同素异形体。氧的同素异形体有_____。

3. 在玻璃、水泥工业生产中，都需要的原料是_____。

4. 存放氢氧化钠溶液的试剂瓶不用玻璃塞的原因是_____，有关反应方程式是_____。

5. 将二氧化碳气体通入澄清的石灰水中，会出现_____，继续通入过量的二氧化碳时则_____，然后加热，则溶液_____，有关的化学方程式是_____。

6. 硼族元素包括_____（写出元素名称），是元素周期表中的_____族，它的价电子层构型是_____。

7. 鉴别 Pb^{2+} 的方法是_____。

8. 碳酸钠俗称_____，碳酸氢钠又称_____。

9. 氢氟酸不能盛放在玻璃试剂瓶中，也不能用玻璃仪器制备，其主要原因是_____，反应方程式为_____。

10. 硼酸是_____元_____酸，硼砂的化学式是_____。

三、简答题

1. 氢氧化铝为何用作治酸药？

2. 碳酸盐的通性是什么？小苏打是酸式盐，为什么可以中和胃酸？

3. 二氧化碳为什么可以作灭火剂？

4. 变色硅胶用作干燥剂，为什么能指示吸水的程度？

第十四章 过渡元素

■ 知识要点

1. 过渡元素原子的结构特点及通性。
2. 铬、锰、铁、钴、镍、铜、银、锌等重要的化合物。
3. 过渡元素在生物体内的存在形式及生物效应。

过渡元素包括 d 区和 ds 区元素，位于周期表四、五、六周期的中部，从ⅢB 族 ~ ⅡB 族共 37 种元素(不含镧系元素和锕系元素)。它们的性质是典型的金属元素向非金属元素的过渡，故称为过渡元素。过渡元素的最外层只有 1 ~ 2 个(除 Pd 外)电子，化学反应中容易失去，表现出金属的性质，也称为过渡金属。

第一节　过渡元素概述

一、原子结构的特点

过渡元素最外层有 1 ~ 2 个电子(Pd 除外)，最后一个电子排在次外层的 d 轨道上(ⅡB 族除外)，价电子层结构为 $(n-1)d^{1 \sim 10}ns^{1 \sim 2}$，过渡元素原子(ⅡB 族除外)都具有未充满的 d 轨道。因此，过渡元素性质之间有许多相似之处。

过渡元素与同周期的 ⅠA 族、ⅡA 族元素比较，原子半径较小。同一周期，随着原子序数的增加，原子半径逐渐减小，在各周期的最后 2 ~ 3 个元素又有所增大。同族中，从上到下，原子半径略有增大，由于镧系收缩的影响，第五、第六周期过渡元素的原子半径非常接近，没有明显的变化(与主族元素相比)。

过渡元素原子电子层结构的特点，决定了它们与主族元素的性质存在明显的差异。

二、单质的相似性

过渡元素都是金属，大部分金属硬度较大，熔点和沸点高(锌、镉、汞除外)，密度大，具有良好的延展性、导电性和导热性。

过渡元素单质的金属活泼性也具有一定的相似性，多数是比较活泼的金属，只有少数(如钯、铂、铜、银、金和汞)不活泼。

三、化合价的多变性

过渡元素原子次外层 d 电子和最外层 s 电子能量接近，发生化学反应时，除 s 电子外，d 电子也部分或全部参与，所以大多数具有多种可变的化合价，一般由 +2 价增加到与族序数相同的化合价（Ⅷ族除 Ru、Os 外，其他元素无 +8 化合价）。表 14 - 1 列出了第一过渡系元素常见的化合价。

表 14 - 1 第一过渡系元素常见的化合价

元素	Sc	Ti	V	Cr	Mn	Fe	Co	Ni	Cu	Zn
价电子层结构	$3d^1 4s^2$	$3d^2 4s^2$	$3d^3 4s^2$	$3d^5 4s^1$	$3d^5 4s^2$	$3d^6 4s^2$	$3d^7 4s^2$	$3d^8 4s^2$	$3d^{10} 4s^1$	$3d^{10} 4s^2$
化合价	（+2）	+2	+2	+2	+2	+2	+2	+2	+2	+2
	+3	+3	+3	+3	+3	+3	+3	（+3）	+1	
		+4	+4	+4	+4					
			+5	+5						
				+6	+6	（+6）				
					+7					

注：表中有括号"（）"的为不稳定化合价。

四、水合离子的颜色

过渡元素的离子在水溶液中常以水合离子（水作配体）的形式存在，并且显示出一定的颜色。水合离子的颜色与离子 d 轨道上的电子数有关，若离子价电子层的 d 轨道上有电子而又未充满，则水合离子有颜色；若 d 轨道上全空或全充满，则离子没有颜色。几种过渡元素水合离子的颜色见表 14 - 2。

表 14 - 2 几种过渡元素离子水合离子的颜色

离子	Sc^{3+}	Ti^{4+}	V^{4+}	Cr^{3+}	Mn^{2+}	Mn^{3+}	Fe^{2+}	Fe^{3+}	Co^{2+}	Ni^{2+}	Cu^{2+}	Zn^{2+}
价电子层结构	$3d^0$	$3d^0$	$3d^1$	$3d^3$	$3d^5$	$3d^4$	$3d^6$	$3d^5$	$3d^7$	$3d^8$	$3d^9$	$3d^{10}$
颜色	无色	无色	蓝色	紫色	肉色	紫色	浅绿色	黄色	粉红色	绿色	蓝色	无色

五、配位化合物的形成

过渡元素的离子（或原子）大多数具有未充满的 $(n-1)d$ 轨道和全空的 ns、np 轨道，它们具有较强的吸引配体、接受孤对电子的能力，易形成配位键，生成稳定的配合物。

第二节　重要的过渡元素化合物

一、铜锌副族元素及其重要化合物

（一）铜银的重要化合物

铜、银是周期表第 IB 族元素，价电子层构型为 $(n-1)d^{10}ns^1$。铜和银单质具有较高的熔点、沸点及良好的延展性，密度较大。银的导电性和导热性最好，铜次之。它们都是不活泼的金属，银次于铜。

1. 氧化亚铜（Cu_2O）　自然界存在的 Cu_2O（赤铜矿）为棕红色，难溶于水，很稳定。医学上用碱性酒石酸钾钠与铜（Ⅱ）盐溶液反应，根据 Cu_2O 沉淀的量，判断糖尿病患者尿糖的大致含量。

Cu_2O 是碱性氧化物，与酸作用易发生歧化反应，生成 Cu^{2+} 离子和 Cu 沉淀：

$$Cu_2O + 2H^+ \rightleftharpoons Cu^{2+} + Cu\downarrow + H_2O$$

2. 氧化铜（CuO）　CuO 为黑色固体，高温时具有较强的氧化性。CuO 能将有机物氧化成 CO_2 和 H_2O，本身被还原成金属铜。利用这一性质，有机物分析中用于测定碳和氢。CuO 是难溶于水的碱性氧化物，易溶于酸生成相应的盐。

$$CuO（黑褐色）+ 2H^+ \rightleftharpoons Cu^{2+} + H_2O$$

3. 氢氧化铜 [$Cu(OH)_2$]　$Cu(OH)_2$ 为天蓝色固体，水中溶解度较小。$Cu(OH)_2$ 略显两性，既溶于酸又溶于过量浓的强碱溶液中，生成蓝紫色的 $[Cu(OH)_4]^{2-}$ 配离子。

$$Cu(OH)_2 + 2OH^- \rightleftharpoons [Cu(OH)_4]^{2-}（蓝紫色）$$

$Cu(OH)_2$ 能溶于氨水，生成深蓝色的 $[Cu(NH_3)_4]^{2+}$ 配离子：

$$Cu(OH)_2 + 4NH_3 \rightleftharpoons [Cu(NH_3)_4]^{2+} + 2OH^-$$

4. 硫酸铜（$CuSO_4$）　无水硫酸铜为白色粉末状，不溶于乙醇和乙醚，其吸水性很强，吸水后显示蓝色，形成含 5 个结晶水（$CuSO_4 \cdot 5H_2O$）的蓝色晶体，俗称胆矾或蓝矾。利用这一性质，检验乙醇、乙醚等有机溶剂中的微量水分或作干燥剂。

硫酸铜对黏膜有收敛、腐蚀和杀菌作用，杀灭真菌的作用较强。眼科用于腐蚀沙眼引起的眼结膜滤泡，外用治疗真菌性皮肤病，内服有催吐作用。

5. 硝酸银（$AgNO_3$）　当 $AgNO_3$ 中含有机物杂质或遇光将发生分解生成金属银。因此 $AgNO_3$ 应保存在棕色瓶中。

$$2AgNO_3 \xrightarrow{\text{光}} 2Ag\downarrow + 2NO_2\uparrow + O_2\uparrow$$

$AgNO_3$ 是可溶性银盐，能破坏和腐蚀机体组织，遇蛋白质生成沉淀，所以皮肤或衣物接触 $AgNO_3$ 会变黑。$AgNO_3$ 常用作分析试剂，临床上用作收敛剂、腐蚀剂和消毒剂。

铜、锌在人体中的作用

锌是人体必需的微量元素，其含量仅次于铁。它的主要功能是参与组成多种锌酶和锌激活酶。儿童缺锌会影响味觉、食欲、身高和体重。建议常吃一些牡蛎、海蟹、粗粮、蔬菜补充所需要的锌。但体内锌过量可引起儿童顽固性贫血等疾病。

铜是体内重要的微量元素。铜缺乏时，不仅影响体内的许多生化反应，还会影响机体的造血功能，并引起食欲下降、心脏病等疾患。铜过量时，又会导致肝、肾坏死和红细胞破裂等严重的病症。

（二）锌汞的重要化合物

锌、汞位于周期表 ⅡB 族，它们的价电子构型为 $(n-1)d^{10}ns^2$。

锌单质略带蓝色，熔点、沸点较低，并且低于碱金属。锌是较活泼的金属，在含有 CO_2 的潮湿空气中，生成一层保护膜碱式碳酸锌。

$$4Zn + 2O_2 + 3H_2O + CO_2 \rightleftharpoons ZnCO_3 \cdot 3Zn(OH)_2$$

因此，锌在空气中比较稳定，常温下不与水反应，常将锌镀在铁和钢的表面，增加抗腐蚀能力，如镀锌铁皮（白铁皮）。

汞是不活泼金属，金属中熔点最低，常温下以液态存在。汞密封保存于瓷瓶中，并在上面覆盖一层水，以防止挥发。汞蒸气毒性很大，吸入后会产生慢性中毒。汞可以溶解许多金属形成汞齐。若不慎将汞洒落，可用锡箔回收，残留的汞通过硫黄或三氯化铁进行处理。

$$Hg + S \rightleftharpoons HgS$$

$$2Hg + 2FeCl_3 \rightleftharpoons Hg_2Cl_2 + 2FeCl_2$$

1. 氢氧化锌[$Zn(OH)_2$]　$Zn(OH)_2$ 在水中为白色胶状沉淀，具有两性，既能溶于酸也能溶于碱。

$$Zn(OH)_2 + 2HCl \rightleftharpoons ZnCl_2 + 2H_2O$$

$$Zn(OH)_2 + 2NaOH \rightleftharpoons Na_2[Zn(OH)_4]$$

$Zn(OH)_2$ 能溶于过量的氨水，生成可溶性的配合物，使沉淀溶解。

$$Zn(OH)_2 + 4NH_3 \cdot H_2O \rightleftharpoons [Zn(NH_3)_4](OH)_2 + 4H_2O$$

2. 氯化锌（$ZnCl_2$）　$ZnCl_2$ 为白色固体，溶解度是固体中最大的。$10℃$ 时，$100g$ 水中能溶解 $330g$ $ZnCl_2$，常作脱水剂。$ZnCl_2$ 浓溶液与 ZnO 的混合物能迅速硬化，牙科常用作黏合剂。浓 $ZnCl_2$ 溶液可溶解纤维素，因此不能用滤纸过滤。

3. 氯化汞（$HgCl_2$）　$HgCl_2$ 能升华，俗称升汞，置于暗处及棕色瓶中保存。$HgCl_2$ 有剧毒，不可内服，在医药上作消毒剂和防腐剂。

氯化汞为白色晶体，易溶于水，电离度很小，是盐类物质中为数不多的弱电解质。

氯化汞的主要化学性质如下：

（1）与氢氧化钠反应 $HgCl_2$ 与 NaOH 反应，生成黄色氧化汞沉淀。

$$HgCl_2 + 2NaOH \rightarrow HgO\downarrow + 2NaCl + H_2O$$

（2）与氨水反应 $HgCl_2$ 与氨水反应，生成白色沉淀氯化氨基汞（$HgNH_2Cl$），俗称白降汞，可用于治疗疥、癣等皮肤病。

$$HgCl_2 + 2NH_3 \cdot H_2O \rightarrow HgNH_2Cl\downarrow + NH_4Cl + 2H_2O$$

（3）与 KI 反应 $HgCl_2$ 与 KI 反应，生成 HgI_2 猩红色沉淀。

$$HgCl_2 + 2KI \rightarrow HgI_2\downarrow + 2KCl$$

若加入过量的 KI 溶液，该沉淀溶解，生成无色的 $K_2[HgI_4]$。

$$HgI_2 + 2KI \rightarrow K_2[HgI_4]。$$

（4）与 $SnCl_2$ 反应 $HgCl_2$ 与 $SnCl_2$ 反应，生成氯化亚汞（Hg_2Cl_2）白色沉淀。

$$2HgCl_2 + SnCl_2 \rightarrow Hg_2Cl_2\downarrow + SnCl_4$$

加入过量的 $SnCl_2$，生成黑色的金属汞：

$$Hg_2Cl_2 + SnCl_2 \rightarrow 2Hg\downarrow + SnCl_4$$

反应过程中可以观察到沉淀由白色经灰色最后变成黑色。

4. 氯化亚汞（Hg_2Cl_2） Hg_2Cl_2 俗称甘汞，为白色结晶粉末，难溶于水，能溶于硝酸。内服少量无毒，可作缓泻药或肠道消毒物；外用治疗慢性溃疡及皮肤病。中药上的轻粉主要成分是 Hg_2Cl_2。Hg_2Cl_2 遇光或受热逐渐分解，生成毒性大的 $HgCl_2$ 和 Hg，颜色加深。因此 Hg_2Cl_2 要保存在密闭的棕色瓶中，并置于干燥处。

$$Hg_2Cl_2 \xrightarrow{\text{光或热}} HgCl_2 + Hg$$

Hg_2Cl_2 的化学性质主要有：

（1）与氢氧化钠反应 Hg_2Cl_2 与 NaOH 反应，生成黑色的单质 Hg 和黄色的 HgO 沉淀。

$$Hg_2Cl_2 + 2NaOH \rightarrow Hg\downarrow + HgO\downarrow + 2NaCl + H_2O$$

（2）与氨水反应 Hg_2Cl_2 与氨水反应，生成灰黑色的 Hg 单质和 $HgNH_2Cl$ 的混合物。

$$Hg_2Cl_2 + 2NH_3 \cdot H_2O \rightarrow Hg + HgNH_2Cl + NH_4Cl + 2H_2O$$

（3）与 KI 溶液反应 Hg_2Cl_2 与 KI 反应，生成的沉淀由白色、黄绿色转化为黑色。

$$Hg_2Cl_2 + 2KI \rightarrow Hg_2I_2\downarrow（黄绿色）+ 2KCl$$
$$Hg_2I_2 \rightarrow HgI_2 + Hg\downarrow$$

（4）与 $SnCl_2$ 反应 Hg_2Cl_2 与 $SnCl_2$ 反应，生成黑色的单质汞。

$$Hg_2Cl_2 + SnCl_2 \rightarrow 2Hg\downarrow + SnCl_4$$

利用上述性质，可区别汞盐和亚汞盐。

 课堂互动

皮肤沾上 $AgNO_3$ 为什么会变黑？

二、铬锰的重要化合物

(一)铬的重要化合物

铬是周期表第ⅥB族元素，价电子层结构为$3d^5 4s^1$。常见的化合价有+3和+6价。

1. 三氧化二铬(Cr_2O_3) Cr_2O_3是鲜艳绿色的晶体，微溶于水，呈两性。

$$Cr_2O_3 + 6H^+ =\!=\!= 3H_2O + 2Cr^{3+}(绿色)$$

$$Cr_2O_3 + 2OH^- =\!=\!= H_2O + 2CrO_2^-(深绿色)$$

2. 氢氧化铬[$Cr(OH)_3$] $Cr(OH)_3$是灰绿色胶状沉淀。在铬(Ⅲ)盐溶液中加入氨水或适量的碱，即可得到。

$$Cr^{3+} + 3NH_3 \cdot H_2O =\!=\!= Cr(OH)_3\downarrow + 3NH_4^+$$

$Cr(OH)_3$是两性氢氧化物，既溶于酸又溶于碱。

$$Cr(OH)_3 + 3H^+ =\!=\!= Cr^{3+} + 3H_2O$$

$$Cr(OH)_3 + OH^- =\!=\!= CrO_2^- + 2H_2O$$

此外，$Cr(OH)_3$还能溶解于过量的氨水中，生成铬氨配合物。

$$Cr(OH)_3 + 6NH_3 \cdot H_2O =\!=\!= [Cr(NH_3)_6](OH)_3 + 6H_2O$$

3. 铬酐(CrO_3)   铬酐是暗红色针状晶体，强的氧化剂。溶于水形成铬酸(H_2CrO_4)和重铬酸($H_2Cr_2O_7$)，故称为铬酐。

铬酸是强酸，酸性接近于硫酸，但它只存在于水溶液中。

4. 铬酸盐和重铬酸盐   常见的铬酸盐有铬酸钾(K_2CrO_4)和铬酸钠(Na_2CrO_4)，它们都是黄色晶体。重铬酸钾($K_2Cr_2O_7$)也称红钾矾，重铬酸钠($Na_2Cr_2O_7$)又称红钠矾，它们都是橙红色的晶体。

(1)强的氧化性   在酸性介质中，重铬酸盐具有较强的氧化性；在碱性溶液中，铬酸盐的氧化性极弱。

酸性溶液中，$Cr_2O_7^{2-}$可以将H_2S、I^-和Fe^{2+}等氧化，本身被还原成为Cr^{3+}离子。

$$Cr_2O_7^{2-} + 3H_2S + 8H^+ =\!=\!= 2Cr^{3+} + 3S\downarrow + 7H_2O$$

$$Cr_2O_7^{2-} + 6I^- + 14H^+ =\!=\!= 2Cr^{3+} + 3I_2 + 7H_2O$$

加热条件下，$K_2Cr_2O_7$能与浓HCl作用放出Cl_2：

$$K_2Cr_2O_7 + 14HCl(浓) =\!=\!= 2CrCl_3 + 3Cl_2\uparrow + 7H_2O + 2KCl$$

铬酸洗液由重铬酸盐的饱和溶液与浓H_2SO_4混合得到。铬酸洗液用于洗涤实验室玻璃器皿上的污物。当洗液的颜色由红棕色变为暗绿色时，表明洗液已失效。由于Cr(Ⅵ)有明显的毒性，铬酸洗液已逐渐被其他洗涤剂所代替。

(2)$Cr_2O_7^{2-}$和CrO_4^{2-}的相互转化   铬酸盐和重铬酸盐在溶液中存在着下列平衡：

$$Cr_2O_7^{2-}(橙红色) + H_2O \rightleftharpoons 2HCrO_4^- \rightleftharpoons 2CrO_4^{2-}(黄色) + 2H^+$$

上述平衡体系中，加酸向左移动，$Cr_2O_7^{2-}$浓度升高，溶液显橙红色；加碱平衡向右移动，CrO_4^{2-}浓度升高，溶液显黄色。即酸性溶液中主要以$Cr_2O_7^{2-}$离子的形式存在，

碱性溶液中以 CrO_4^{2-} 离子的形式存在。

（3）沉淀反应　向铬酸盐或重铬酸盐溶液中加入 Ba^{2+}、Pb^{2+}、Ag^+ 等离子时，生成铬酸盐沉淀。例如：

$$4Ag^+ + Cr_2O_7^{2-} + H_2O \rightleftharpoons 2H^+ + 2Ag_2CrO_4\downarrow（砖红色）\qquad K_{sp} = 1.1 \times 10^{-12}$$
$$2Pb^{2+} + Cr_2O_7^{2-} + H_2O \rightleftharpoons 2H^+ + 2PbCrO_4\downarrow（黄色）\qquad K_{sp} = 2.8 \times 10^{-13}$$

铬酸盐中除碱金属盐、铵盐和镁盐外，一般都难溶于水，而重铬酸盐易溶于水。由于 $Cr_2O_7^{2-}$ 和 CrO_4^{2-} 之间存在着平衡，因此，在重铬酸盐或铬酸盐溶液中沉淀金属离子时，产物都是铬酸盐沉淀。若在铬酸盐沉淀中加酸，平衡向 $Cr_2O_7^{2-}$ 离子的方向移动，即沉淀溶解。

$$2BaCrO_4 + 4HNO_3 \rightleftharpoons H_2Cr_2O_7 + 2Ba(NO_3)_2 + H_2O$$

由于铬酸盐沉淀颜色的不同，可以用作金属离子的鉴别。

（二）锰的重要化合物

锰是周期表第ⅦB族元素，价电子层结构为 $3d^5 4s^2$。锰的主要化合价为 $+2$、$+4$、$+6$ 和 $+7$。通常情况下，锰的 $+2$ 价化合物最稳定。高氧化态的化合物中，重要的是二氧化锰（MnO_2）和高锰酸钾（$KMnO_4$）。

1. 锰盐　常见的可溶性锰（Ⅱ）盐有 $MnSO_4$、$MnCl_2$ 和 $Mn(NO_3)_2$。锰（Ⅱ）的强酸盐易溶于水，而弱酸盐大多难溶于水。锰（Ⅱ）盐在碱性介质中还原性较强。

$$Mn^{2+} + 2OH^- = Mn(OH)_2\downarrow（白）$$
$$2Mn(OH)_2 + O_2 = 2MnO(OH)_2（棕）$$

首先生成 $Mn(OH)_2$ 白色沉淀，放置片刻即被氧化成棕色的 $MnO(OH)_2$。Mn^{2+} 在中性或酸性溶液中呈肉色，空气中很稳定，难以被氧化。

2. 二氧化锰（MnO_2）　MnO_2 是灰黑色固体，不溶于水。MnO_2 是软锰矿的主要成分，在酸性溶液中是强氧化剂。例如 MnO_2 与浓盐酸的反应，是实验室制备氯气的常用方法。

$$MnO_2 + 4HCl（浓） = MnCl_2 + Cl_2\uparrow + 2H_2O$$

MnO_2 常用作催化剂，可以加快过氧化氢和氯酸钾的分解。

3. 高锰酸钾（$KMnO_4$）　$KMnO_4$ 是深紫色晶体，易溶于水，其水溶液显示高锰酸根（MnO_4^-）离子的紫红色。

$KMnO_4$ 固体加热到200℃以上，分解放出氧气。这是实验室制氧气的一种简便方法。

$$2KMnO_4 \xrightarrow{\triangle} K_2MnO_4 + MnO_2 + O_2\uparrow$$

$KMnO_4$ 的水溶液不稳定，会发生分解反应：

$$4KMnO_4 + 2H_2O = 4MnO_2\downarrow + 3O_2\uparrow + 4KOH$$

因此，$KMnO_4$ 溶液必须保存在棕色瓶中。

$KMnO_4$ 是常用的强氧化剂，其氧化能力和还原产物与溶液的介质有关。在酸性溶液中，$KMnO_4$ 的氧化性最强，还原产物是 Mn^{2+}；在中性或弱碱性溶液中，其还原产物是

MnO_2；在强碱性溶液中，其还原产物是锰酸盐（锰酸盐只能存在于强碱性溶液中）。

$$2MnO_4^- + 5SO_3^{2-} + 6H^+ \Longrightarrow 2Mn^{2+} + 5SO_4^{2-} + 3H_2O$$

$$2MnO_4^- + 3SO_3^{2-} + H_2O \Longrightarrow 2MnO_2\downarrow + 3SO_4^{2-} + 2OH^-$$

$$2MnO_4^- + SO_3^{2-} + 2OH^- \Longrightarrow 2MnO_4^{2-} + SO_4^{2-} + H_2O$$

$KMnO_4$的水溶液具有杀菌作用。稀溶液可用于水果、碗、杯等器皿的消毒。医学上称为"PP粉"，用作腔道或皮肤炎症的冲洗液。在磷或巴比妥类剧毒药中毒时用于洗胃。但浓度过大易灼伤，使用时应特别小心。

 课堂互动

> 为什么在 K_2CrO_4 或 Na_2CrO_4 溶液中加入 Pb^{2+} 离子都能产生黄色沉淀？

三、铁钴镍的重要化合物

知识链接

你知道吗？

铁是人体内含量最多的微量元素，主要功能是参与组成血红蛋白。缺铁性贫血是由于造血原料里缺少铁引起的。鸡蛋、瘦肉、多种蔬菜、水果和红糖里都富含铁质。铁缺乏引起的主要疾病是贫血，当铁摄入过量时又将诱发肿瘤。

钴的生理功能主要参与维生素 B_{12} 的组成，用于防治恶性贫血。钴缺乏时，除红细胞生成困难外，还可引起食欲不振、皮肤粗糙、体重下降、乏力及黏膜苍白等。如果摄入过量，可能会引起红细胞、网织细胞及血容量的增多。人体对钴的需要量很小，每日供给 $1 \sim 2\mu g$ 即可。绿叶蔬菜中钴的含量较多。人体只有通过摄取动物肉或内脏才能获得维生素 B_{12}，得到活性的钴。

镍是某些生物酶的激活剂，也是一种强致癌性的金属元素。当镍缺乏时，铁的吸收将受到影响。

铁、钴、镍是周期系第ⅧB族的元素，也称为铁系元素。它们的价电子层结构分别为 $3d^6 4s^2(Fe)$、$3d^7 4s^2(Co)$、$3d^8 4s^2(Ni)$。

Fe 常见的化合价是 +3。Co 和 Ni 常见的化合价是 +2，而 Co^{3+} 和 Ni^{3+} 是强的氧化剂。

（一）氢氧化物

铁、钴、镍都能形成 +2 或 +3 价的氢氧化物，水溶液中显碱性，易溶于酸而难溶于水。

在碱性介质中，+2 价铁、钴、镍的氢氧化物都具有还原性。$Fe(OH)_2$ 的还原性最强，在空气中被氧化，产物由白色 $Fe(OH)_2$ 沉淀转变为灰绿色，最终是棕红色的 $Fe(OH)_3$ 沉淀。

$$4Fe(OH)_2 + O_2 + 2H_2O = 4Fe(OH)_3$$

$Co(OH)_2$ 在空气中也能被氧化，但反应很慢；$Ni(OH)_2$ 在空气中不反应。因此，$Fe(OH)_2$、$Co(OH)_2$、$Ni(OH)_2$ 的还原性依次递减，氧化性则依次增强。

$Fe(OH)_3$ 略显两性，新生成的 $Fe(OH)_3$ 能溶于浓的强碱溶液中。

$$Fe(OH)_3 + KOH = 2H_2O + KFeO_2(铁酸钾)$$

钴和镍的 +3 价氢氧化物与酸作用具有强氧化性。例如：

$$2Co(OH)_3 + 6HCl = Cl_2\uparrow + 2CoCl_2 + 6H_2O$$

$Fe(OH)_3$ 没有氧化性，能与酸进行中和反应。

$$Fe(OH)_3 + 3HCl = FeCl_3 + 3H_2O$$

(二)铁盐

铁盐分为 +2 价的亚铁盐和 +3 价的铁盐。

1. **亚铁盐**　常见的亚铁盐有硝酸亚铁、硫酸亚铁、氯化亚铁等，他们都易溶于水，在水中微弱的水解使溶液显弱酸性。碳酸亚铁、磷酸亚铁等弱酸盐难溶于水。Fe^{2+} 在水溶液中生成水合离子 $[Fe(H_2O)_6]^{2+}$，显浅绿色，从溶液中结晶析出时，与结晶水共同析出使亚铁盐有颜色。$FeSO_4 \cdot 7H_2O$ 是绿色的晶体，俗称绿矾，农业上用作杀虫剂；在医药上常制成片剂或糖浆，用于治疗缺铁性贫血症。$FeSO_4$ 与碱金属的硫酸盐或硫酸铵形成复盐，如 $(NH_4)_2SO_4 \cdot FeSO_4 \cdot 6H_2O$ 俗称摩尔盐，稳定性大于绿矾。在定量分析中，常用来标定 $KMnO_4$ 或 $K_2Cr_2O_7$ 溶液。

亚铁盐在空气中不稳定，易被氧化成 Fe^{3+}，所以固体亚铁盐应密闭保存。在配制和保存 Fe^{2+} 盐溶液时，应加入足够浓度的酸，同时加入少量铁钉以阻止氧化。

$$4Fe^{2+} + O_2 + 4H^+ = 4Fe^{3+} + 2H_2O$$

$$2Fe^{3+} + Fe = 3Fe^{2+}$$

2. **铁盐**　化合价为 +3 的铁盐主要有 $Fe_2(SO_4)_3$、$FeCl_3$ 和 $Fe(NO)_3$。常用的 $FeCl_3$ 是黄棕色晶体，易溶于水，在水中发生水解使溶液显酸性。

$$FeCl_3 + 3H_2O = Fe(OH)_3\downarrow + 3HCl$$

在 $FeCl_3$ 溶液中加入碱，有红棕色絮状沉淀生成。

$$Fe^{3+} + 3OH^- = Fe(OH)_3\downarrow$$

Fe^{3+} 离子在溶液中极易水解，使溶液显酸性。因此，在配制 Fe^{3+} 盐溶液时，必须先加入一定量的浓酸来抑制水解反应，然后再加水稀释到一定的体积。

酸性介质中，Fe^{3+} 离子为中强氧化剂，能与 I^-、Sn^{2+}、SO_3^{2-} 等多种还原剂作用。例如：

$$2Fe^{3+} + 2I^- = 2Fe^{2+} + I_2$$

$FeCl_3$ 可使蛋白质迅速凝聚，因此，在医疗上用作伤口的止血剂。

（三）Fe^{2+} 和 Fe^{3+} 离子的鉴定

1. Fe^{2+} 离子的鉴定　亚铁盐溶液与铁氰化钾（$K_3[Fe(CN)_6]$）（俗称赤血盐）的水溶液反应，生成蓝色沉淀，这一反应用于 Fe^{2+} 离子的鉴别。

$$3Fe^{2+} + 2[Fe(CN)_6]^{3-} = Fe_3[Fe(CN)_6]_2 \downarrow （滕氏蓝）$$

2. Fe^{3+} 离子的鉴定　Fe^{3+} 铁盐溶液与亚铁氰化钾（$K_4[Fe(CN)_6]$）（俗称黄血盐）的水溶液反应，生成蓝色沉淀。

$$4Fe^{3+} + 3[Fe(CN)_6]^{4-} = Fe_4[Fe(CN)_6]_3 \downarrow （普鲁士蓝）$$

此外，Fe^{3+} 与可溶性 $KSCN$ 或 NH_4SCN 反应，生成血红色的 $[Fe(SCN)_3]$，这一反应非常灵敏，常用作 Fe^{3+} 的鉴别。

$$Fe^{3+} + 3SCN^- \rightleftharpoons [Fe(SCN)_3]$$

注意，此反应必须在酸性介质中进行，以防止 Fe^{3+} 水解。

（四）常见的配合物

1. 氨的配合物　Fe^{2+}、Fe^{3+} 与 NH_3 不能形成稳定的配合物。Co^{2+} 溶液与过量氨水反应，可以生成土黄色的 $[Co(NH_3)_6]^{2+}$ 配离子，但不稳定，易被氧化剂或空气中的 O_2 所氧化，生成橙黄色的 $[Co(NH_3)_6]^{3+}$ 配离子。

$$4[Co(NH_3)_6]^{2+} + O_2 + 2H_2O = 4[Co(NH_3)_6]^{3+} + 4OH^-$$

$[Ni(NH_3)_6]^{2+}$ 配离子在溶液中很稳定，在空气中不能被氧化。

2. 氰的配合物　Fe^{2+}、Fe^{3+}、Co^{2+}、Ni^{2+} 都能与 CN^- 离子反应生成配合物。$K_4[Fe(CN)_6]$ 俗称黄血盐，$K_3[Fe(CN)_6]$ 俗称赤血盐，$Fe_4[Fe(CN)_6]_3$ 沉淀俗称普鲁士蓝，$Fe_3[Fe(CN)_6]_2$ 沉淀俗称滕氏蓝，它们都是稳定的配合物。

$$3Fe^{2+} + 2[Fe(CN)_6]^{3-} = Fe_3[Fe(CN)_6]_2 （滕氏蓝） \downarrow$$
$$4Fe^{3+} + 3[Fe(CN)_6]^{4-} = Fe_4[Fe(CN)_6]_3 （普鲁士蓝） \downarrow$$

$[Co(CN)_6]^{4-}$ 在溶液中相当于强的还原剂，能还原水放出 H_2：

$$2[Co(CN)_6]^{4-} + 2H_2O = 2[Co(CN)_6]^{3-} + H_2 \uparrow + 2OH^-$$

3. 硫氰配合物　Fe^{3+} 和 Co^{2+} 的硫氰配合物常用于离子的鉴别。$[Fe(NCS)_6]^{3-}$ 配离子呈血红色；$[Co(NCS)_4]^{2-}$ 配离子呈蓝色，在有机溶剂（戊醇、丙醇）中很稳定。$Ni(II)$ 的硫氰配合物不稳定。

Fe、Co、Ni 还能与许多有机配体生成稳定的配合物。如 $[Ni(CO)_4]$、$[Fe(CO)_4]$ 等。

▊ 课堂互动

1. 为什么在配制和保存 Fe^{2+} 盐溶液时，应加入足够浓度的酸，同时加入少量铁钉？

2. 如何鉴别 Fe^{2+} 和 Fe^{3+}？

本 章 小 结

过渡元素的通性

过渡元素的通性：最后一个电子排在次外层的 d 轨道上（Pd 除外），价电子层结构为 $(n-1)d^{1} \sim 10ns^{1\sim2}$，都是金属，具有多变的化合价，大部分水合离子都有颜色，易形成稳定的配合物。

铜锌汞的重要化合物

1. 铜的重要化合物：氧化亚铜、氧化铜、氢氧化铜、硫酸铜。
2. 银的重要化合物：硝酸银。
3. 锌的重要化合物：氢氧化锌、氯化锌。
4. 汞的重要化合物：氯化汞、氯化亚汞。

铬锰的重要化合物

1. 铬的重要化合物：三氧化二铬、氢氧化铬、铬酐、铬酸盐及重铬酸盐。
2. 锰的重要化合物：二氧化锰、高锰酸钾。

铁钴镍的重要化合物

1. 铁的重要化合物：氢氧化铁、硝酸亚铁、硫酸亚铁、氯化亚铁。
2. Fe^{2+} 和 Fe^{3+} 离子的鉴别。
3. 钴和镍的氢氧化物。
4. 铁钴镍的常见配合物：氨的配合物、氰的配合物、硫氰的配合物。

同 步 训 练

一、选择题

1. 下列哪种性质是过渡元素的典型特征（　　）
   A. 通常只有一个正氧化态
   B. 其原子或离子不容易形成稳定的配合物
   C. 形成的化合物通常无色
   D. 外层电子结构为 $(n-1)d^{1\sim10}ns^{1\sim2}$
2. 铬酸洗液的主要成分是（　　）
   A. 浓硫酸　　　　B. $K_2Cr_2O_7$　　　　C. 浓硫酸 + $K_2Cr_2O_7$　　　　D. $KMnO_4$

3. 熔点最高的金属是(　　)

    A. Cr　　　　　　B. W　　　　　　C. Os　　　　　　　　D. T

4. 加热 $KMnO_4$ 固体使其完全分解，将残余物倒入水中，将看到溶液的颜色是(　　)

    A. 粉红色溶液　B. 绿色　　　　C. 棕色　　　　　　D. 紫色

5. 把铁片插入下列溶液，铁片溶解，溶液质量减轻的是(　　)

    A. 稀硫酸　　　B. 硫酸锌　　　C. 硫酸铁　　　　　D. 硫酸铜

6. 常温下是液体的金属是(　　)

    A. Hg　　　　　B. Na　　　　　C. Fe　　　　　　　D. Mn

7. 下列离子中加入氨水不能生成配离子的是(　　)

    A. Fe^{3+}　　　　B. Co^{3+}　　　　C. Ni^{3+}　　　　　D. Cu^{2+}

8. 检验 Fe^{2+} 离子的试剂是(　　)

    A. KCNS　　　　　　　　　B. $K_3[Fe(CN)_6]$

    C. $K_4[Fe(CN)_6]$　　　　　D. H_2O

9. 下列哪一种元素的 +6 价化合物在通常条件下较为稳定(　　)

    A. Cr　　　　　B. Mn　　　　　C. Fe　　　　　　　D. Ni

10. 医学上用作消毒、杀菌的 PP 粉是(　　)

    A. H_2O_2　　　　B. $KMnO_4$　　　C. NaCl　　　　　　D. $BaCl_2$

二、填空题

1. 在潮湿空气中，铁极易生锈，铁锈的成分比较复杂，通常简略用_____表示，它不能保护内层的铁不受腐蚀。

2. 填写下列物质的分子式：摩尔盐_____，黄血盐_____。

3. 保存亚铁盐溶液时，应加入_____，必要时应加入_____来防止氧化。

4. Fe^{3+} 和 $K_4[Fe(CN)_6]$ 能生成蓝色沉淀，称_____，Fe^{2+} 和 $K_3[Fe(CN)_6]$ 能生成蓝色沉淀，称_____。

5. 汞的密度较大，蒸气有毒且易挥发，汞必须_____保存。

三、简答题

1. 如何保存 $KMnO_4$ 试剂？

2. 黄色的 $K_2Cr_2O_4$ 溶液中加入适量的 HNO，为什么溶液变为橙红色？

3. 试解释下列现象：在 Fe^{3+} 的溶液中加入 KCNS 溶液时出现了血红色，但加入少许铁粉后，血红色立即消失。

模块五　化学实验技能

　　化学是一门实验的学科，化学实验是化学科学赖以形成和发展的基础，是化学教育、教学中一种多功能的载体，实验的魅力让我们展开对大千世界的遐想。实验过程中展示出的物质形态变化、定量关系、物质间的相互影响，以及其他与实验细节相关、较为隐蔽的实验现象，能带给大家更多对物质世界的认识。

化学实验基本知识

化学是一门以实验为主的科学。通过实验，可以获得大量物质变化的感性知识，能够巩固化学的基本知识，验证某些基本理论；培养学生的观察能力、正确的思维方法、严谨的科学作风以及实事求是的工作态度。逐步学会并掌握化学实验操作的一些基本技能。

一、无机化学实验室规则

1. 实验前认真预习实训内容，明确实验目标，了解实验步骤、方法及注意事项。

2. 进入实验室必须穿好实验服并扣好钮扣。

3. 遵守实验室纪律，保持安静，认真操作。仔细观察各种现象，并如实地详细记录实验现象和实验数据。

4. 实验过程中，应保持实验室和桌面清洁，废物、废液等应倒在指定的废物缸内。水池保持清洁、畅通。禁止在水槽内倒入杂物和强酸、强碱及有毒的有机溶剂。

5. 爱护仪器设备，节约用电用水，节约药品材料。严禁将实验室物品带走。

6. 实验结束后，整理好仪器、药品，做好清洁工作，关好水、电、煤气、门、窗。

7. 认真书写实验报告，按时交给教师审阅。

二、药品取用注意事项

1. 药品应按规定量取用，注意节约，尽量少用。剩余药品应倒入回收瓶中，切忌倒回原瓶，以免带入杂质而引起瓶中药品变质。

2. 取用固体药品时，要用干净的药匙，药匙不得随便放在桌面上。

3. 吸取溶液时，不同的试剂瓶用不同的滴管取用，实行"专管专用"。

4. 试剂瓶用过后，立即盖上塞子，并放回原处。

5. 发现试剂药品被污染，应立即报告老师，及时更换。

6. 使用腐蚀性、易燃、易爆药品时，小心谨慎，严格遵守操作规程，在教师指导下完成。

三、实验安全注意事项

1. 使用有毒气体(如 H_2S、Cl_2、Br_2、NO_2、HCl、HF 等)时，应在通风橱中进行操作。

2. 金属汞不慎洒落，尽可能收集起来，并用硫黄粉处理残留汞，让金属汞转变成不挥发的硫化汞。

3. 稀释浓硫酸时，应将浓硫酸慢慢倒入水中，并不断搅拌，切不可将水倒入硫酸中！

4. 加热试管时，不得将试管口对着自己，也不可指向别人，避免溅出的液体烫伤人。

5. 不要俯向容器直接去嗅容器中溶液或气体的气味，应使面部远离容器，用手把逸出容器的气流慢慢扇向自己的鼻孔。

6. 取用在空气中易燃烧的钾、钠和白磷等物质时，要用镊子，不要用手去直接接触。

8. 强氧化剂(如氯酸钾、高锰酸钾等)或强氧化剂混合物不能研磨，否则将引起爆炸。

9. 严禁在实验室内饮食、吸烟，或把食具带进实验室，禁止药品入口。实验完毕应洗手。

10. 不要用湿的手、物接触电源，以免发生触电事故。

四、实验室意外事故处理

1. **割伤**：伤口内若有玻璃碎片，需先取出，立即用药棉擦伤口，碘酒消毒后敷药包扎。

2. **烫伤**：烫伤处用高锰酸钾或苦味酸溶液清洗，再抹上烫伤膏，切勿用水冲洗。

3. **酸蚀伤**：立即用大量水冲洗，然后用饱和碳酸氢钠溶液或氨水冲洗，最后用水冲洗。

4. **碱蚀伤**：立即用大量水冲洗，然后用硼酸或稀醋酸冲洗，最后用水冲洗。

5. **白磷灼伤**：用1%硫酸铜或高锰酸钾溶液冲洗伤口，然后包扎。

6. **吸入有毒气体**：立即到室外呼吸新鲜空气。对于氯气、氯化氢气体，吸入少量酒精和乙醚的混合蒸气解毒；对于溴蒸气，可吸入氨气解毒。

7. **毒物进入口内**：把5～10ml稀硫酸铜加入一杯温水中，内服，然后用手指伸入咽喉，促使呕吐，并立即送医院。

8. **触电**：立即切断电源。必要时进行人工呼吸。

9. **起火**：酒精、乙醚等有机物着火，立即用湿布或沙土等灭火；若电器设备发生火灾，用CO_2或四氯化碳灭火器扑灭火灾。

10. 伤势较重者，必须立即送医院抢救。

五、无机化学常用仪器

仪　器	规　格	用　途	注意事项
酒精灯	以容积（ml）表示。用玻璃制成	常用热源之一，也可以进行焰色反应	1. 用前应检查灯芯和酒精的量（容积的1/3～2/3），用火柴点火 2. 禁止燃着的酒精灯去点另一盏酒精灯 3. 不用时应立即用灯帽盖灭

仪 器	规 格	用 途	注意事项
烧杯	容积以毫升（ml）表示大小。外形有高、低之分	用作反应物量较少的反应容器。反应物易混合均匀	加热时应放置在石棉网上，使受热均匀
研钵	以口径大小表示，如 60mm、75mm、90mm 等	用于研碎固体物质或混匀固体物质	1. 不能加热或作反应容器用 2. 不能将易爆物质混合研磨 3. 盛固体物质的量不宜超过容积的 1/3 4. 只能研磨、挤压，勿敲击
试管　　离心试管	分硬质试管，软质试管；普通试管，离心试管。普通试管以管口外径（mm）×长度（mm）表示；离心试管以体积（ml）表示	用作少量试剂的反应容器。离心试管还可用作定性分析中的沉淀分离	1. 可以直接用火加热 2. 硬质试管可以加热。加热后不能骤冷 3. 离心试管只能用水浴加热
吸管	以刻度以下的容积（ml）表示	用于准确地移取一定体积的液体	1. 移液前，移液管或吸量管要用移取液润洗 2～3 遍 2. 将液体吸入，液面超过刻度，再用食指按着管口，轻轻转动放气，使液面降至刻度后，用食指按着管口，移至指定容器中，放开食指，使液体沿容器壁自动流下 3. 未标明"吹"字的吸量管，残留的最后一滴液体，不用吹出
蒸发皿	以口径（mm）或容积（ml）表示。有瓷、石英、铂等不同质地	蒸发液体用。随液体性质不同可选用不同质地的蒸发皿	1. 耐高温，但不宜骤冷 2. 蒸发溶液时，一般放在石棉网上加热，也可直接用火加热

仪 器	规 格	用 途	注意事项
滴瓶　细口瓶　广口瓶	以容积(ml)表示	广口瓶用于盛放固体药品；滴瓶、细口瓶用于盛放液体药品；不带磨口塞子的广口瓶可作集气瓶	1. 不能直接用火加热，瓶塞不要互换 2. 盛放碱液时，要用橡皮塞，以免玻璃磨口被腐蚀粘牢
吸滤瓶　布氏漏斗	吸滤瓶以容积(ml)表示。布氏漏斗为瓷质，以容量(ml)或口径(mm)表示	两者配套用于晶体或沉淀的减压过滤。利用水泵或真空泵降低吸滤瓶中压力，以加速过滤	1. 不能直接加热 2. 滤纸应小于漏斗内径并盖住小孔 3. 先抽气，后过滤。过滤结束时，先放气后关泵
容量瓶	以刻度以下的容积(ml)表示。按颜色分为棕色和白色两种	用来配制或稀释溶液	1. 不能加热 2. 磨口瓶塞是配套的，不能互换 3. 不可以做试剂瓶存放溶液
量筒　量杯	以所度量的最大容积(ml)表示	用于度量一定体积的液体	1. 不能加热，不能用作反应容器 2. 不可量热的液体
锥形瓶	以容积(ml)表示反应容器	反应容器，振荡方便，适用于滴定操作	加热时应放置在石棉网上，使受热均匀

续表

仪　器	规　格	用　途	注意事项
漏斗　　长颈漏斗	以口径（mm）表示	用于过滤等操作。长颈漏斗特别适用于定量分析中的过滤操作	不能用火直接加热
表面皿	以口径（mm）表示，如 45mm、65mm、75mm 等	盖在烧杯上，防止液体溅出或其作他用途	不能用火直接加热
石棉网	由铁丝编成，中间涂有石棉，有大、小之分	加热时，垫上石棉网能使受热物体均匀受热，不致造成局部过热	不能与水接触，以免石棉脱落或铁丝锈蚀；不可卷折
药匙	用牛角、塑料或合金制成	用于取少量固体试剂	1. 保持干燥、清洁 2. 取完一种试剂后，应洗净、干燥后再使用
试管刷	按洗刷对象的名称表示。如试管刷、烧瓶刷等	洗涤试管或玻璃仪器用	1. 小心试管刷顶部的铁丝撞破试管底部 2. 洗涤时手持刷子的部位要合适
铁架台	铁圈以直径大小表示，如 60mm、80mm、95mm 等	固定反应容器，铁圈可代替漏斗架用于过滤	1. 先调节好铁圈、铁夹的距离和高度 2. 用铁夹夹持仪器时，以仪器不能转动为宜，不能过紧或过松 3. 加热后的铁圈不能撞击或摔落在地，以免断裂

六、无机化学实验技能

（一）仪器的洗涤与干燥

实验中仪器是否干净，常常会影响到实验结果的准确性。因此，实验前后都要进行仪器的清洗，洗涤后的仪器应洁净，内壁只附着一层均匀的水膜，不挂水珠。

1. 仪器的洗涤　一般先用自来水冲洗，再用毛刷刷洗仪器。一些污物，可以用毛刷蘸取去污粉或洗涤剂进行刷洗；然后倒掉废液，注入 1/2 水清洗 2~3 次，至内壁不挂水珠。仪器内如附有不溶于水的碱、碳酸盐、碱性氧化物等，可以先加入 6mol/L 盐酸溶解，或者用重铬酸钾的硫酸洗液浸泡清洗（浸泡后的洗液小心倒回原洗液瓶中，可以重复使用），最后用自来水、蒸馏水各冲洗 1~2 次，达到要求即可。

2. 仪器的干燥　洗涤后的仪器，可以倒置在实验柜内或仪器架上晾干，也可以放在烘箱内烘干；烧杯、蒸发皿等放在石棉网上用小火烘干。试管可直接用小火烤干，烤干时管口应倾斜向下，轻轻转动试管，直到没有水珠为止。

带有刻度的计量仪器，不能用加热的方法进行干燥，否则会影响仪器的精密度。可以在洗净的仪器中加入一些易挥发的有机溶剂（常用的是酒精或酒精与丙酮体积比为1:1的混合液），倾斜并转动仪器，使器壁上的水与有机溶剂混合，然后倒出，少量残留在仪器中的混合液很快挥发而使仪器干燥。

（二）酒精灯

酒精灯是无机化学实验最常用的加热仪器，用于加热温度不需要太高的实验，其火焰温度在 673K~773K。使用方法如下：

1. 使用酒精灯以前，先检查灯芯，修复平整。酒精的量不能超过酒精灯容积的 2/3，也不能少于其容积的 1/5。添加酒精时先将灯熄灭。

2. 点燃酒精灯时，切勿用已燃着的酒精灯引燃。

3. 熄灭酒精灯时，要用灯罩盖熄，不可用嘴吹。为避免灯口炸裂，盖上灯罩使火焰熄灭后，应再提起灯罩，待灯口稍冷后再盖上灯罩。

4. 酒精灯连续使用时间不能太长，以免酒精灯灼热后，灯内酒精大量汽化而发生危险。

（三）台秤的使用

台秤又称托盘天平。使用方便，但精确度不高，一般能称准至 0.1g。

1. 台秤的构造　见实验图 1。台秤的横梁左右有两个托盘，横梁的中部有指针与刻度盘相对。

2. 调零　称量物体之前，应检查台秤是否平衡。即将游码拨到游码标尺的"0"处，此时指针在刻度盘左右摆动的格数应相等，且指针静止时应位于刻度盘

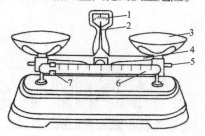

实验图 1　台秤
1. 刻度盘　2. 指针　3. 托盘　4. 横梁
5. 平衡调节螺丝　6. 游码标尺　7. 游码

的中间位置。如果不平衡，可调节台秤托盘下侧的平衡调节螺丝，使之平衡。

3. 称量　称量物体时，左盘放称量物，右盘放砝码。砝码应用镊子夹取。添加砝码时，先加质量大的砝码，再加质量小的砝码，5g(或10g)以下的砝码用游码代替，直到台秤平衡为止。记录所加砝码或游码所示的质量。

4. 称量结束　称量完毕将砝码放回砝码盒内，游码拨到"0"位处，并将托盘放在一侧，以免台秤摆动。托盘上有药品或其他污物时应及时清除。

5. 注意事项　称量物不能直接放在托盘上，根据情况决定称量物放在纸上、表面皿或其他容器中。台秤不能称量热的物品，应经常保持台秤的整洁。

(四)固体、液体试剂的取用

固体试剂一般装在广口瓶内；液体试剂盛放在细口瓶或滴瓶内；见光易分解的试剂盛放在棕色瓶内。每个试剂瓶上都贴有标签，标明试剂的名称、浓度和配制日期。

1. 固体试剂的取用

(1)粉末或小颗粒的药品取用　用干净的药匙取用。一般药匙两端分别为大小两个匙，根据用量多少选用。用过的药匙必须洗净晾干后才能再使用，以免沾污试剂。

为避免药品沾在试管壁或试管口，往试管里装粉末状药品时，可将药品放在对折的纸片上，试管平放，送入管底，再竖起试管。见实验图2和实验图3。

(2)块状药品或金属颗粒的取用　用洁净的镊子夹取。装入试管时，先把试管倾斜，将药品放入管口内后，再把试管慢慢竖起。见实验图4。

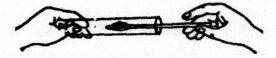 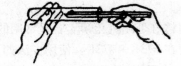

实验图2　试管中加固体试剂　　　　实验图3　纸槽向试管中送入固体试剂

实验图4　试管中加入块状固体

2. 液体试剂的取用

(1)滴管吸取液体　取少量液体时，用滴管吸取。一般20滴约为1ml。滴加试剂时，滴管在盛接容器的正上方，滴管保持垂直，不得倾斜或倒立。

滴管不能伸入容器中或触及盛接容器的器壁，以免污染(实验图5)。滴管放回原滴瓶时不要放错。装有药品的滴管不能横置或管口向上斜放，以免药品流入滴管的胶头中。

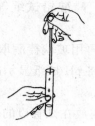

实验图 5 用滴管加少量液体

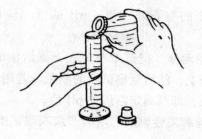

实验图 6 倾倒溶液

（2）细口瓶中取用试剂 先将瓶塞取下，倒置在实验台上，以免污染。然后将贴有标签的一面向着手心，逐渐倾斜瓶子，瓶口紧靠盛接容器的边缘或沿着洁净的玻璃棒，慢慢倾倒至所需的体积（实验图 6）。最后把瓶口剩余的一滴试剂"碰"到容器中去，以防液滴沿着瓶口外壁流下。试剂取用后，立即盖好瓶盖，以免盖错。若用滴管从细口瓶中取用少量液体，要用洁净的滴管吸取。

（五）试管操作

试管是用作少量试剂的反应容器，操作简单且便于观察现象，是化学实验中常用的仪器。

1. 振荡试管 用拇指、食指和中指持住试管的中上部，试管略倾斜，手腕用力振动试管。这样试管中的液体就不会振荡出来。若用五个指头握住试管上下或左右振荡，不便观察实验现象，也容易将试管中的液体振荡出来。

2. 试管中液体的加热 试管中的液体一般可直接在火焰上加热。试管中的液体量不能超过总容积的 1/3，用试管夹夹住试管的中上部，试管与桌面约成 45°倾斜，加热时，利用火焰的外焰（实验图 7）。

试管口不能对着别人或自己。先加热液体的中上部，慢慢移动试管，热及下部，然后不时地移动或振荡试管，从而使液体各部分受热均匀，避免试管内液体因局部沸腾而溅出。

3. 试管中固体试剂的加热 将固体试剂装入试管底部，辅平，管口略向下倾斜（实验图 8），以免管口冷凝的水珠倒流回试管的灼烧处而使试管炸裂。先用火焰来回加热试管，然后固定在有固体物质的部位加热。

实验图 7 液体加热

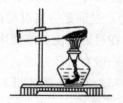

实验图 8 固体加热

（六）试纸的使用

为了测试溶液的酸碱性或检验反应后的生成物，最简便的方法是使用相应的试纸。常用的有石蕊试纸、pH 试纸、淀粉 – KI 试纸、醋酸铅试纸等。使用方法如下：

1. 试验溶液　把试纸条放在干燥清洁的表面皿上，再用玻璃棒蘸取被试验溶液，滴在试纸条上，然后观察试纸的颜色。若用 pH 试纸，需将 pH 试纸显示的颜色与标准颜色卡比较，即可确定溶液的 pH 值。

2. 试验挥发性物质　用蒸馏水润湿试纸条，然后悬空放在试管口的上方，观察试纸颜色的变化。

勿将试纸条投入溶液中进行试验。

（七）溶解、蒸发和过滤

1. 固体的溶解　称取一定量的固体试剂，放在烧杯内，然后让溶剂沿玻璃棒慢慢流入烧杯中，以防杯内溶液溅出。溶剂加入后，用玻璃棒轻轻搅拌，使试样完全溶解。搅拌不要用力太猛和触及器壁，以免损坏仪器。为了加速溶解，根据物质的性质可适当加热。

溶解会产生气体的试样，先用少量水将其润湿成糊状，用表面皿将烧杯盖好，然后用滴管将溶剂自杯嘴逐滴加入，防止生成的气体将粉状的试样带出。对于需要加热溶解的试样，加热时要防止溶液剧烈沸腾而溅出。加热后用蒸馏水冲洗表面皿和烧杯内壁，冲洗时应使水顺杯壁或玻璃棒流下。

2. 蒸发（浓缩）　溶质从溶液中析出晶体，常采用加热的方法使水分不断蒸发，溶液不断浓缩而析出晶体。若溶液太稀，可先放在石棉网上直接加热蒸发，再用水浴蒸发。蒸发通常在蒸发皿中进行，因为其表面积较大，有利于加速蒸发。加入蒸发皿的液体量不得超过其容量的 2/3，以防液体溅出。如果液体量较多，蒸发皿一次盛不下，可分多次加入。蒸发过程中需用玻璃棒不断搅拌溶液。注意不要使瓷蒸发皿骤冷，以免炸裂。

根据物质对热的稳定性，可以采取直接加热或水浴间接加热。若物质的溶解度较大，加热到溶液表面出现晶膜时，停止加热；物质的溶解度较小或高温时溶解度虽大但室温时溶解度较小，降温后容易析出晶体，不必蒸至液面出现晶膜就可以冷却。

3. 过滤　过滤是分离沉淀最常用的方法之一。当溶液和沉淀的混合物通过过滤器时。沉淀留在过滤器上，溶液则通过过滤器滤入容器中，过滤所得溶液称为滤液。常用的过滤方法一般有常压过滤、减压过滤两种。

（1）常压过滤　先把滤纸对折两次（若滤纸为方形，此时应剪成扇形），然后将滤纸打开成圆锥形（一边 3 层，一边 1 层，实验图 9），放入漏斗中。若滤纸与漏斗不密合，应改变滤纸折叠的角度，直到与漏斗密合为止，再把 3 层上沿的外面 2 层撕去一小角，用食指把滤纸按在漏斗内壁上。滤纸的边缘略低于漏斗边缘 3 ~ 5mm。用少量蒸馏水润湿滤纸，赶去滤纸与漏斗壁之间的气泡，这样可以使漏斗颈内充满"水柱"，加快过滤速度。

过滤时，过滤器放在漏斗架上，调整高度，漏斗颈下端出口长的一边紧靠接受器内壁，过滤的溶液沿玻璃棒慢慢倾入漏斗中（玻璃棒下端轻轻抵住3层滤纸处，见实验图10）。先转移溶液，后转移沉淀。每次转移量不能超过滤纸容量的2/3。然后用少量洗涤液（蒸馏水）淋洗盛放沉淀的容器和玻璃棒，将洗涤液倾入漏斗中。如此反复淋洗2～3次，直至沉淀全部转移至漏斗中。

若需要洗涤沉淀，待溶液转移完毕，可用洗瓶从滤纸上部向下淋洗，洗涤液流完后，再进行下一次洗涤。重复此操作2～3次，即可洗去杂质。

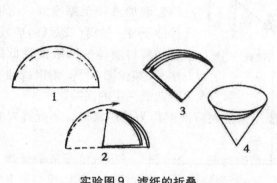

实验图9　滤纸的折叠

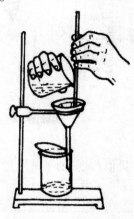

实验图10　过滤操作

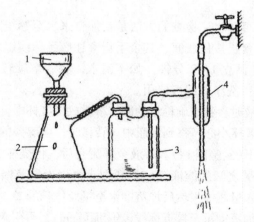

实验图11　减压过滤装置
1. 布氏漏斗　2. 吸滤瓶　3. 安全瓶　4. 水泵

（2）减压过滤　减压过滤可以加速过滤，把沉淀抽吸得比较干燥，但不适用于胶状沉淀和颗粒太小的沉淀。

减压过滤装置见实验图11。由布氏漏斗、吸滤瓶、安全瓶和水泵（或油泵）组成。过滤完毕，先拔掉安全瓶上的橡皮管，然后关掉水龙头（或油泵）。

过滤前，将滤纸剪成直径略小于布氏漏斗内径的圆形，平铺在布氏漏斗瓷板上，用少量蒸馏水润湿滤纸，慢慢抽吸，使滤纸紧贴在漏斗的瓷板上，然后进行过滤（布氏漏斗的斜口与吸滤瓶的支管相对，便于吸滤）。

洗涤沉淀时，先停止抽滤，再加入少量洗涤液（蒸馏水），让其缓缓地通过沉淀物进入吸滤瓶。最后将沉淀抽吸干燥。沉淀需多次洗涤，则重复以上操作，直至达到要求为止。

（八）玻璃量器的使用

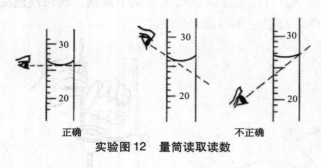

正确　　　　　　不正确

实验图 12　量筒读取读数

1. 量筒（或量杯）　　量筒（或量杯）是用来粗略量取一定体积的液体。倾倒液体近于刻度时，用滴管滴加液体至刻度线。读取液体体积时，量筒（或量杯）应放平，视线要与液体的凹液面最低处呈水平（实验图 12）。俯视或仰视都会造成一定的误差。

量筒（或量杯）只能量取溶液，不能用来配制溶液或作为反应器皿，不允许对其加热。

2. 量瓶　　量瓶也称容量瓶。是用来精确配制一定体积、一定浓度溶液的量器。量瓶的颈部有一刻度线，表示所指温度下，当瓶内液体到达刻度线时，其体积与瓶上所注明的体积相等。

使用前应先检查是否漏水。检查的方法是：加自来水至标线附近，盖好瓶塞，瓶外水珠擦拭干净，一手用食指按住瓶塞，其余手指拿住瓶颈标线以上部分，另一只手握住瓶底边缘（实验图 13），倒立 1~2 分钟，如不漏水，将瓶塞旋转 180° 后再倒立 1~2 分钟试验一次，若不漏水，洗净后即可使用。

用固体溶质配制溶液时，将准确称量的固体溶质放入烧杯中，用少量蒸馏水溶解，然后将烧杯中的溶液沿玻璃棒小心转移到量瓶中。转移时，玻璃棒的下端紧靠瓶内壁，溶液沿玻璃棒、瓶颈内壁流下（实验图 14）。溶液全部流完后，将烧杯沿玻璃棒往上提升直立，使附着在玻璃棒和烧杯嘴之间的溶液流回烧杯中。再用少量蒸馏水淋洗烧杯和玻璃棒 3 次，并将每次的洗液转入量瓶中。然后加蒸馏水至量瓶体积的 2/3，按水平方向旋摇量瓶，使溶液大体混匀，继续加蒸馏水至接近标线（约相距 1cm），再用滴管逐滴加入蒸馏水，直至溶液的弯月面与标线相切为止。最后塞紧瓶塞，将量瓶倒转数次（此时必须用手指压紧瓶塞，以免脱落，方法同检漏）并加以摇荡，以保证瓶内溶液充分混合均匀。

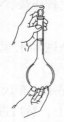

实验图 13　容量瓶操作

实验图 14　溶液转入量瓶

用量瓶稀释溶液时，首先用移液管准确吸取一定体积的浓溶液移入量瓶中，按上述方法稀释至标线，摇匀。

量瓶不能长期存放溶液，配好的溶液应转入洁净、干燥的试剂瓶中存储。量瓶不能盛放热的液体或加热，磨口瓶塞与量瓶是配套的，将瓶塞用橡皮圈系在量瓶的瓶颈上。

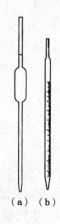

图 15　移液管
（a）腹式吸管
（b）刻度吸管

3. **移液管**　移液管又称吸量管，是用来准确移取一定体积溶液的量器。通常有两种形状，一种中间有膨大部分，下端是细长尖嘴，只有单刻度而无分刻度，又称腹式吸管。常用的有 5ml、10ml、20ml、25ml、50ml 等规格，可以量取一定体积的溶液。另一种为直形管状，管上有分刻度，用于准确量取总容积范围以内体积的溶液，常用的有 1ml、2ml、5ml、10ml 等规格，常见的两种移液管见实验图 15。

移液管使用前，依次用自来水、洗涤剂（或铬酸洗液）、自来水、蒸馏水洗涤。移取溶液前，先用待量取的溶液润洗 2～3 次，除去管内残留水分（实验图 16）。

吸取溶液时，右手拿住管上端标线以上部分，将管下端伸入待吸溶液液面以下 1～2cm 深处。不要伸入太浅，以免液面下降后造成吸空；不要伸入太深，否则管外壁沾附溶液过多。左手拿洗耳球，先把空球内气压出，然后将球的尖端紧接在移液管管口上，慢慢放松洗耳球吸取液至标线以上约 1～2cm，立即用右手食指按住移液管并直立提离液面后，将管下端外壁沾附的溶液用滤纸轻轻擦干（或将移液管下端沿待吸取液容器内壁轻转两圈），然后稍松食指，使液面慢慢下降，直至视线平视时溶液的凹面与标线相切，立即按紧食指，使液体不再流出。左手将承接溶液的容器稍倾斜，将移液管垂直放入容器中，管尖紧贴容器内壁，松启右手食指，使溶液沿器壁自由流下（实验图 17）。待液面下降到管尖后，再等 15 秒左右取出移液管。

注意，除非特别注明需要"吹"的以外，管尖最后留有的少量溶液不能吹入容器中，移液管在校正时，未将这部分液体体积计算在内。

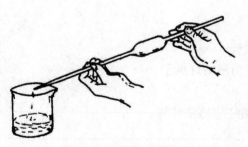

实验图 16　溶液润湿移液管

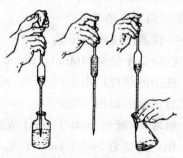

实验图 17　移液管移取溶液

移液管使用后，洗净放在移液管架上。移液管不能在烘箱中烘烤，以免容积变化影响测量的准确度。

实训一　无机化学实验基本操作

【实训目的】

1. 掌握玻璃仪器的洗涤方法。

2. 规范台秤、试管等基本操作。

3. 学会液体、固体试剂的取用。

【实训原理】

实验前后都要进行仪器的清洗，洗涤后的仪器洁净标准是：内壁只附着一层均匀的水膜，不挂水珠。

酒精灯是实验室常用的加热仪器，火焰温度在 673K～773K，用于加热温度不需要太高的实验。

台秤又称托盘天平，使用方便，但精确度不高，一般能称准至 0.1g。

固体试剂一般装在广口瓶内，液体试剂盛放在细口瓶或滴瓶内；见光易分解的试剂盛放在棕色瓶内。针对不同的试剂，正确地进行取用。

【实训用品】

仪器：试管、烧杯(100ml、250ml)、量筒(5ml)、酒精灯、玻璃棒、胶头滴管、试管刷、药匙、台秤、普通漏斗。

试剂：0.1mol/L NaCl、碳酸氢钠(s)、氯化钠(s)。

材料：滤纸、火柴、去污粉、洗衣粉。

【实训内容及步骤】

(一)仪器的洗涤与干燥

1. 洗净 2 个烧杯(100ml、250ml)和 3 支试管。

2. 洗净的烧杯用电吹风吹干；洗净的试管用酒精灯烘干。

(二)试剂的取用与加热

1. 吸取 15 滴 0.1mol/L NaCl 溶液，用酒精灯加热至沸腾。

2. 用量筒量取 3ml 0.1mol/L NaCl 溶液。

3. 称量 0.15g $NaHCO_3$(s)于试管中并加热，观察现象。

(三)普通过滤器的制作

选取滤纸，根据普通漏斗的内径，制作过滤器。制作好的过滤器用水浸湿，滤纸与漏斗壁紧贴，中间不留气泡，并使漏斗内形成水柱。

【实训指导】

1. 仪器清洗时，先倒出废液，再注入水清洗；不允许多支试管同时刷洗。

2. 试管烘干时，管口应向下，否则水会倒流引起试管炸裂。

3. 台秤称量药品时，不可以直接放在托盘上。

4. 调整两次对折的滤纸，使滤纸与漏斗大小吻合。

【实训思考】

1. 带有刻度的计量器为什么不能用加热的方法进行干燥？

2. 取用固体试剂和液体试剂应注意什么？

3. 如何判断仪器是否清洗干净？

实训二　溶液的配制

【实训目的】

1. 掌握各种浓度溶液的配制方法。

2. 练习台秤和量筒(或量杯)的使用方法。

【实训原理】

根据溶液配制前后物质的量保持不变，计算需量取(或称量)物质的体积(或质量)。

【实训用品】

仪器：台秤、烧杯、玻璃棒、量筒或量杯(10ml、50ml 各一只)、滴管、表面皿。

试剂：$\varphi_B = 0.95$ 酒精、浓硫酸、氯化钠固体、硫酸钠晶体。

【实训内容及步骤】

(一)由市售 $\varphi_B = 0.95$ 酒精配制 $\varphi_B = 0.75$ 消毒酒精。

1. 计算配制 50ml、$\varphi_B = 0.75$ 消毒酒精所需 $\varphi_B = 0.95$ 酒精的体积。

2. 用量筒(或量杯)量取所需 $\varphi_B = 0.95$ 酒精的体积，然后加蒸馏水至 50ml 刻度，混合均匀，即得 $\varphi_B = 0.75$ 消毒酒精。倒入试剂瓶中。

(二)配制 $\rho_B = 9g/L$ 氯化钠溶液 50ml

1. 计算配制 50ml $\rho_B = 9g/L$ 氯化钠溶液需要氯化钠的质量。

2. 在台秤上称取所需氯化钠的质量。

3. 将称取的氯化钠倒入烧杯中，加适量蒸馏水，搅拌，使其溶解，然后倒入量筒内，用少量蒸馏水洗涤烧杯 2～3 次，洗涤液倒入量筒内。再加蒸馏水至溶液体积为 50ml，混合均匀，即得 50ml $\rho_B = 9g/L$ 氯化钠溶液。然后倒入试剂瓶中。

(三)物质的量浓度溶液的配制

1. 由市售浓硫酸配制 3mol/L 硫酸溶液 50ml

(1)计算配制 50ml 3mol/L 硫酸溶液，需密度 $\rho = 1.84kg/L$，质量分数 $\omega_B = 0.98$ 的浓硫酸的体积。

(2)用干燥的 10ml 量筒或量杯量取所需浓硫酸的体积。

(3)在烧杯中倒入 20ml 蒸馏水，然后将浓硫酸缓缓倒入烧杯中(千万不要把水倒入浓硫酸中!)，边倒边搅拌，冷却后倒入 50ml 量筒中，用少量蒸馏水洗涤烧杯 2～3 次，并将洗涤液倒入量筒中，再加蒸馏水稀释至 50ml，混合均匀即得 50ml 3mol/L 硫酸溶液。倒入试剂瓶中。

2. 配制 0.1mol/L 硫酸钠溶液 50ml

（1）计算配制 50ml 0.1mol/L 硫酸钠溶液需 $Na_2SO_4 \cdot 10H_2O$ 的质量。

（2）在台秤上称取所需硫酸钠晶体的质量。

（3）将称取的硫酸钠晶体倒入烧杯中，加适量蒸馏水，搅拌，使其溶解，然后倒入 50ml 量筒中，用少量蒸馏水洗涤烧杯 2~3 次，洗涤液倒入量筒中，再加蒸馏水稀释至 50ml，混合均匀即得 50ml 0.1mol/L 硫酸钠溶液。然后倒入试剂瓶中。

【实训指导】

1. 量筒（或量杯）量取溶液读取体积时，视线与液面应该相平。

2. 用台秤称量物质时，两边应放大小相同的称量纸，称量结束后调回零点。

3. 稀释浓硫酸，应将酸沿着搅拌棒缓缓倒入水中，并不断搅拌使热量得到散发。

【实训思考】

1. 表示溶液浓度的方法有几种？

2. 配制溶液的基本方法有哪些？

3. 浓硫酸溅在皮肤上该如何处理？

实训三　硫酸铜的提纯

【实训目的】

1. 了解重结晶法提纯物质的基本原理。

2. 练习台秤的使用。

3. 掌握加热、溶解、蒸发浓缩、结晶、常压过滤等基本操作。

【实训原理】

硫酸铜是可溶性晶体。根据物质的溶解度不同，可溶性晶体中的杂质包括难溶于水和易溶于水的杂质。一般先用溶解、过滤的方法，除去难溶于水的杂质；然后用重结晶法分离易溶于水的杂质。

重结晶法是适用于晶体物质的溶解度一般随温度的降低而减小的物质的分离。当热的饱和溶液冷却时，待提纯的物质首先结晶析出而少量杂质仍留在母液中。

粗硫酸铜晶体中的杂质主要是硫酸亚铁（$FeSO_4$）和硫酸铁［$Fe_2(SO_4)_3$］。当蒸发浓缩硫酸铜溶液时，亚铁盐氧化为铁盐，铁盐水解，生成 $Fe(OH)_3$ 沉淀，混杂于析出的硫酸铜晶体中，所以在蒸发浓缩时，溶液应保持酸性。

亚铁盐或铁盐含量较多时，先用过氧化氢将 Fe^{2+} 氧化为 Fe^{3+}，再调节溶液的 pH ≈ 4，使 Fe^{3+} 水解为 $Fe(OH)_3$ 沉淀，过滤而除去。

$$2Fe^{2+} + H_2O_2 + 2H^+ \!=\!=\!= 2Fe^{3+} + 2H_2O$$
$$Fe^{3+} + 3H_2O \!=\!=\!= Fe(OH)_3\downarrow + 3H^+$$

【实训用品】

仪器：台秤、烧杯（100ml）、量筒（25ml）、石棉网、玻璃棒、酒精灯、漏斗、漏斗架、表面皿、蒸发皿、铁三脚、洗瓶、布氏漏斗、抽滤装置、试剂瓶。

试剂：粗硫酸铜、1mol/L H_2SO_4、3% H_2O_2、0.5mol/L NaOH。

材料：pH 试纸、火柴、滤纸。

【实训内容及步骤】

1. 称量与溶解　用台秤称取研磨好的粗硫酸 10g，放入 100ml 洁净的烧杯中，加入 20ml 纯水。用小火加热，并不断搅拌。当硫酸铜完全溶解后，立即停止加热。

2. 沉淀　在溶液中加入 3% H_2O_2 溶液 10 滴，加热并逐滴加入 0.5mol/L NaOH 溶液，直到 pH ≈ 4（用 pH 试纸检验），再加热片刻，放置，使红棕色 $Fe(OH)_3$ 沉降完全。

3. 过滤　取一张大小适当的圆形滤纸，制作一个普通过滤器。把漏斗放在漏斗架上，调整高度，使漏斗尖部紧贴烧杯内壁。玻璃棒下端轻轻地斜靠在三层滤纸的中上部，将热的硫酸铜溶液沿玻璃棒缓缓倒入漏斗中，漏斗内液面要低于滤纸上边缘约 1cm 左右。先倒入清液，后转入沉淀。用少量蒸馏水洗涤烧杯及玻璃棒 2～3 次，洗涤液一并过滤，若滤液仍浑浊，重新过滤直至滤液澄清，弃去沉淀。把过滤液转移至蒸发皿。

4. 蒸发和结晶　在滤液中滴入 2 滴 1mol/L H_2SO_4 溶液，使溶液酸化，然后在酒精灯上加热，蒸发浓缩，边加热边搅拌（切勿加热过猛以免液体溅失）。当溶液表面刚出现一层极薄的晶膜时，停止加热。静置，冷却至室温，待 $CuSO_4 \cdot 5H_2O$ 充分结晶析出。

5. 减压过滤　在布氏漏斗内铺好一张合适的滤纸，并用蒸馏水浸湿，打开气泵，将蒸发皿中的 $CuSO_4 \cdot 5H_2O$ 晶体全部倒入布氏漏斗中，抽气减压过滤。尽量抽干，并用干净的玻璃棒轻轻挤压晶体，尽可能除去晶体间夹留的母液。停止抽气过滤，将晶体转移至干净的滤纸上，再用滤纸吸干。

6. 实验结果　称量提纯得到的蓝色 $CuSO_4 \cdot 5H_2O$ 晶体，记录数据，计算产率。晶体倒入回收瓶中。

粗硫酸铜的重量 W_1 = _____g

精制硫酸铜的重量 W_2 = _____g。

【实训指导】

1. 大块的硫酸铜晶体应先在研钵中研细。每次研磨的量不宜过多。研磨时，不能用研棒敲击，应慢慢转动研棒，轻压晶体成细粉末。

2. 过滤后的滤纸及残渣投入废液缸中。

3. 加 NaOH 溶液调节溶液的 pH，应搅拌均匀再进行测定。

【实训思考】

1. 粗硫酸铜溶解时，加热和搅拌起什么作用？

2. 过滤操作应注意哪些问题？

3. 在蒸发滤液时，为什么加热不可过猛？为什么不可将滤液蒸干？

实训四　化学反应速率和化学平衡

【实训目的】

1. 验证浓度、温度、催化剂对化学反应速率的影响。

2. 了解浓度、温度对化学平衡的影响。

【实训原理】

1. 增大浓度、升高温度或使用催化剂都能加快化学反应速率。

对于反应：$Na_2S_2O_3 + H_2SO_4 \Longrightarrow Na_2SO_4 + H_2O + SO_2 + S \downarrow$

根据反应产物中硫的生成、溶液出现浑浊现象的时间，判断反应的速率。

2. 可逆反应达到平衡时，改变反应物或生成物的浓度，平衡将发生移动。

$$FeCl_3 + 6KSCN \Longrightarrow K_3[Fe(SCN)_6](血红色) + 3KCl$$

上述反应达到平衡时，改变 $FeCl_3$、KSCN 及 KCl 溶液的浓度，溶液的颜色会发生变化，以此判断平衡移动的方向。

3. 可逆反应达到平衡状态时，升高温度，平衡向吸热反应方向移动；降低温度，平衡向放热反应的方向移动。

$$2NO_2(红棕色) \Longrightarrow N_2O_4(无色) + 56.9kJ$$

上述反应正反应是吸热反应。改变温度，混合气体的颜色将发生变化，根据气体颜色的变化，判断平衡移动的方向。

【实训用品】

仪器：大试管、烧杯、量筒、二氧化氮平衡仪、温度计、酒精灯、水浴锅、铁架台、秒表。

试剂：$0.1mol/L\ Na_2S_2O_3$、$0.1mol/L\ H_2SO_4$、$1mol/L\ FeCl_3$、$1mol/L\ KSCN$、$3\%\ H_2O_2$、二氧化锰固体。

材料：火柴。

【实训内容及步骤】

(一)影响化学反应速率的主要因素

1. 浓度对化学反应速率的影响　取 2 支试管，按照下表从左到右的顺序，各物质按规定的量加入，摇匀。当加入硫酸溶液时，开始记录时间，浑浊现象出现时，计时停止。

试管	0.1mol/L Na$_2$S$_2$O$_3$溶液(ml)	蒸馏水(ml)	0.1mol/L H$_2$SO$_4$(ml)	出现浑浊的时间(t)
1	4	0	2	
2	2	2	2	

根据实验结果，总结浓度对化学反应速率的影响。

2. 温度对化学反应速率的影响　　取 2 支试管，按照下表从左到右的顺序，各物质按规定的量加入，摇匀。1 支放入高于室温 20℃ 的水浴锅。当加入硫酸溶液时，开始记录时间，浑浊现象出现，计时停止。

试管	0.1mol/L Na$_2$S$_2$O$_3$ 溶液（ml）	0.1mol/L 硫酸（ml）	反应温度（℃）	出现浑浊的时间（t）
1	3ml	2ml	室温	
2	3ml	2ml	室温 + 20℃	

根据实验结果，总结温度对化学反应速率的影响。

3. 催化剂对化学反应速率的影响　　取 2 支试管，各加 3% H$_2$O$_2$ 溶液 2ml，其中一支试管加入少量 MnO$_2$ 固体，观察现象，并用带火星的火柴杆在两支试管口检验产生的气体。

根据实验结果，总结催化剂对化学反应速率的影响。写出 H$_2$O$_2$ 分解反应的方程式。

（二）影响化学平衡的因素

1. 浓度对化学平衡的影响　　在 50ml 烧杯中滴入 2 滴 1mol/L FeCl$_3$ 溶液和 2 滴 1mol/L KSCN 溶液，混合均匀，溶液呈血红色，再加入 15ml 蒸馏水。将该溶液分装在 4 支试管中并编号（见下表）。①、②、③号试管按下表规定的量加入试剂，摇匀，观察试管中溶液的颜色变化，并与第④支试管作对比。

试管	加入 1mol/L FeCl$_3$	加入 1mol/L KSCN	加入固体 KCl	颜色变化
①	2 滴	0	0	
②	0	2 滴	0	
③	0	0	少许	

根据实验结果，总结浓度对化学平衡的影响。

2. 温度对化学平衡的影响　　按下图所示，将两个连通的烧瓶里均充满 NO$_2$ 和 N$_2$O$_4$ 的混合气体（二氧化氮平衡仪），用夹子夹住橡皮管，其中一个烧瓶浸入热水中，另一个浸入冰水中。观察两只烧瓶中颜色的变化，解释现象。

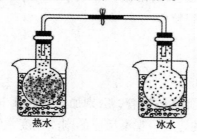

热水　　　　　冰水

【实训指导】

1. 量取 Na$_2$S$_2$O$_3$ 溶液与硫酸的量筒不能混淆，否则影响实验结果。

2. 每个实验组硫的浑浊现象标准可能不同，但实验结论应该相同。

3. 使用二氧化氮平衡仪时一定要保证仪器的气密性。

【实训思考】

1. 如何进行水浴加热？

2. 从二氧化氮平衡仪的实验，能否判断反应的热效应？

实训五　电解质溶液

【实训目的】

1. 学会区别强电解质和弱电解质。

2. 正确使用 pH 试纸和酸碱指示剂判断溶液的酸碱性。

3. 加深对同离子效应、盐类水解、离子反应、溶度积规则的理解。

【实训原理】

1. 弱电解质在溶液中存在着电离平衡，在弱电解质溶液里，加入和弱电解质具有相同离子的强电解质，弱电解质的电离度减小，即发生了同离子效应。

2. 根据酸碱指示剂颜色的变化判断溶液的酸碱性。

3. 盐的离子与水电离产生的 H^+ 或 OH^- 结合，生成弱酸或弱碱的反应称作盐类水解。盐溶液的酸碱性与盐的组成有关。

4. 离子反应的条件是：产物中有气体、沉淀或弱电解质的生成。

5. 根据溶度积规则：$Q > K_{sp}$ 会生成沉淀，$Q < K_{sp}$ 沉淀会溶解。

【实训用品】

仪器：试管、试管架、镊子、药匙、点滴板。

试剂：0.1mol/L 的溶液：HCl、CH_3COOH、$NH_3 \cdot H_2O$、NaOH、Na_2CO_3、NaCl、NH_4Cl、$AgNO_3$、$CuSO_4$；1mol/L 的溶液：HCl、CH_3COOH；酚酞试液、甲基橙试液、氯化钠固体、碳酸钠固体、锌粒。

材料：pH 试纸。

【实训内容及步骤】

(一)强电解质和弱电解质

1. 强弱电解质的比较　取 2 支试管，分别加入 1mol/L HCl、1mol/L CH_3COOH 溶液 1ml，然后各加入同样大小的锌粒。观察反应的剧烈程度并解释现象，写出化学反应方程式。

2. 同离子效应　试管中加入 0.1mol/L $NH_3 \cdot H_2O$ 2ml，酚酞 1 滴，摇匀，观察溶液颜色。将该溶液分装在 2 支试管中，一支试管留作对照，另一支试管中加入少量 NH_4Cl 晶体，摇匀。观察溶液颜色的变化，并解释原因。

(二)溶液的酸碱性和酸碱指示剂

1. 指示剂在酸碱溶液中颜色的变化

(1)2 支试管中各加入 1ml 蒸馏水和 1 滴酚酞，摇匀，观察颜色的变化。然后在一支试管中加入 0.1mol/L 的 HCl 溶液 2 滴，另一支试管加入 0.1mol/L 的 NaOH 溶液 2 滴，摇匀，观察溶液颜色的变化。解释现象。

（2）取 2 支试管，各加入 1ml 蒸馏水和 1 滴甲基橙，摇匀，观察颜色。向其中一支试管中加入 2 滴 0.1mol/L 的 HCl 溶液，另一支试管中加入 2 滴 0.1mol/L 的 NaOH 溶液，摇匀，观察溶液的颜色。解释现象。

2. 溶液 pH 值的测定　取 5 小片 pH 试纸放在点滴板的 5 个凹孔内，然后分别滴加 0.1mol/L 的 HCl、CH_3COOH、$NH_3 \cdot H_2O$、NaOH 溶液和蒸馏水各 1 滴。将 pH 试纸显示的颜色与标准比色卡对照，记录 pH 近似值，填入表中。

溶液	HCl	CH_3COOH	H_2O	$NH_3 \cdot H_2O$	NaOH
pH 值					

（三）盐类水解

取 3 小片 pH 试纸放在点滴板的 3 个凹孔内，然后分别滴加 0.1mol/L 的 Na_2CO_3、NaCl、NH_4Cl 溶液各 1 滴。将 pH 试纸显示的颜色与标准比色卡对照，记录 pH 近似值，填入表中。解释实验结果，并写出水解的离子方程式。

溶液	pH 值	溶液酸碱性	水解离子方程式
Na_2CO_3			
NaCl			
NH_4Cl			

（四）离子反应

1. 气体的生成　试管中加入少许 Na_2CO_3 晶体，再加入 1ml 0.1mol/L HCl 溶液，观察现象。写出离子反应方程式。

2. 沉淀的生成和溶解

（1）取 2 支试管，分别加入 0.1mol/L HCl 和 NaCl 溶液 1ml，然后各加入 0.1mol/L 的 $AgNO_3$ 溶液 3 滴，观察现象。写出离子反应方程式。

（2）试管中加入 0.1mol/L $CuSO_4$ 溶液 1ml 和 0.1mol/L NaOH 溶液 3 滴，观察现象，再逐滴加入 1mol/L HCl 至沉淀消失。写出离子反应方程式。

【实训指导】

1. 实验完毕将锌粒洗净回收。

2. 使用 pH 试纸时，不得将 pH 试纸插入待测溶液中，用滴管将试剂滴在试纸上，或用玻璃棒蘸取试剂点在 pH 试纸上。

3. 点滴板使用前应烘干表面水分，试剂量不宜超过凹孔深度的 1/2，以免相互污染。

【实训思考】

1. 相同浓度的醋酸和盐酸溶液的 pH 值是否相同？

2. 酚酞、甲基橙、石蕊的变色范围各是多少？

3. 配制 $FeCl_3$ 溶液为什么要加入少量盐酸？

实训六 缓冲溶液

【实训目的】

1. 学会缓冲溶液的配制。

2. 验证缓冲溶液的缓冲作用。

【实训原理】

缓冲溶液能够抵抗少量强碱、强酸或水的稀释，溶液的 pH 值基本不变。缓冲溶液由共轭酸碱对组成。以 $HA - A^-$ 为例，当加入少量强酸时，由于溶液中存在大量 A^-，降低了 H^+ 的浓度，使得溶液中的 $c(H^+)$ 几乎没有变化；当加入少量强碱时，HA 中电离出的 H^+ 可以消耗外加的 OH^-，溶液中的 $c(H^+)$ 几乎没有变化。同样的道理，当加入少量的水稀释溶液后，溶液 $c(H^+)$ 也基本没有变化。

【实训用品】

仪器：试管、试管架、玻璃棒、烧杯、10ml 移液管（带刻度）、洗耳球。

试剂：0.5mol/L 溶液：CH_3COOH、CH_3COONa；0.1mol/L 溶液：HCl、NaOH、NaCl。

材料：精密 pH 试纸(3.8~5.4)。

【实训内容及步骤】

1. HAc – NaAc 缓冲溶液的配制　取洁净的大试管 3 支，编号，按下表所列试剂的量用 10ml 移液管，分别吸取 0.5mol/L CH_3COOH 溶液和 0.5mol/L CH_3COONa 溶液加入试管中，配成 $CH_3COOH - CH_3COONa$ 缓冲溶液，用精密 pH 试纸(3.8~5.4)测试 3 支试管溶液的 pH 值。将测定结果记录表中。

试管编号	1	2	3
加入 HAc 的体积(ml)	7	5	3
加入 NaAc 的体积(ml)	3	5	7
溶液 pH 测量值			

2. 缓冲溶液的抗酸、抗碱作用　用移液管分别吸取上面制得 1、2、3 号缓冲溶液及 0.1mol/L NaCl，按下表要求顺序，用精密 pH 试纸测试溶液 pH 值。将测定结果记录表中。

试管编号	待测溶液	溶液的 pH 值	滴加酸、碱的量	溶液的 pH 值
1	自制缓冲溶液(1)2ml		0.1mol/L HCl 1 滴	
2	自制缓冲溶液(1)2ml		0.1mol/L NaOH 1 滴	
3	自制缓冲溶液(2)2ml		0.1mol/L HCl 1 滴	
4	自制缓冲溶液(2)2ml		0.1mol/L NaOH 1 滴	
5	自制缓冲溶液(3)2ml		0.1mol/L HCl 1 滴	
6	自制缓冲溶液(3)2ml		0.1mol/L NaOH 1 滴	
7	0.1mol/L NaCl 2ml		0.1mol/L HCl 1 滴	
8	0.1mol/L NaCl 2ml		0.1mol/L NaOH 1 滴	

根据实验结果，总结缓冲溶液抗酸、抗碱的能力。

3. 缓冲溶液的稀释　用移液管吸取上述"1. HAC – NaAC 缓冲溶液的配制"中 2 号试管的溶液，按下表要求顺序，用精密 pH 试纸测试溶液 pH 值。将测定结果记录表中。

试管编号	2 号缓冲溶液/ml	加蒸馏水/ml	溶液的 pH 值
1	0	2	
2	2	0	
3	2	1	
4	2	6	

根据实验结果，总结缓冲溶液抵抗溶液稀释的能力。

【实训指导】

1. 吸管吸取液体时，观察仪器是否有"吹"的标志，以保证缓冲溶液配制的准确性。

2. 注意滴管应"专管专用"，不可以混淆。

【实训思考】

1. 为什么缓冲溶液具有缓冲作用？

2. 使用精密 pH 试纸测定溶液的 pH 值时，应注意哪些问题？

实训七　氧化还原反应、配位化合物

【实训目的】

1. 认识常用的氧化剂和还原剂。

2. 了解配合物的生成，熟悉配合物的组成和配离子的稳定性。

3. 掌握简单离子和配离子、复盐和配合物的区别。

【实训原理】

1. 氧化剂和还原剂　具有较高价态元素的化合物，反应过程中容易得到电子，化合价降低的物质常用作氧化剂，如浓硫酸、硝酸、高锰酸钾等；还原剂一般是指价态较低、化合价容易升高的物质，如 Fe^{2+}、S^{2-} 等。

2. 配离子具有相当程度的稳定性，大多数配合物在水溶液中完全电离产生配离子，配离子是配合物的核心部分，它在水溶液中存在离解平衡，其平衡常数称为该配离子的稳定常数($K_稳$)。配离子的 $K_稳$ 越大，配离子越稳定。对于配体数相同、空间结构类似的配离子，由 $K_稳$ 值的大小比较它们的相对稳定性。

【实训用品】

仪器：试管、药匙、酒精灯、表面皿。

试剂：0.1mol/L 的溶液：$KMnO_4$、$KSCN$、$NaOH$、$AgNO_3$、$NaCl$、$NH_4Fe(SO_4)_2$、$BaCl_2$、$FeCl_3$、$K_3[Fe(CN)_6]$、$KCNS$、$CuSO_4$；3mol/L HNO_3、浓 HNO_3、3mol/L H_2SO_4；6mol/L 的溶液：$NaOH$、$NH_3 \cdot H_2O$；浓硫酸、铜片、硫酸亚铁。

材料：红色石蕊试纸。

【实训内容及步骤】

(一)氧化剂和还原剂

1. 浓 HNO_3 和稀 HNO_3 的氧化性　取 2 支小试管，分别加入浓 HNO_3、3mol/L HNO_3 溶液各 1ml，各加入 1 小片铜，微热，观察现象。写出反应方程式。

2. 浓硫酸的氧化作用　取 2 支小试管，分别加入浓硫酸、3mol/L H_2SO_4 溶液各 1ml，均加入 1 小片铜，微热，观察现象。写出反应方程式，指出反应中的氧化剂和还原剂。

3. 高价盐的氧化性和低价盐的还原性

(1)高锰酸钾的氧化性　试管中加入 0.1mol/L $KMnO_4$ 和 3mol/L H_2SO_4 各 3 滴，再加入 3% H_2O_2 溶液 3 滴，观察溶液颜色的变化。写出化学方程式，指出反应中的氧化剂和还原剂。

(2)亚铁盐的还原性　试管中加入少许 $FeSO_4$ 固体，加少量蒸馏水溶解，滴加 3mol/L H_2SO_4 溶液 3 滴，加入 0.1mol/L 的 $KSCN$ 试液 2 滴，摇匀，加入 3% H_2O_2 溶液 3 滴，观察现象。写出反应方程式,指出氧化剂和还原剂。

(二)配合物的生成和配离子的稳定性

1. $[Cu(NH_3)_4]SO_4$ 配合物的生成

(1)取 2 支试管,均加入 0.1mol/L $CuSO_4$ 溶液 1ml,然后分别加入 2 滴 0.1mol/L $BaCl_2$ 溶液和 4 滴 0.1mol/L NaOH 溶液,观察现象。写出反应方程式。

(2)取 1 支试管,加入 0.1mol/L $CuSO_4$ 溶液 2ml,逐滴加入 6mol/L 氨水,边加边振荡,待生成的沉淀完全溶解后再多加 1~2 滴氨水,观察现象。写出化学反应方程式。

将上面所得溶液分装在 2 支试管中,第 1 支试管加入 2 滴 0.1mol/L 的 $BaCl_2$ 溶液;第 2 支试管加入 2 滴 0.1mol/ 的 NaOH 溶液,观察并解释现象。写出反应方程式。

2. $[Ag(NH_3)_2]^+$ 配离子的生成

(1)试管中加入 1ml 0.1mol/L $AgNO_3$ 溶液,加入 2 滴 0.1mol/L NaCl 溶液,观察现象。写出化学反应方程式。

(2)试管中加入 2ml 0.1mol/L $AgNO_3$ 溶液,逐滴加入 6mol/L $NH_3 \cdot H_2O$ 溶液,边加边振荡,待生成的沉淀完全溶解后,再加入氨水 1~2 滴,观察现象,在此溶液中滴加 2 滴 0.1mol/L 的 NaCl 溶液,有何变化?写出化学反应方程式。

(三)配离子和简单离子的区别

取 2 支试管,各加入 0.1mol/L $FeCl_3$ 溶液和 $K_3[Fe(CN)_6]$ 溶液 1ml,再分别加入 3 滴 0.1mol/L KCNS 溶液,观察现象并说明原因。

(四)配合物和复盐的区别

1. 复盐 $NH_4Fe(SO_4)_2$ 中简单离子的鉴别

(1)SO_4^{2-} 离子的鉴别 试管中加入 1ml 0.1mol/L $NH_4Fe(SO_4)_2$ 溶液,再加入 2 滴 0.1mol/L $BaCl_2$ 溶液,观察现象。写出离子反应方程式。

(2)Fe^{3+} 离子的鉴别 试管中加入 1ml 0.1mol/L 的 $NH_4Fe(SO_4)_2$ 溶液,再加入 2 滴 0.1mol/L 的 KCNS 溶液,观察现象。写出离子方程式。

(3)NH_4^+ 离子的鉴别 在一个小的表面皿中心贴上一条湿润的红色石蕊试纸,另一个大的表面皿中心加入 5 滴 0.1mol/L 的 $NH_4Fe(SO_4)_2$ 溶液,再加入 3 滴 6mol/L NaOH 溶液,混匀,然后把小表面皿盖在大表面皿上做成气室,水浴微热 1~2 分钟,观察现象。写出离子反应方程式。

与“(二)配合物的生成和配离子的稳定性”1(2)比较,总结配离子与复盐的区别。

【实训指导】

1. 浓硫酸、浓硝酸试剂取用时,按操作规程进行,注意安全。

2. 试管应洁净,以保证实验效果。

3. NO_2、SO_2 有毒气体生成的反应,必须在通风橱中完成。

【实训思考】

1. 为什么一般不用稀硝酸作酸性反应的介质?

2. 实验结束后,没有反应的铜片应该如何处理?

实训八　碱金属和碱土金属、卤族元素

【实训目的】

1. 验证钠及过氧化钠的性质。
2. 验证碱土金属难溶盐的溶解性。
3. 学会利用焰色反应鉴别碱金属、碱土金属离子。

【实训用品】

仪器：烧杯、试管、小刀、镊子、坩埚、坩埚钳。

试剂：$0.1mol/L$ 溶液：$LiCl$、$NaCl$、KCl、$MgCl_2$、$CaCl_2$、$SrCl_2$、$BaCl_2$、Na_2SO_4、Na_2CO_3、K_2CrO_4、KBr、KI、$AgNO_3$；$2mol/L$ $NH_3 \cdot H_2O$、$2mol/L$ HAc、$6mol/L$ HAc、$2mol/L$ HCl、$6mol/L$ HCl、浓 HNO_3、酚酞、钠。

材料：铂丝(或镍铬丝)、pH 试纸、钴玻璃、滤纸。

【实训内容及步骤】

(一)钠与过氧化钠的性质

1. 金属钠与水的反应　烧杯中加入 20ml 水，滴入 2 滴酚酞，放入一小块(绿豆大小)金属钠(用滤纸吸干表面煤油，用小刀剥出新鲜表层)，观察现象。写出反应方程式。

2. 过氧化钠的生成与性质　用镊子取一小块金属钠，用滤纸吸干其表面的煤油，切去表面的氧化膜，立即置于坩埚中加热。当钠刚开始燃烧时，停止加热。观察产物的颜色和状态。写出反应方程式。

将上面生成的 Na_2O_2 固体少许，放入 2ml 微热的蒸馏水中，观察并检验氧气的生成，用 pH 试纸检验溶液的酸碱性。写出反应方程式。

(二)碱土金属的难溶盐

1. 镁、钙、钡碳酸盐的生成和性质　在 3 支试管中，分别加入 $0.1mol/L$ $MgCl_2$、$CaCl_2$ 和 $BaCl_2$ 溶液 10 滴，再加入等量的 $0.1mol/L$ Na_2CO_3 溶液，观察现象。在沉淀中加入 $2mol/L$ HAc 溶液，观察沉淀是否溶解。写出反应方程式并加以解释。

2. 钙、钡铬酸盐的生成和性质　在 2 支试管中，分别加入 $0.1mol/L$ $CaCl_2$ 和 $BaCl_2$ 溶液 $3\sim5$ 滴，再加入等量的 $0.1mol/L$ K_2CrO_4 溶液，观察现象。沉淀中滴入 $6mol/L$ HAc 有何现象？再加入 $2mol/L$ HCl 溶液，有何现象变化？写出反应方程式。

(三)焰色反应

取一支铂丝(或镍铬丝)，蘸 $6mol/L$ 盐酸溶液，在氧化焰中烧至无色。再蘸取

1mol/L LiCl 溶液在氧化焰上灼烧，观察火焰颜色。实验完毕，铂丝蘸盐酸溶液在氧化焰中烧至近无色，用同样方法分别蘸取 1mol/L NaCl、KCl、CaCl$_2$、SrCl$_2$ 和 BaCl$_2$ 溶液（当 K$^+$ 和 Na$^+$ 共存时，即使 Na$^+$ 是极微量的，K$^+$ 的紫色火焰可能被 Na$^+$ 的黄色火焰所掩盖，所以在观察 K$^+$ 的火焰时，要用蓝色钴玻璃滤去黄色火焰）。观察并比较他们的焰色。

（四）Cl$^-$、Br$^-$、I$^-$ 的鉴别

在 3 支试管中，分别加入 0.1mol/L NaCl、KBr、KI 溶液 1ml，再加入 1 滴 2mol/L HNO$_3$ 和 2 滴 0.1mol/L AgNO$_3$ 溶液，振摇，观察沉淀颜色。弃去清液，在沉淀上逐滴加入 6mol/L 氨水。沉淀溶解，再用 6mol/L HNO$_3$ 溶液酸化，沉淀又将出现，证明溶液中有 Cl$^-$、Br$^-$、I$^-$ 离子。

【实训指导】

1. 取用金属钠一定要擦干净煤油，切出银白色抛面，颗粒不要太大；剩余的金属钠由教师处理。

2. 每一种金属离子的焰色反应前，将铂丝蘸盐酸在酒精灯上灼烧至无色，否则会影响实验效果。

【实训思考】

1. 剩余的金属钠能放回原处吗？

2. 鉴别 Cl$^-$、Br$^-$、I$^-$ 离子时，为什么必须加稀硝酸？

实训九　氧族元素和氮族元素

【实训目的】

1. 掌握过氧化氢的氧化性和还原性。

2. 会进行浓硫酸的特性试验。

3. 掌握硝酸和亚硝酸及其盐的重要性质。

4. 掌握 H_2O_2、SO_4^{2-} 和 NH_4^+ 的检验方法。

【实训原理】

过氧化氢具有氧化性，能与强氧化剂反应生成氧气。在酸性溶液中，H_2O_2 与 $Cr_2O_7^{2-}$ 反应生成蓝色的 CrO_5，这一反应用于鉴定 H_2O_2。

浓硫酸具有脱水性，可以使有机物炭化；浓硫酸具有强氧化性，加热条件下，与不活泼金属反应生成高价金属硫酸盐，非金属单质氧化为高价态的氧化物，浓硫酸本身被还原为 SO_2。

鉴定 SO_4^{2-} 的方法：在被检测溶液中加入可溶性钡盐，生成的白色沉淀加酸不溶解，则证明有 SO_4^{2-} 存在。

硝酸具有强氧化性，与非金属反应，主要产物是 NO；浓硝酸与金属反应生成 NO_2，稀硝酸与金属反应生成 NO，活泼金属能将极稀硝酸还原为 NH_4^+。

鉴定 NH_4^+ 的常用方法：NH_4^+ 与 OH^- 反应，生成的 $NH_3(g)$ 使红色石蕊试纸变蓝。

碱金属的磷酸盐和酸式磷酸盐都易发生水解。碱金属（锂除外）和铵的磷酸盐、磷酸一氢盐易溶于水，其他磷酸盐难溶于水。大多数磷酸二氢盐易溶于水。

【实训用品】

仪器：试管、玻璃棒、酒精灯、试管夹、表面皿。

试剂：0.1mol/L 的溶液：KI、$K_2Cr_2O_7$、Na_2SO_4、$BaCl_2$、NH_4Cl、$CaCl_2$、Na_3PO_4、Na_2HPO_4、NaH_2PO_4；0.01mol/L $KMnO_4$、6mol/L HCl、浓 HNO_3、2.0mol/L HNO_3、浓 H_2SO_4、1mol/L H_2SO_4、2.0mol/L $NaOH$、3% H_2O_2、5% 淀粉溶液、乙醚、Cu 片、S 粉、Zn 粉。

材料：蓝色石蕊试纸、红色石蕊试纸、pH 试纸、白纸。

【实训内容及步骤】

（一）过氧化氢的性质

1. 过氧化氢的氧化性　试管中加入 0.1mol/L KI 溶液约 1ml，加 3～5 滴 1mol/L H_2SO_4 酸化，加入 2～3 滴 3% H_2O_2 溶液，观察现象。再加入 2 滴淀粉溶液，有何变化？

写出反应方程式。

2. 过氧化氢的还原性　试管中加入 0.01mol/L KMnO$_4$ 溶液约 1ml，加 3～5 滴 1mol/L H$_2$SO$_4$ 酸化后，逐滴加入 3% H$_2$O$_2$ 溶液，边加边振荡，至溶液颜色消失为止。写出反应方程式。

3. 过氧化氢的检验　试管中加入约 2ml 蒸馏水后，加入 0.1mol/L K$_2$Cr$_2$O$_7$ 溶液和 1mol/L H$_2$SO$_4$ 各 1 滴，再加入 1ml 乙醚，振摇，加入 3～5 滴 3% H$_2$O$_2$ 溶液，振荡后观察乙醚层的颜色。写出反应方程式。

（二）浓硫酸的特性

1. 浓 H$_2$SO$_4$ 的脱水性　用玻璃棒蘸取浓 H$_2$SO$_4$ 在纸上写字，观察现象并解释。

2. 与非金属反应　试管中加入浓 H$_2$SO$_4$ 约 1ml 和少量 S 粉，在酒精灯上加热，用湿润的蓝色石蕊试纸检验管口生成的气体，观察现象。写出反应方程式。

3. 与金属反应　在试管中加入约 1ml 浓 H$_2$SO$_4$ 和一小块 Cu 片，在酒精灯上加热。用湿润的蓝色石蕊试纸检验管口生成的气体，观察现象。片刻后停止加热，待试管冷却后将溶液倒入盛有 5ml 水的试管中，观察溶液颜色。写出反应方程式。

（三）SO$_4^{2-}$ 的检验

在试管中加入 0.1mol/L Na$_2$SO$_4$ 溶液 10 滴和 0.1mol/L BaCl$_2$ 溶液 2 滴，振摇，静置，用滴管吸取上层清液，在沉淀中加入 6mol/L HCl 溶液 10 滴，振摇后加热。若沉淀不溶解，则证明溶液中含 SO$_4^{2-}$。写出反应方程式。

（四）硝酸的氧化性

1. 浓 HNO$_3$ 与非金属的反应　取少量硫粉放入试管中，加入 1ml 浓 HNO$_3$，煮沸片刻（在通风橱中进行）。冷却后取少量溶液，加入 1.0mol/L BaCl$_2$ 溶液，观察现象，写出反应方程式。

2. 稀 HNO$_3$ 与金属反应　试管中放入少量锌粉，加入 2.0mol/L HNO$_3$ 溶液 1ml，观察现象（如不反应可微热）。取清液检验是否有 NH$_4^+$ 生成。写出有关的反应方程式。

（五）NH$_4^+$ 的检验

将一小块湿润的 pH 试纸贴在一表面皿中央，在另一块表面皿中心加入少量 0.1mol/L NH$_4$Cl 溶液和 2.0mol/L NaOH 溶液，然后迅速将贴有 pH 试纸的表面皿盖在盛有试液的表面皿上作成"气室"。观察 pH 试纸颜色的变化。写出反应方程式并解释现象。

（六）磷酸盐的性质

1. 不同磷酸盐溶液的 pH 值　用 pH 试纸分别测定 0.1mol/L Na$_3$PO$_4$、Na$_2$HPO$_4$ 和 NaH$_2$PO$_4$ 溶液的 pH 值，pH 值如何变化？请解释。

2. 不同磷酸钙盐的溶解性　在 3 只试管中各加入 0.1mol/L CaCl$_2$ 溶液 1ml，分别滴入 0.1mol/L 的 Na$_3$PO$_4$ 溶液、Na$_2$HPO$_4$ 溶液和 NaH$_2$PO$_4$ 溶液各 5 滴，观察现象。写出反应的离子方程式。

【实训指导】

1. 使用浓硫酸、浓硝酸时，注意不要滴在皮肤或衣物上。

2. 使用滴管取用试剂时，必须"专管专用"，以防试剂污染。

3. 产生有毒气体的实验，应在通风橱中进行。

【实训思考】

1. 在过氧化氢的氧化性和还原性的试验中，都加入了 H_2SO_4，H_2SO_4 分别起什么作用？

2. 为什么相同浓度的 Na_3PO_4、Na_2HPO_4 和 NaH_2PO_4 溶液，他们的 pH 值不同？

实训十　碳族元素和硼族元素

【实训目的】

1. 试验碳酸盐的水解作用。

2. 学会硼酸和氢氧化铝的制备，并验证其性质。

3. 掌握碳酸根离子和铅离子的鉴别。

【实训原理】

1. 碳酸是弱酸，可溶性的碳酸盐和酸式盐在水溶液中，都易水解而使溶液呈碱性。

2. 硼酸是一元弱酸，溶解度小，在硼酸盐溶液中加入酸，都可以析出硼酸。例如：

$$Na_2B_4O_7 + 2HCl + 5H_2O \Longrightarrow 2NaCl + 4H_3BO_3$$

由于氧化铝不溶于水，所以实验室用铝盐与碱溶液反应来制取氢氧化铝。

$$Al^{3+} + 3NH_3 \cdot H_2O \Longrightarrow Al(OH)_3 \downarrow + 3NH_4^+$$

3. 碳酸盐和其酸式盐遇强酸反应，生成二氧化碳和相应的盐。例如：

$$CaCO_3 + 2HCl \Longrightarrow CaCl_2 + H_2O + CO_2 \uparrow$$

$$NaHCO_3 + HCl \Longrightarrow NaCl + H_2O + CO_2 \uparrow$$

4. Pb^{2+} 离子的检验可以用铬酸钾法。在中性或弱碱性溶液中，Pb^{2+} 与铬酸钾反应生成铬酸铅黄色沉淀：

$$Pb^{2+} + CrO_4^{2-} \Longrightarrow PbCrO_4 \downarrow （黄色）$$

【实训用品】

仪器：试管、酒精灯、漏斗、烧杯。

试剂：0.1mol/L 的溶液：Na_2CO_3、$NaHCO_3$、$Al_2(SO_4)_3$、$CuSO_4$、$Pb(NO_3)_2$、K_2CrO_4；1mol/L 的溶液：HCl、NaOH、$NH_3 \cdot H_2O$；浓 H_2SO_4、3mol/L H_2SO_4、石灰水、碳酸钠固体、硼砂晶体、酚酞。

材料：滤纸、pH 试纸、软木塞（连有玻璃导管）、药匙。

【实训内容及步骤】

（一）碳酸盐的水解作用

1. 碳酸钠和碳酸氢钠的水解　取 2 支试管，分别加入 0.1mol/L Na_2CO_3、$NaHCO_3$ 溶液各 1ml，均加入 2 滴酚酞，观察现象并解释。

2. Al^{3+} 与碳酸钠溶液的反应　试管中加入 0.1mol/L $Al_2(SO_4)_3$、Na_2CO_3 溶液各 1ml，观察现象，再加入 1mol/L HCl 溶液至沉淀溶解。写出化学反应方程式。

3. Cu^{2+} 与碳酸钠溶液的反应　试管中加入 0.1mol/L $CuSO_4$、Na_2CO_3 溶液各 1ml，观

察产物的颜色和状态。写出反应方程式。

（二）硼酸的制备和性质

1. 硼酸的制备和溶解性　取少许硼砂晶体于试管中，加入 2ml 蒸馏水，加热溶解。稍冷后，再加入 1ml 浓硫酸，观察有何变化。将试管在冷水中冷却，观察晶体的析出。比较硼酸在热水和冷水中的溶解度。

2. 硼砂溶液的酸碱性　试管中加入少许硼砂，加水溶解，用 pH 试纸检验溶液的酸碱性，并加以解释。

（三）氢氧化铝的制备和性质

1. 氢氧化铝的制备　试管中加入 0.1mol/L $Al_2(SO_4)_3$、1mol/L $NH_3 \cdot H_2O$ 溶液各 2ml，观察现象。写出化学方程式。

2. 氢氧化铝的性质　将 1 中得到的沉淀分装在 3 支试管中。在第 1 支试管中加入过量的 $NH_3 \cdot H_2O$，在第 2 支试管中加入 1mol/L NaOH 溶液，在第 3 支试管中加入 1mol/L HCl 溶液，各有什么现象。写出相应的反应方程式。

（四）碳酸根离子和铅离子的性质

1. 碳酸根离子的性质　试管中加少许碳酸钠固体，再加入 3ml 3mol/L H_2SO_4 溶液，立即用连有玻璃管的塞子塞紧，玻璃管的另一端通入盛有澄清石灰水的试管中，然后将试管放在水浴中加热，观察现象。写出反应方程式。

2. 铅离子的性质　试管中加入 0.1mol/L $Pb(NO_3)_2$ 试液 4 滴，再滴加 0.1mol/L K_2CrO_4 溶液 3 滴，观察现象。写出反应方程式。

【实训指导】

气体通入溶液时，导管应伸入溶液的中下部。这样利于两者接触，充分反应。

【实训思考】

1. 请用两种方法鉴别碳酸钠和碳酸氢钠。

2. 化学方法如何除去水壶内的水垢？

附　　录

附录一　常用的酸溶液

试剂名称	密度 20℃ g/ml	质量分数 %	物质的量浓度 mol/L	配制方法
浓盐酸 HCl	1.19	37.23	12	
稀盐酸 HCl	1.10	20.39	6	浓盐酸 500ml 用水稀释至 1000ml
稀盐酸 HCl	1.03	7.15	2	浓盐酸 167ml 用水稀释至 1000ml
浓硝酸 HNO₃	1.40	68	15	
稀硝酸 HNO₃	1.20	32	6	浓硝酸 381ml 用水稀释至 1000ml
浓硫酸 H₂SO₄	1.84	98	18	
稀硫酸 H₂SO₄	1.34	44	6	浓硫酸 334ml 慢慢加到 600ml 水中并不断搅拌，再用水稀释至 1000ml
浓醋酸 HAc	1.05	99	17	
稀醋酸 HAc	1.04	35	6	浓醋酸 353ml 用水稀释至 1000ml
稀醋酸 HAc	1.02	12	2	浓醋酸 118ml 用水稀释至 1000ml

附录二　常用的碱溶液

试剂名称	密度(20℃) g/ml	质量分数 %	物质的量浓度 mol/L	配制方法
氢氧化钠 NaOH	1.22	20	6	240g NaOH 溶于水中稀释至 1000ml
氢氧化钠 NaOH	1.09	8	2	80g NaOH 溶于水中稀释至 1000ml
氢氧化钾 KOH	1.25	26	6	337g KOH 溶于水中稀释至 1000ml
浓氨水 NH₃·H₂O	0.90	25～27	15	
稀氨水 NH₃·H₂O	0.96	10	6	浓氨水 400ml 加水稀释至 1000ml
氢氧化钙 Ca(OH)₂			0.025	饱和溶液
氢氧化钡 Ba(OH)₂			0.2	饱和溶液

同步训练参考答案

第一章　物　质　的　量

一、选择题

1. C　2. B　3. A　4. C　5. C　6. A　7. D　8. A　9. C　10. C

二、填空题

1. n　　mol

2. M　化学式量

3. N_A　　6.02×10^{23}

4. 气体摩尔体积　22.4 L/mol　$V_{m,0}$

5. 1.5mol　5.49×10^{23}　1:3　1:3

6. 1.2×10^{22}　54g

7. 2mol　4mol

8. 108g/mol

9. 0.05mol　0.9g

10. 7g　0.25mol

三、简答题(略)

四、计算题

1. (1)12g　(2)32g　　(3)19.2g　(4)127.2g

2. (1)2mol　(2)2mol　　(3)0.5mol　　(4)2mol

3. (1)3.01×10^{23}　　(2)3.01×10^{23}

4. 0.04，0.06

5. 0.8，16

6. 44.8L

第二章　溶　　液

一、填空题

1. 分子或离子　胶体分散系　粗

2. 小于 1nm　　1~100nm　　大于 100nm

3. 丁铎尔现象　布朗运动　吸附作用　电泳现象

4. 胶粒带同种电荷　胶粒表面溶剂化膜存在

5. 加入电解质　加入带相反电荷的溶胶　加热

6. 水　溶质　溶剂

7. 375

8. 有半透膜存在　半透膜两侧溶质粒子的浓度不相等

9. 粒子数(分子或离子)　粒子的性质和大小

10. 720~800　　280~320

二、选择题

1. A　　　2. A　　　3. D　　　4. B　　　5. D

三、计算题

1. 0.2mol/L

2. 5.6g

3. 8.5g/L，0.3g/L，0.33g/L

4. 90ml

5. 1184ml

6. 1.25mol/L

7. 75ml

8. 0.56mol/L、与血浆不等渗

9. 0.3mol/L、等渗

四、简答题(略)

第三章　原子结构和元素周期律

一、选择题

1. A　2. C　3. D　4. D　5. C　6. C　7. D　8. B　9. C　10. A　11. D　12. C　13. D　14. B　15. B

二、填空题

1. 质子　核外电子　质子　中子

2. 质子数　中子　同一

3. s、p、d、f

4. 电子层 电子亚层 电子云的伸展方向 电子的自旋

5. 球 哑铃

6. 两 顺时针 逆时针

7. 电子层 最外层电子数 相似

8. 第三 ⅢA P 3个 反应 反应 两性

9. N NH_3 HNO_3 酸

10. (1) Na (2) Cl (3) Si (4) Al (5) Cl

三、简答题（略）

四、综合题（略）

第四章 分 子 结 构

一、选择题

1. A 2. A 3. B 4. B 5. B 6. A 7. D 8. C 9. C 10. B

二、填空题

1. 金属 活泼非金属 阴阳离子 静电作用

2. 同种元素原子或非金属元素原子 原子间 共用电子对

3. 同种元素

4. 不同种元素 电子对

5. 成键的一方必须含有孤对电子 成键的另一方必须有空轨道

6. 一个原子单独

7. 短 大

8. 方向性 饱和性

9. 升高

10. 非极性分子 极性分子

三、简答题（略）

第五章 化学反应速率和化学平衡

一、选择题

1. D 2. D 3. D 4. D 5. A 6. B 7. C 8. B 9. D 10. C

二、填空题

1. 反应物浓度的减少量　生成物浓度的增加量

2. $mol/(L \cdot s)$　$mol/(L \cdot min)$　$mol/(L \cdot h)$

3. 温度　浓度　压强　催化剂

4. 2 ~ 4

5. 既能向正方向又能向逆方向进行

6. 正逆反应速率　反应　动态

7. 浓度　压强　温度

8. (1) 吸　(2) 固　(3) 固态或液态

9. 加深　变浅

10. 吸热　放热

三、简答题（略）

四、计算题

1. $0.1 mol/(L \cdot min)$　$0.05 mol/(L \cdot min)$

2. 0.25

第六章　电解质溶液

一、选择题

1. B　2. B　3. C　4. C　5. C　6. C　7. D　8. C　9. D　10. B　11. A　12. A　13. D　14. B　15. B

二、填空题

1. HCl、H_2SO_4、NH_4NO_3、Na_2CO_3、KOH

　　H_2O、CH_3COOH、$NH_3 \cdot H_2O$、H_2CO_3、HCN

2. 大　大

3. >　<　=　=　<　>

4. 10^{-5}　10^{-9}

5. 3.1 ~ 4.4　8.0 ~ 10.0　5.0 ~ 8.0

6. 生成气体　生成沉淀　生成难电离的物质

7. 酸：H_2SO_4、NH_4^+、HCl、H_2O　　碱：OH^-、CH_3COO^-、H_2O

8. KOH、Na_2CO_3、Na_2SO_4、NH_4NO_3、HCl

9. 强酸弱碱盐　强碱弱酸盐　强酸强碱盐

10. 弱酸及其盐型　弱碱及其盐型　多元酸的酸式盐及其对应的次级盐

三、简答题

1.（略）

2. NH_3、HSO_4^-、OH^-、HPO_4^{2-}、HS^-

3.（1）$Br^- + Ag^+ \Longrightarrow AgBr\downarrow$　　　　（2）$CH_3COO^- + H_2O \Longrightarrow CH_3COOH + OH^-$

　　（3）$HCO_3^- + H^+ \Longrightarrow H_2O + CO_2\uparrow$　　　　（4）$NH_4^+ + H_2O \Longrightarrow NH_3 \cdot H_2O + H^+$

4.（略）

四、计算题

1. 10%

2. 1.764×10^{-5}

3. $Q = 6.25 \times 10^{-9}$

4. $[Ag^+]_{Cl^-} = 1.77 \times 10^{-8}$　　　　$[Ag^+]_{CrO_4^{2-}} \Longrightarrow 1.06 \times 10^{-5}$　　　　AgCl 先沉淀

第七章　氧化还原反应

一、选择题

1. D　2. A　3. D　4. C　5. B　6. A　7. B　8. B　9. C　10. A

二、填空题

1. 物质失去　化合价降低　物质得到　化合价升高　相等

2. Cl_2　Cl_2　HClO　HCl

3. SO_2　降低　H_2S　升高

4. 氧化　还原

5. 还原剂失去电子总数（或化合价升高总数）与氧化剂得到电子总数（或化合价降低总数）必相等　反应前后元素的种类和原子个数必相等。

三、简答题（略）

第八章　配位化合物

一、选择题

1. C　2. D　3. B　4. D　5. A　6. C　7. B　8. B　9. D　10. B

二、填空题

1. 空轨道　孤对电子
2. 孤对电子
3. 1　2　单齿　多齿
4. 内界　外界
5. 金属阳离子　阴离子或中性分子　配位　空轨道
6. 2　多齿
7. 2 个　2 个以上　孤对电子　五元环或六元环
8. 稳定环状　多齿配体
9. 大于
10. $Cu(OH)_2$　$[Cu(NH_3)_4]SO_4$

三、简答题（略）

第九章　碱金属和碱土金属

一、选择题

1. D　2. B　3. B　4. B　5. C　6. D　7. A　8. B　9. B　10. D

二、填空题

1. 氧化生成 Al_2O_3 薄膜　　$4Al + 3O_2 \!=\!=\!= 2Al_2O_3$
2. 越强　氢前面　氢前面　氢后面
3. 加热煮沸
4. 纯碱　烧碱
5. 干燥的煤油　$2Na + 2H_2O \!=\!=\!= 2HaOH + H_2\uparrow$　$2NaOH + CO_2 \!=\!=\!= Na_2CO_3 + H_2O$

三、简答题（略）

四、计算题

$$2NaOH + CO_2 \!=\!=\!= Na_2CO_3 + H_2O$$

　　80　　　　44

　　x　　　　11

$x = 20g$　　　$m = 20/0.04 = 500g$

第十章　卤族元素

一、选择题

1. D　2. C　3. B　4. A　5. D　6. D　7. A　8. A　9. B　10. B　11. B　12. C　13. B　14. B　19. A　15. C

二、填空题

1. 黄绿　刺激性　氯水　生成的 HClO 具有漂白作用

2. S　I_2　Br_2

3. 65∶18

4. F、Cl、Br、I、At　At　F　I^-

5. 置换反应　$2NaI + Cl_2 = 2NaCl + I_2$　无色　紫红色

三、计算题

1. (1) NaOH% = (0.3 × 40)/112

(2) 根据钠和氯元素守恒:钠物质的量为 0.3mol,NaClO 的物质的量为 0.05mol,故 NaCl 的物质的量为 0.25mol,Cl^- 的物质的量为 0.25mol

2. NaCl 为 1.17g;NaBr 为 1.03g

四、简答题

1. 气体中有 CO_2 气并有 HCl 气,$Ca(OH)_2 + 2HCl = CaCl_2 + 2H_2O$,所以没有沉淀生成,当混合气体中的 HCl 与 $Ca(OH)_2$ 及水反应后,再通过 5% 的 $Ba(OH)_2$ 时,CO_2 与 $Ba(OH)_2$ 反应,即 $Ba(OH)_2 + CO_2 = BaCO_3↓ + H_2O$,所以就出现了白色沉淀。

2. 次氯酸盐比次氯酸稳定容易保存,$Ca(ClO)_2 + CO_2 + H_2O = CaCO_3↓ + 2HClO$ 或 $Ca(ClO)_2 + 2HCl = CaCl_2 + 2HClO$

第十一章　氧族元素

一、选择题

1. B　2. B　3. C　4. A　5. B　6. B　7. B　8. A　9. C　10. C

二、填空题

1. 6　得　−2　氧化

2. 还原

3. $CaSO_4 \cdot 2H_2O$ $CuSO_4 \cdot 5H_2O$ $KAl(SO_4)_2 \cdot 12H_2O$ $Na_2SO_4 \cdot 10H_2O$

4. 白色   溶解

5. 有机化合物   炭化

三、简答题

1. 硫化氢水溶液不可以长期放置。因为硫化氢会与空气中的氧气反应，方程式如下：

$$2H_2S + O_2 = 2S \downarrow + 2H_2O$$

2. （略）

3. （略）

第十二章　氮　族　元　素

一、选择题

1. B   2. D   3. D   4. C   5. B   6. C   7. C   8. C   9. D   10. B

二、填空题

1. 磷酸盐   白磷   红磷   黑磷   白磷 P_4

2. 1:3

3. PCl_3 PCl_5

4. 弱酸   碱   碱

5. $NH_4NO_3 \overset{\triangle}{=\!=\!=} N_2O \uparrow + 2H_2O \uparrow$

三、简答题

1. 由于 NH_4^+ 的离子半径与碱金属离子半径相近，因此铵盐的性质与碱金属盐相似，所以把铵盐和碱金属盐列在一起。

2. $2NaNO_3 \overset{\triangle}{=\!=\!=} 2NaNO_2 + O_2 \uparrow$，$2Pb(NO_3)_2 \overset{\triangle}{=\!=\!=} 2PbO + 4NO_2 \uparrow + O_2 \uparrow$

$$2AgNO_3 \overset{\triangle}{=\!=\!=} 2Ag + 2NO_2 \uparrow + O_2 \uparrow$$

3. 金属钠放在干燥的煤油中保存，白磷放在水中保存。金属钠在空气中易被氧化，并与水发生剧烈的反应，所以保存在中性干燥的煤油中；白磷在空气中能缓慢氧化，并到达燃点发生自燃，白磷不溶于水，所以把白磷保存在水中以隔绝空气。

4. 工业浓硝酸显黄色，是因为浓硝酸部分分解，产生二氧化氮溶于硝酸中，故显黄色，方程式：

$$4HNO_3 = 4NO_2 \uparrow + O_2 \uparrow + 2H_2O$$

第十三章 碳族元素和硼族元素

一、选择题

1. BC　2. C　3. D　4. B　5. B　6. A　7. C　8. C　9. D　10. A

二、填空题

1. 碳、硅、锗、锡、铅　共价　碳族元素位于容易失去电子和容易得到电子的主族元素之间，因此不易形成典型的离子键

2. 相同元素　不同形态　氧气和臭氧

3. 二氧化硅

4. 玻璃中含有二氧化硅的成分，二氧化硅可以和碱作用生成盐和水
$$SiO_2 + 2NaOH =\!=\!= Na_2SiO_3 + H_2O$$

5. 沉淀　沉淀消失　再次出现沉淀　$CO_2 + Ca(OH)_2 =\!=\!= CaCO_3 \downarrow + H_2O$

$CaCO_3 + H_2O + CO_2 =\!=\!= Ca(HCO_3)_2$　$Ca(HCO_3)_2 \overset{\triangle}{=\!=\!=} CaCO_3 \downarrow + CO_2 \uparrow + H_2O$

6. 硼、铝、镓、铟、铊　ⅢA　ns^2np^1

7. 在中性或弱碱性溶液中，Pb^{2+} 可以和铬酸钾反应生成铬酸铅黄色沉淀：
$$Pb^{2+} + CrO_4^{2-} =\!=\!= PbCrO_4 \downarrow（黄色）$$

8. 纯碱　小苏打

9. 玻璃中的成分二氧化硅能与氢氟酸反应
$$SiO_2 + 4HF =\!=\!= SiF_4 \uparrow + 2H_2O$$

10. 一　弱　$Na_2B_4O_7 \cdot 10H_2O$

三、简答题

1. 答：玻璃中含有二氧化硅的成分，二氧化硅可以和碱作用生成盐和水。
$SiO_2 + 2NaOH =\!=\!= Na_2SiO_3 + H_2O$

2. 答：碳酸盐的性质：①溶解性；②水解性；③热稳定性；④跟酸反应；⑤正盐和酸式盐的转化。因为小苏打就是碳酸氢钠，强碱弱酸盐，显弱碱性；胃酸的成分是盐酸，显酸性。二者发生酸碱中和反应，$NaHCO_3 + HCl =\!=\!= NaCl + H_2O + CO_2 \uparrow$

3. 答：二氧化碳不支持燃烧也不能燃烧，且二氧化碳密度大于空气可以压在着火物体上，从而隔离氧气，使得可燃物不能与氧气接触。从而达到灭火的目的。

4. 答：实验室用作干燥剂的变色硅胶，是将硅酸凝胶用二氯化钴溶液浸泡，干燥活化后制得。因为无水二氯化钴呈蓝色，水合二氯化钴成粉红色，所以根据变色硅胶的颜色变化，可判断硅胶的吸水程度。吸水后的粉红色硅胶经加热脱水后可重复使用。

第十四章　过渡元素

一、选择题

1. D　2. C　3. B　4. B　5. A　6. A　7. A　8. B　9. A　10. B

二、填空题

1. Fe_2O_3

2. $(NH_4)_2SO_4 \cdot FeSO_4 \cdot 6H_2O$　　$K_3[Fe(CN)_6]$

3. 足够浓度的酸　铁钉

4. 普鲁士蓝　滕氏蓝

5. 在瓷罐中，上层加水密闭

三、简答题（略）

元素周期表

族 周期	I A	II A	III B	IV B	V B	VI B	VII B		VIII		I B	II B	III A	IV A	V A	VI A	VII A	0	电子层	0电子族数

图例说明：

47 Ag 银 — 原子序数 指数性元素（红色）；元素符号；元素名称；注·的是人造元素；4d¹⁰5s¹ 外围电子层排布，括号指同能的电子层排布；107.9 原子量

主族元素　过渡元素　内过渡元素　准金属　非金属　稀有气体

周期	I A	II A											III A	IV A	V A	VI A	VII A	0
1	1 H 氢 1s¹ 1.008																	2 He 氦 1s² 4.003
2	3 Li 锂 2s¹ 6.941	4 Be 铍 2s² 9.012											5 B 硼 2s²2p¹ 10.81	6 C 碳 2s²2p² 12.01	7 N 氮 2s²2p³ 14.01	8 O 氧 2s²2p⁴ 16.00	9 F 氟 2s²2p⁵ 19.00	10 Ne 氖 2s²2p⁶ 20.18
3	11 Na 钠 3s¹ 22.99	12 Mg 镁 3s² 24.31											13 Al 铝 3s²3p¹ 26.98	14 Si 硅 3s²3p² 28.09	15 P 磷 3s²3p³ 30.97	16 S 硫 3s²3p⁴ 32.07	17 Cl 氯 3s²3p⁵ 35.45	18 Ar 氩 3s²3p⁶ 39.95
4	19 K 钾 4s¹ 39.10	20 Ca 钙 4s² 40.08	21 Sc 钪 3d¹4s² 44.96	22 Ti 钛 3d²4s² 47.88	23 V 钒 3d³4s² 50.94	24 Cr 铬 3d⁵4s¹ 52.00	25 Mn 锰 3d⁵4s² 54.94	26 Fe 铁 3d⁶4s² 55.85	27 Co 钴 3d⁷4s² 58.93	28 Ni 镍 3d⁸4s² 58.69	29 Cu 铜 3d¹⁰4s¹ 63.55	30 Zn 锌 3d¹⁰4s² 65.39	31 Ga 镓 4s²4p¹ 69.72	32 Ge 锗 4s²4p² 72.61	33 As 砷 4s²4p³ 74.92	34 Se 硒 4s²4p⁴ 78.96	35 Br 溴 4s²4p⁵ 79.90	36 Kr 氪 4s²4p⁶ 83.80
5	37 Rb 铷 5s¹ 85.47	38 Sr 锶 5s² 87.62	39 Y 钇 4d¹5s² 88.91	40 Zr 锆 4d²5s² 91.22	41 Nb 铌 4d⁴5s¹ 92.91	42 Mo 钼 4d⁵5s¹ 95.94	43 Tc 锝 4d⁵5s² [98]	44 Ru 钌 4d⁷5s¹ 101.1	45 Rh 铑 4d⁸5s¹ 102.9	46 Pd 钯 4d¹⁰ 106.4	47 Ag 银 4d¹⁰5s¹ 107.9	48 Cd 镉 4d¹⁰5s² 112.4	49 In 铟 5s²5p¹ 114.8	50 Sn 锡 5s²5p² 118.7	51 Sb 锑 5s²5p³ 121.8	52 Te 碲 5s²5p⁴ 127.6	53 I 碘 5s²5p⁵ 126.9	54 Xe 氙 5s²5p⁶ 131.3
6	55 Cs 铯 6s¹ 132.9	56 Ba 钡 6s² 137.3	57-71 La-Lu 镧系	72 Hf 铪 5d²6s² 178.5	73 Ta 钽 5d³6s² 180.9	74 W 钨 5d⁴6s² 183.9	75 Re 铼 5d⁵6s² 186.2	76 Os 锇 5d⁶6s² 190.2	77 Ir 铱 5d⁷6s² 192.2	78 Pt 铂 5d⁹6s¹ 195.1	79 Au 金 5d¹⁰6s¹ 197.0	80 Hg 汞 5d¹⁰6s² 200.6	81 Tl 铊 6s²6p¹ 204.4	82 Pb 铅 6s²6p² 207.2	83 Bi 铋 6s²6p³ 209.0	84 Po 钋 6s²6p⁴ [209]	85 At 砹 6s²6p⁵ [210]	86 Rn 氡 6s²6p⁶ [222]
7	87 Fr 钫 7s¹ [223]	88 Ra 镭 7s² 226.0	89-103 Ac-Lr 锕系	104 Rf 𬬻 (6d²7s²) [261]	105 Db 𬭊 (6d³7s²) [262]	106 Sg 𬭳 (6d⁴7s²) [263]	107 Bh 𬭶 (6d⁵7s²) [262]	108 Hs 𬭶 (6d⁶7s²) [265]	109 Mt 𰉼 (6d⁷7s²) [266]									

镧系

	57 La 镧 5d¹6s² 138.9	58 Ce 铈 4f¹5d¹6s² 140.1	59 Pr 镨 4f³6s² 140.9	60 Nd 钕 4f⁴6s² 144.2	61 Pm 钷 4f⁵6s² [145]	62 Sm 钐 4f⁶6s² 150.4	63 Eu 铕 4f⁷6s² 152.0	64 Gd 钆 4f⁷5d¹6s² 157.3	65 Tb 铽 4f⁹6s² 158.9	66 Dy 镝 4f¹⁰6s² 162.5	67 Ho 钬 4f¹¹6s² 164.9	68 Er 铒 4f¹²6s² 167.3	69 Tm 铥 4f¹³6s² 168.9	70 Yb 镱 4f¹⁴6s² 173.0	71 Lu 镥 4f¹⁴5d¹6s² 175.0

锕系

	89 Ac 锕 6d¹7s² 227.0	90 Th 钍 6d²7s² 232.0	91 Pa 镤 5f²6d¹7s² 231.0	92 U 铀 5f³6d¹7s² 238.0	93 Np 镎 5f⁴6d¹7s² 237.0	94 Pu 钚 5f⁶7s² [244]	95 Am 镅 5f⁷7s² [243]	96 Cm 锔* 5f⁷6d¹7s² [247]	97 Bk 锫* 5f⁹7s² [247]	98 Cf 锎* 5f¹⁰7s² [251]	99 Es 锿* 5f¹¹7s² [252]	100 Fm 镄* 5f¹²7s² [257]	101 Md 钔* 5f¹³7s² [258]	102 No 锘* (5f¹⁴7s²) [259]	103 Lr 铹* (5f¹⁴6d¹7s²) [260]

注：

1. 原子量录自1985年国际原子量表，并全部取四位有效数字。

2. 原子量加括号的为放射性元素的半衰期最长的同位素的质量数。

元 素 周 期 表

图例说明：

92 （灰色，原子序数）	原子序数
U （元素符号，红色指放射性元素）	元素符号，红色指放射性元素
铀	元素名称，注*的是人造元素
5f³6d¹7s²	外围电子层排布，括号指可能的电子层排布
238.0	相对原子质量（加括号的数据为该放射性元素半衰期最长同位素的质量数）

图例：金属 ｜ 非金属 ｜ 稀有气体 ｜ 过渡元素

注：相对原子质量录自2001年国际原子量表，并全部取4位有效数字。

族 周期	I A 1	II A 2	III B 3	IV B 4	V B 5	VI B 6	VII B 7		VIII		I B 11	II B 12	III A 13	IV A 14	V A 15	VI A 16	VII A 17	0 18
1	1 H 氢 1s¹ 1.008																	2 He 氦 1s² 4.003
2	3 Li 锂 2s¹ 6.941	4 Be 铍 2s² 9.012											5 B 硼 2s²2p¹ 10.81	6 C 碳 2s²2p² 12.01	7 N 氮 2s²2p³ 14.01	8 O 氧 2s²2p⁴ 16.00	9 F 氟 2s²2p⁵ 19.00	10 Ne 氖 2s²2p⁶ 20.18
3	11 Na 钠 3s¹ 22.99	12 Mg 镁 3s² 24.31											13 Al 铝 3s²3p¹ 26.98	14 Si 硅 3s²3p² 28.09	15 P 磷 3s²3p³ 30.96	16 S 硫 3s²3p⁴ 32.06	17 Cl 氯 3s²3p⁵ 35.45	18 Ar 氩 3s²3p⁶ 39.95
4	19 K 钾 4s¹ 39.10	20 Ca 钙 4s² 40.08	21 Sc 钪 3d¹4s² 44.96	22 Ti 钛 3d²4s² 47.87	23 V 钒 3d³4s² 50.94	24 Cr 铬 3d⁵4s¹ 52.00	25 Mn 锰 3d⁵4s² 54.94	26 Fe 铁 3d⁶4s² 55.85	27 Co 钴 3d⁷4s² 58.93	28 Ni 镍 3d⁸4s² 58.69	29 Cu 铜 3d¹⁰4s¹ 63.55	30 Zn 锌 3d¹⁰4s² 65.39	31 Ga 镓 4s²4p¹ 69.72	32 Ge 锗 4s²4p² 72.64	33 As 砷 4s²4p³ 74.92	34 Se 硒 4s²4p⁴ 78.96	35 Br 溴 4s²4p⁵ 79.90	36 Kr 氪 4s²4p⁶ 83.80
5	37 Rb 铷 5s¹ 85.47	38 Sr 锶 5s² 87.62	39 Y 钇 4d¹5s² 88.91	40 Zr 锆 4d²5s² 91.22	41 Nb 铌 4d⁴5s¹ 92.91	42 Mo 钼 4d⁵5s¹ 95.94	43 Tc 锝 4d⁵5s² [98]	44 Ru 钌 4d⁷5s¹ 101.1	45 Rh 铑 4d⁸5s¹ 102.9	46 Pd 钯 4d¹⁰ 106.4	47 Ag 银 4d¹⁰5s¹ 107.9	48 Cd 镉 4d¹⁰5s² 112.4	49 In 铟 5s²5p¹ 114.8	50 Sn 锡 5s²5p² 118.7	51 Sb 锑 5s²5p³ 121.8	52 Te 碲 5s²5p⁴ 127.6	53 I 碘 5s²5p⁵ 126.9	54 Xe 氙 5s²5p⁶ 131.3
6	55 Cs 铯 6s¹ 132.9	56 Ba 钡 6s² 137.3	57~71 La~Lu 镧系	72 Hf 铪 5d²6s² 178.5	73 Ta 钽 5d³6s² 180.9	74 W 钨 5d⁴6s² 183.8	75 Re 铼 5d⁵6s² 186.2	76 Os 锇 5d⁶6s² 190.2	77 Ir 铱 5d⁷6s² 192.2	78 Pt 铂 5d⁹6s¹ 195.1	79 Au 金 5d¹⁰6s¹ 197.0	80 Hg 汞 5d¹⁰6s² 200.6	81 Tl 铊 6s²6p¹ 204.4	82 Pb 铅 6s²6p² 207.2	83 Bi 铋 6s²6p³ 209.0	84 Po 钋 6s²6p⁴ [209]	85 At 砹 6s²6p⁵ [210]	86 Rn 氡 6s²6p⁶ [222]
7	87 Fr 钫 7s¹ [223]	88 Ra 镭 7s² [226]	89~103 Ac~Lr 锕系	104 Rf 鑪* (6d²7s²) [261]	105 Db 𨧀* (6d³7s²) [262]	106 Sg 𨭎* (6d⁴7s²) [263]	107 Bh 𨨏* (6d⁵7s²) [264]	108 Hs 𨭆* (6d⁶7s²) [265]	109 Mt 䥑* (6d⁷7s²) [268]	110 Uun 𫟼* [269]	111 Uuu* [272]	112 Uub* [277]						

外围电子层排布（0族电子数 / 电子层 / 0族电子数）：

	K	L	M	N	O	P
He	2					
Ne	2	8				
Ar	2	8	8			
Kr	2	8	18	8		
Xe	2	8	18	18	8	
Rn	2	8	18	32	18	8

镧系：

57 La 镧 5d¹6s² 138.9	58 Ce 铈 4f¹5d¹6s² 140.1	59 Pr 镨 4f³6s² 140.9	60 Nd 钕 4f⁴6s² 144.2	61 Pm 钷 4f⁵6s² [145]	62 Sm 钐 4f⁶6s² 150.4	63 Eu 铕 4f⁷6s² 152.0	64 Gd 钆 4f⁷5d¹6s² 157.3	65 Tb 铽 4f⁹6s² 158.9	66 Dy 镝 4f¹⁰6s² 162.5	67 Ho 钬 4f¹¹6s² 164.9	68 Er 铒 4f¹²6s² 167.3	69 Tm 铥 4f¹³6s² 168.9	70 Yb 镱 4f¹⁴6s² 173.0	71 Lu 镥 4f¹⁴5d¹6s² 175.0

锕系：

89 Ac 锕 6d¹7s² [227]	90 Th 钍 6d²7s² 232.0	91 Pa 镤 5f²6d¹7s² 231.0	92 U 铀 5f³6d¹7s² 238.0	93 Np 镎 5f⁴6d¹7s² [237]	94 Pu 钚 5f⁶7s² [244]	95 Am 镅* 5f⁷7s² [243]	96 Cm 锔* 5f⁷6d¹7s² [247]	97 Bk 锫* 5f⁹7s² [247]	98 Cf 锎* 5f¹⁰7s² [251]	99 Es 锿* 5f¹¹7s² [252]	100 Fm 镄* 5f¹²7s² [257]	101 Md 钔* 5f¹³7s² [258]	102 No 锘* 5f¹⁴7s² [259]	103 Lr 铹* 5f¹⁴6d¹7s² [262]